Wissenschaftliche Taschenbücher

WTB

Mathematik · Physik

Wolfgang Meiling

Kernphysikalische Elektronik

Akademie-Verlag · Berlin

WTB

Wissenschaftliche Taschenbücher

Lieferbare Bände:

GÜNTHER WAGNER / HANS KÜHMSTEDT
Pharmazeutische Chemie

ROLF SCHÖLLNER
Die Oxydation organischer Verbindungen mit Sauerstoff

ULRICH BEHRENS / MANFRED RINGPFEIL
Mikrobielle Polysaccharide

MARTIN FINKE / WALTER LEIPNITZ
Moderne Methoden der Erdölanalyse

ERICH GUNDERMANN
Chemie und Technologie des Braunkohlenteers

GERHARD KEMPTER
Struktur und Synthese von Vitaminen

FRIEDRICH JACOB
Bewegungsphysiologie der Pflanzen

HELLMUTH GÄBLER
Forstschutz

ALFRED PALISSA
Bodenzoologie in Wissenschaft, Naturhaushalt und Wirtschaft

LUDWIG SPANNHOF
Zellen und Gewebe der Tiere

JOACHIM RIEMER
Quantitative organische Mikroanalyse

ALFRED FRIESER
Mikrowellenmeßtechnik

HANS-WERNER NOLTE
Pflanzenschutz in der Landwirtschaft

WERNER HABERDITZL
Magnetochemie

HARRY PAUL
Lasertheorie, Teil I und II

D. TER HAAR
Quantentheorie

J. H. SANDERS
Die Lichtgeschwindigkeit

JEAN KUNTZMANN
Unendliche Reihen

JEAN KUNTZMANN
Systeme von Differentialgleichungen

JEAN KUNTZMANN
Komplexe Veränderliche

FERDINAND CAP
Einführung in die Plasmaphysik
I. Theoretische Grundlagen

FERDINAND CAP
Einführung in die Plasmaphysik
II. Wellen und Instabilität

FERDINAND CAP
Einführung in die Plasmaphysik
III. Magnetohydrodynamik

J. A. ROSANOW
Wahrscheinlichkeitstheorie

HARRY PFEIFER
Theorie linearer Bauelemente
Elektronik für den Physiker I

HARRY PFEIFER
Die Elektronenröhre
Elektronik für den Physiker II

HARRY PFEIFER
Schaltungen mit Elektronenröhren
Elektronik für den Physiker III

HARRY PFEIFER
Leitungen und Antennen
Elektronik für den Physiker IV

HARRY PFEIFER
Mikrowellenelektronik
Elektronik für den Physiker V

HARRY PFEIFER
Halbleiterleektronik
Elektronik für den Physiker VI

STEPHEN G. BRUSH
Kinetische Theorie, Teil I und II

EBERHARD HOFMANN
Eiweiße und Nucleinsäuren als biologische Makromoleküle
Dynamische Biochemie, Teil I

EBERHARD HOFMANN
Enzyme und energieliefernde Stoffwechselreaktionen
Dynamische Biochemie, Teil II

EBERHARD HOFMANN
Intermediärstoffwechsel
Dynamische Biochemie, Teil III

EBERHARD HOFMANN
Grundlagen der Molekularbiologie und Regulation des Zelllstoffwechsels
Dynamische Biochemie, Teil IV

HERBERT GOERING
Elementare Methoden zur Lösung von Differentialgleichungsproblemen

PETER KRUMBIEGEL
Isotopieeffekte

D. M. BRINK
Kernkräfte

DIETER ONKEN
Steroide

DIETER KLAUA
Elementare Axiome der Mengenlehre
Einführung in die Allgemeine Mengenlehre I

GÜNTER TEMBROCK
Grundlagen der Tierpsychologie

J. P. VINSON
Optische Kohärenz in der klassischen Theorie und in der Quantentheorie

W. R. HINDMARSH
Atomspektren

GÜNTER TEMBROCK
Biokommunikation
Informationsübertragung im biologischen Bereich
Teil I und II

DIETER MERKEL
Riechstoffe

JOHN CUNNINGHAM
Vektoren

ERNST SCHMUTZER
Symmetrien und Erhaltungssätze der Physik

GERHARD LERCH
Pflanzenökologie

MICHAEL GÖSSEL
Angewandte Automatentheorie, Band I

MICHAEL GÖSSEL
Angewandte Automatentheorie, Band II

HEINRICH KINDLER
Der Regelkreis

A. R. KESSEL
Akustische Kernresonanz

WOLFRAM BRAUER / HANS-WALDEMAR STREITWOLF
Theoretische Grundlagen der Halbleiterphysik

HARRY PAUL
Nichtlineare Optik, Teil I und II

DIETER KLAUA
Grundbegriffe der axiomatischen Mengenlehre
Teil 1 und 2
Einführung in die Allgemeine Mengenlehre II

E. G. GOLSTEIN
Konvexe Optimierung

EBERHARD TEUSCHER
Pharmakognosie, Teil I und II

SIEGFRIED HAUPTMANN
Über den Ablauf organisch-chemischer Reaktionen

A. S. SONIN / B. A. STRUKOW
Ferroelektrizität

L. A. SKORNJAKOW
Elemente der Verbandstheorie

HANS-MARTIN BARCHET
Chemie photographischer Prozesse

R. A. R. TRICKER
Frühe Elektrodynamik

N. D. SHEWANDROW
Polarisation des Lichtes

A. A. SMIRNOW
Metallphysik

VOLKER KEMPE
Theorie stochastischer Systeme

ROLF BORSDORF / MANFRED SCHOLZ
Spektroskopische Methoden in der organischen Chemie

KLAUS ODENING
Parasitismus

WOLFGANG PAULI
Vierpoltheorie
und ihre Anwendung auf elektrische Schaltungen

DIETER KLAUA
Kardinal- und Ordinalzahlen, Teil 1 und 2
Einführung in die Allgemeine Mengenlehre III

R. A. R. TRICKER
Die Beiträge von Faraday und Maxwell zur Elektrodynamik

HANS DAWCZYNSKI
Temperaturbeständige Faserstoffe aus organischen Polymeren

HANS DAWCZYNSKI
Temperaturbeständige Faserstoffe aus anorganischen Polymeren

HELMUT FRIEMEL / JOSEF BROCK
Grundlagen der Immunologie

HORST KEHLEN / FRANK KUSCHEL / HORST SACKMANN
Grundlagen der chemischen Kinetik

HANS BERGNER
Tierernährung

MARTIN SCHMIDT
Pflanzenschutz im Gartenbau

GERALD WOLF
Neurobiologie

ULRICH SEDLAG
Biologische Schädlingsbekämpfung

WOLFGANG WAGNER
Chemische Thermodynamik

HANNELORE FISCHER / JOACHIM PIEHLER
Modellsysteme der Operationsforschung

ALBERT EINSTEIN
Grundzüge der Relativitätstheorie

ALBERT EINSTEIN
Über die spezielle und die allgemeine Relativitätstheorie

MICHAEL GÖSSEL
Wahrscheinlichkeitsautomaten und Zufallsfolgen

HANS-JÜRGEN TREDER
Elementare Kosmologie

P. PAUFLER / D. LEUSCHNER
Kristallographische Grundbegriffe der Festkörperphysik

WOLFGANG MEILING
Kernphysikalische Elektronik

Vorschau auf die nächsten Bände:

WERNER DÖPKE
Stereochemie organischer Verbindungen

SIEGFRIED BREHMER
Einführung in die Maptheorie

PAUL HOFFMANN
Photosynthese

WTB

BAND 160

Wolfgang Meiling

Kernphysikalische Elektronik

Mit 121 Abbildungen und 6 Tabellen

AKADEMIE-VERLAG · BERLIN

Reihe MATHEMATIK UND PHYSIK

Verfasser:

Prof. Dr. rer. nat. habil. W. Meiling

Sektion Physik der Technischen Universität Dresden

1975

Erschienen im Akademie-Verlag, 108 Berlin, Leipziger Str. 3–4

Lizenznummer: 202 · 100/447/75
Herstellung: VEB Druckhaus „Maxim Gorki", 74 Altenburg
Bestellnummer: 761 991 9 (7160) · LSV 1174
Printed in GDR
EVP 12,50

Inhalt

Vorwort 5

Einleitung 7

1. Partikeldetektoren 13

1.1. Wechselwirkung von Strahlung mit Stoff 13
1.2. Übersicht über Teilchendetektoren 20
1.3. Form der Ausgangsimpulse 21
1.4. Einige wichtige Strahlungsdetektoren 28
1.4.1. Auslösezähler (GEIGER-MÜLLER-Zähler) 28
1.4.2. Halbleiterdetektoren 30
1.4.3. Szintillationszähler 48

2. Impulsverstärker 63

2.1. Allgemeine Anforderungen 63
2.2. Eigenschaften von Verstärkerstufen 66
2.2.1. Ersatzschaltbild und Kenngrößen 66
2.2.2. Impulsverhalten 70
2.2.3. Zweistufige Grundschaltungen 75
2.2.4. Gegenkopplung 78
2.3. Impulsformung in Verstärkern 84
2.4. Einige Beispiele für Verstärkerschaltungen 94
2.4.1. Differenzverstärker 94
2.4.2. Operationsverstärker 97
2.4.3. Spektroskopische Verstärker 103
2.4.4. Schnelle Verstärker 105
2.4.5. Ladungsempfindliche Vorverstärker für Halbleiterdetektoren 108

3. Nichtlineare Impulsformung 123

3.1. Aufgaben 123
3.2. Begrenzer 126
3.3. Triggerschaltungen 130
3.3.1. Positiv rückgekoppelte Verstärker (Schmitt-Trigger) . 130

3.3.2. Monostabile Triggerschaltungen 139
3.3.3. Bistabile Triggerschaltungen (Flip-Flop) 143
3.4. Impulsdehner 147
3.5. Formung mit Kabeln 150

4. Impulszähler und Impulsdichtemesser 156
4.1. Allgemeine Eigenschaften und Zählverluste 156
4.2. Impulszähler 163
4.2.1. Grundschaltungen 163
4.2.2. Universalzähler 170
4.3. Impulsdichtemesser 173

5. Messung von Zeitdifferenzen und Zeitkorrelationen . . 176
5.1. Koinzidenzprinzip 176
5.2. Koinzidenzschaltungen 180
5.3. Zeitimpulshöhenkonverter 185
5.4. Zeitnahme-Methoden 191
5.4.1. Anforderungen für hohe Zeitauflösung 191
5.4.2. Zeitnahme bei Szintillationszählern 197
5.4.3. Zeitnahme bei Halbleiterdetektoren 200
5.5. Einige Anwendungsbeispiele 205

6. Impulshöhenmessungen 213
6.1. Meßmethoden 213
6.2. Integral- und Differentialdiskriminatoren 216
6.3. Analog-Digital-Wandler 222
6.4. Vielkanal-Impulshöhenanalysator 228

7. Verwendung von direkt gekoppelten Kleinrechnern . 232
7.1. Eigenschaften und Einsatz von Kleinrechnern . . . 232
7.2. Interface CAMAC 238

Literatur 243

Sachverzeichnis 250

Einleitung

Als Geburtsstunde der Kernelektronik kann man die Veröffentlichung der ersten Koinzidenzschaltungen durch Bothe [2] und Rossi [3] im Jahre 1930 betrachten. Diese Schaltungen basierten auf Fortschritten in der Entwicklung von Elektronenröhren und ermöglichten es, zeitliche Korrelationen von Signalen mehrerer Strahlungsdetektoren zu messen. Die Koinzidenztechnik erwies sich in der Folgezeit als eine der leistungsfähigsten Methoden der kernphysikalischen Experimentiertechnik überhaupt. Im Jahre 1933 publizierten Stetter und Schintlmeister [4] eine Ionisationskammer mit einem Gitter zwischen beiden Elektroden, dessen Funktion dem Schirmgitter einer Pentode ähnelte und das zu einer wesentlichen Verbesserung der Impulshöhenspektrometrie mit Ionisationskammern führte. Nach der Entdeckung der Kernspaltung in den Jahren 1938 und 1939 setzten Arbeiten zur Untersuchung der Kettenreaktion ein, vorrangig im militärischen Interesse zur Schaffung der Atombombe und erst später vor allem durch die Sowjetunion zur friedlichen Nutzung der Kernenergie (1954 erstes Kernenergiekraftwerk in Obninsk bei Moskau). Durch die hierzu erforderliche Grundlagenforschung wurde die Entwicklung der Kernelektronik stark stimuliert.

Als erste zusammenfassende Darstellung der Impulstechnik für kernphysikalische Untersuchungen lassen sich die Bücher von Schintlmeister 1942 [5], Elmore und Sands 1949 [6] und Bonč-Bruevič 1950 [7] anführen.

Vom Ende der vierziger Jahre bis zum Beginn der sechziger Jahre wurden die Parameter der elektronischen Schaltungen hauptsächlich von den Möglichkeiten der

Szintillationszähler bestimmt. Mit der zunehmenden Verbreitung von Halbleiterdetektoren seit etwa 1960 stiegen die Anforderungen an die Kernelektronik beträchtlich.

In den fünfziger Jahren wurden dank der Fortschritte auf dem Gebiet der elektronischen Bauelemente, zunächst in Richtung leistungsfähiger Elektronenröhren für Verstärker und Kippschaltungen, später durch Halbleiterbauelemente und Ferritkernspeicher für Vielkanalanalysatoren, die Prinzipien der kernelektronischen Schaltungen erarbeitet, wie sie im wesentlichen auch heute noch benutzt werden, von Modifikationen infolge weiterentwickelter Bauelemente und integrierter Schaltkreise abgesehen. In einer großen Zahl von Lehrbüchern und Monographien sind die Schaltungstechnik, insgesamt oder wichtige Teilgebiete davon, Eigenschaften und Anwendung der Strahlungsdetektoren sowie die verschiedenen kernphysikalischen Meßmethoden ausführlich behandelt, z. B. [8] bis [22]. Eine Wiedergabe der historischen Entwicklung der kernphysikalischen Meßtechnik findet man bei Fenyves und Haiman [21]. Die Zahl der Originalarbeiten auf dem Gebiet der Kernelektronik und der unmittelbar angrenzenden Fragen der Strahlungsdetektoren und Speichertechnik dürfte in der Größe von einigen 10^4 liegen.

Informationen über die im Atomkern ablaufenden Vorgänge, z. B. beim radioaktiven Zerfall oder bei Kernumwandlungen an Teilchenbeschleunigern, erhält man über die auftretende Strahlung. Aus der Strahlung lassen sich quantitative Aussagen über folgende Größen ableiten:

- Intensität der Strahlung (Zählratenmessung, Dosimetrie),
- Energie der Strahlungspartikel (Impulshöhenspektrometrie),
- Zeitpunkt des Auftretens der Strahlungspartikel (Koinzidenz- und Flugzeitspektrometrie),
- Bahnverlauf der Strahlungspartikel (Bahnregistrierung in der Hochenergiephysik),

— Winkel zwischen der Emissionsrichtung des Partikels und einer ausgezeichneten Richtung des Atomkerns (Winkelverteilungsmessungen bei Kernreaktionen an Teilchenbeschleunigern),
— Art der Strahlungspartikel (Teilchenunterscheidung),
— Polarisation der emittierten Strahlung.

Der Strahlungsnachweis erfolgt mit Strahlungsdetektoren, die sich grob in drei Gruppen einteilen lassen:

— *Partikeldetektoren* mit elektrischen Ladungsimpulsen am Ausgang, wobei die elektrische Ladung eines Detektorsignals dem Energieverlust des Strahlungspartikels im empfindlichen Detektorvolumen proportional sein kann. Beispiele: Szintillationszähler, Halbleiterdetektor, Auslösezähler.
— *Partikelspurdetektoren* zur kurzzeitigen oder dauernden Anzeige der von einem Elementarteilchen durchlaufenen Bahn. Beispiele: Nebelkammer, Funkenkammer, Fotoplatte.
— *Integrierende Detektoren*, deren Ausgangsgröße die während eines bestimmten Zeitintervalls im Detektorvolumen umgesetzte Strahlungsenergie angibt. Beispiele: Filmdosimeter, Ionisationskammer, Thermolumineszenzdosimeter.

Zwischen diesen Gruppen gibt es Übergänge; so läßt sich beispielsweise ein Szintillationszähler nicht nur als Partikeldetektor, sondern auch für dosimetrische Zwecke verwenden.

Unter Kernelektronik versteht man gewöhnlich die elektronischen Schaltungen zur Auswertung der Signale von Partikeldetektoren. Für den Betrieb von Spurdetektoren, die in der Hochenergiephysik grundlegende Bedeutung haben, werden oft umfangreiche Koinzidenzsysteme für Zählerteleskope benötigt, die während der Dauer des vom Beschleuniger abgegebenen Teilchenbündels Signale im Abstand bis herunter zu etwa 10 ns (1 Nanosekunde ns = 10^{-9} s) verarbeiten müssen. Integrierende Detektoren erfordern im allgemeinen nur relativ geringen Schaltungsaufwand.

Die vorliegende Darstellung beschränkt sich im wesentlichen auf die Elektronik zur Signalauswertung von Partikeldetektoren, weil diese Fragen auch den Einsatz kernphysikalischer Meßmethoden außerhalb der eigentlichen kernphysikalischen Forschung betreffen. Abbildung 1 zeigt schematisch eine Meßanordnung, wie sie

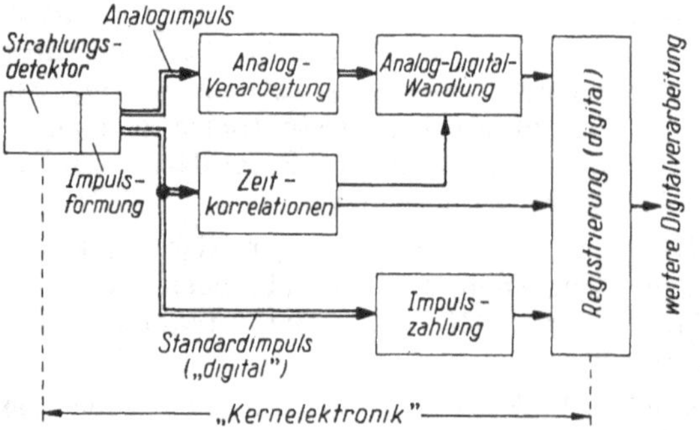

Abb. 1. Schema der Elektronik in einem kernphysikalischen Experiment

typisch ist für Messungen mit einem radioaktiven Präparat oder an einem Teilchenbeschleuniger für Energien unterhalb 100 MeV (elektrostatische Beschleuniger, Zyklotron). Die Signale des Detektors, deren Länge zwischen 10^{-5} und 10^{-8} s liegt, werden geformt und je nach Aufgabenstellung und Detektoreigenschaften analog und / oder digital weiterverarbeitet. Die Analogverarbeitung mit Verstärkern und Diskriminatoren zur Abtrennung unerwünschter Impulse erfolgt dann, wenn die Ladung eines Detektorsignals dem Energieverlust des Strahlungspartikels proportional ist und wenn dieser Energiebetrag interessiert. Bei der Analog-Digital-Wandlung werden die Impulshöhen quantisiert, so daß sie in Digitaldarstellung, meist als reine Binärzahl oder Dezimalzahl in BCD-Verschlüsselung, gespeichert werden können.

Für die Zählung der Signale genügt es, die Detektorimpulse zu standardisieren und als Digitalsignale mit der Bedeutung „Ereignis vorhanden" / „kein Ereignis vorhanden" zur Zählerschaltung zu übertragen. Auch die Messung von Zeitkorrelationen (Koinzidenzen) und Zeitdifferenzen geht gewöhnlich von standardisierten Detektorimpulsen aus. Daraus ergibt sich zwanglos die in Abb. 1 angegebene Abgrenzung der Kernelektronik — sie schließt die impulsbestimmenden Teile der Strahlungsdetektoren und den Übergang zur reinen Digitaltechnik ein.

Der Inhalt der folgenden Kapitel lehnt sich an Abb. 1 an. Die für die Kernelektronik wichtigsten Eigenschaften der am häufigsten verwendeten Partikeldetektoren sind im Kapitel 1 dargestellt. In den Kapiteln 2 und 3 sind die analoge Impulsformung mit Verstärkern und die nichtlineare Impulsformung beschrieben. Kapitel 4 enthält einen Abriß über die Zählung zeitlich statistisch verteilter Impulse. Das umfangreiche Gebiet der Messung von Zeitdifferenzen und Zeitkorrelationen ist dem Kapitel 5 vorbehalten. Das Kapitel 6 befaßt sich mit der Auswertung der Impulshöhen und ihrer Umwandlung in die digitale Form. Den Abschluß des Buches bilden im Kapitel 7 einige Ausführungen über die Speicherung und weitere Digitalverarbeitung der registrierten Ereignisse. Elektronische Schaltungen zur Kernreaktorreglung und -steuerung sowie auf die Hochenergiephysik beschränkte elektronische Anordnungen werden nicht behandelt.

1. Partikeldetektoren

1.1. Wechselwirkung von Strahlung mit Stoff

Für die Kernelektronik sind Strahlungsdetektoren von Bedeutung, die elektrische Ausgangssignale liefern (Partikeldetektoren). Die Funktion solcher Detektoren, die Parameter ihrer Ausgangssignale und die statistischen Schwankungen z. B. der Ladungsmenge je Impuls werden wesentlich von der Wechselwirkung der registrierten Strahlung mit dem Detektormedium bestimmt.

Das einfallende Strahlungspartikel setzt im Detektor durch Ionisation Ladungsträger frei, die nach Sammlung den Ausgangsimpuls darstellen oder die Bildung eines Detektorsignals veranlassen. Bei der Wechselwirkung der Strahlung mit Stoff muß man verschiedene Fälle unterscheiden:

Direkt ionisierende Strahlung: Elektronen (β-Strahlung), Ionen (Protonen, Deuteronen, α-Teilchen u. a.). Beim Durchgang dieser geladenen Teilchen durch Stoff werden die getroffenen Atome ionisiert — es entstehen positive Ionen und freie Elektronen als Ladungsträgerpaare. Pro Stoß verliert das geladene Teilchen größenordnungsmäßig zwischen 1 und 10 eV Energie, so daß bis zur vollen Abbremsung hochenergetischer Teilchen eine große Zahl von Stößen nötig ist. Die Gesamtzahl der erzeugten Ladungsträgerpaare ist im wesentlichen der Partikelenergie proportional, die entscheidende Voraussetzung für die Energiespektroskopie der einfallenden Strahlung. Bei monoenergetischen Ionen bleibt die Strahlungsintensität längs der Reichweite praktisch konstant. Für den Energieverlust $\mathrm{d}E$ auf einem durchlaufenden Wegabschnitt $\mathrm{d}x$ gilt nach Bethe und Bloch für nichtrelativistische Ionen bei Energien oberhalb einiger MeV:

$$-\frac{\mathrm{d}E}{\mathrm{d}x} = \frac{4\pi q^4 NZB}{m_0 v^2} z^2 \qquad (1.1)$$

mit N als Zahl der Atome je cm^3, Z Kernladungszahl des Stoffs, m_0 Elektronenmasse, q Elementarladung, v Teilchengeschwindigkeit, z Ionenladung und B Bremsungsfaktor. Bei Elektronen mit mehr als 50 keV Energie muß die relativistische Form der Gl. (1.1) verwendet werden. Bei Zählern, deren Dicke klein gegenüber der Partikelreichweite ist, läßt sich daher durch Messung von dE eine Aussage über die Ladung der Ionen und damit auch über die Teilchenart treffen (dE/dx-Methode zur Teilchenunterscheidung).

Indirekt ionisierende Strahlung: Photonen (Röntgenstrahlung, γ-Strahlung), Neutronen. Diese Partikel müssen für ihren Nachweis erst ionisierende Teilchen freisetzen, die dann im Detektormedium Ladungsträgerpaare erzeugen können. Sehr häufig wird bei der Freisetzung eines ionisierenden Partikels die Gesamtenergie des Photons oder die kinetische Energie des Neutrons aufgebraucht. Deshalb nimmt die Strahlungsintensität im Gegensatz zur direkt ionisierenden Strahlung näherungsweise exponentiell mit dem Abstand von der Strahlungsquelle ab. Der Wirkungsquerschnitt für die Freisetzung ionisierender Partikel ist erheblich kleiner als für die Wechselwirkung von Elektronen oder Ionen, so daß die Reichweite indirekt ionisierender Strahlung groß ist.

Photonen: Für den Photonennachweis sind drei Prozesse wesentlich:

— Photoeffekt: Die Quantenenergie E_γ wird in einem einzigen Akt auf ein Elektron übertragen, das in einer der inneren Schalen der Elektronenhülle mit der Energie E_B gebunden ist und nach der Wechselwirkung die Energie ($E_\gamma - E_B$) besitzt. Bei der Auffüllung des Loches in der Hülle werden Röntgenquanten emittiert.

— COMPTON-Effekt: Bei der Wechselwirkung mit quasifreien Elektronen verliert das Photon einen Teil seiner Energie. Die Energie des unter einem Winkel φ zur Primärrichtung gestreuten Photons beträgt

$$E'_\gamma = \frac{E_\gamma m_0 c^2}{m_0 c^2 + E_\gamma (1 - \cos \varphi)} \tag{1.2}$$

mit $m_0c^2 = 511$ keV als Ruheenergie des Elektrons. Bei

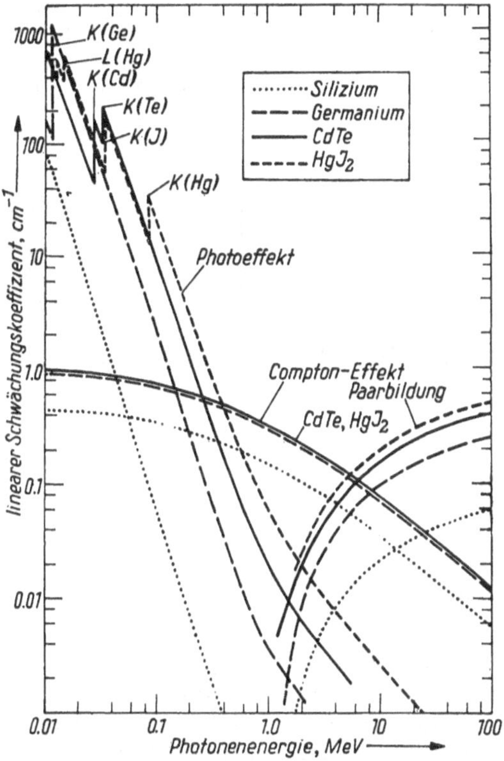

Abb. 2. Lineare Schwächungskoeffizienten bei der Wechselwirkung von Photonen mit Stoff in Abhängigkeit von der Photonenenergie [32]

„zentralem Stoß" $\varphi = 180°$ (Rückstreuung des Photons) ist die kinetische Energie des Elektrons

$$E_e(0) = E_{e,\max} = E_\gamma \,/\, (1 + m_0c^2/2E_\gamma). \qquad (1.3)$$

– Paarbildung: Bei $E_\gamma > 1{,}022$ MeV kann im COULOMB-Feld der Atomkerne (aus Gründen der Impulserhaltung) ein Elektron-Positron-Paar erzeugt werden, dessen Energie durch Ionisation aufgebraucht wird. Das Positron annihiliert zusammen mit einem Elektron, wobei meist zwei γ-Quanten mit je $E_\gamma =$ 511 keV entstehen, die ihrerseits über Photo- oder COMPTON-Effekt ionisierende Elektronen freisetzen oder auch dem Detektor ohne Wechselwirkung entweichen können.

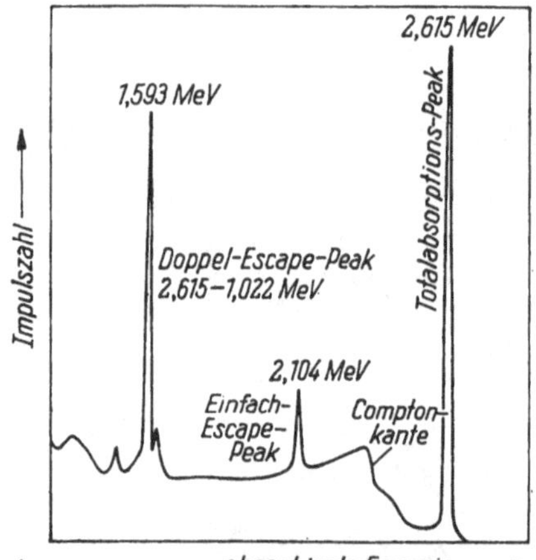

a)

In Abbildung 2 sind die einzelnen Anteile der Wechselwirkung von Photonen in Abhängigkeit von der Energie und von der Ordnungszahl Z dargestellt. Der Wirkungsquerschnitt für den Photoeffekt wächst näherungsweise mit Z^5, für den COMPTON-Effekt mit Z und für die Paarbildung mit Z^2 an. Wegen der verschiedenen Möglichkeiten der Wechselwirkung wird die Zahl der freigesetzten Ladungsträgerpaare selbst bei monoenergetischer γ-Strahlung eine komplizierte Häufigkeitsverteilung besitzen. Abbildung 3a zeigt solch ein Spektrum. Der Total-

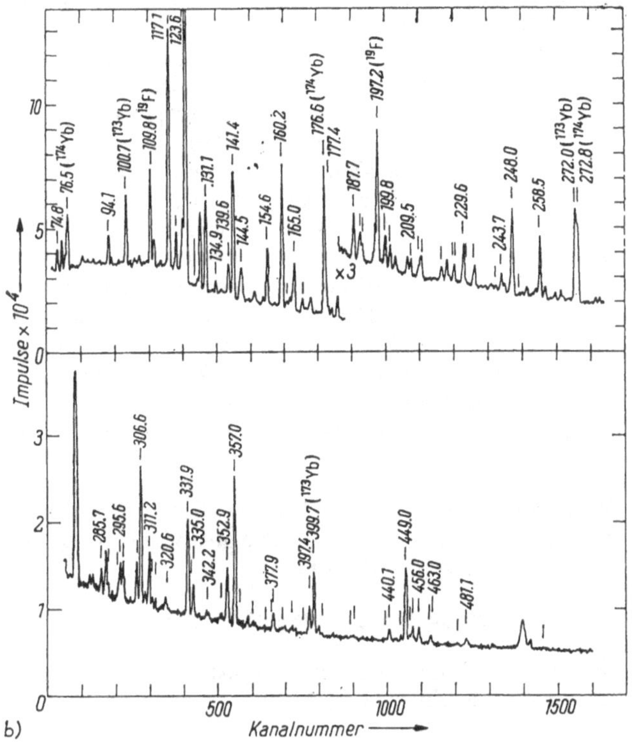

Abb. 3. γ-Spektren, gemessen mit einem Ge(Li)-Halbleiterdetektor; a: Teil des ^{228}Th-Spektrums; b: komplexes γ-Spektrum, Messung der Reaktion ^{173}Yb(d, 2n) ^{173}Lu mit einem 20 cm³ Detektor (L. FUNKE, Rossendorf)

absorptionspeak oder „Photopeak“ entspricht den Ereignissen, bei denen das Photon seine Gesamtenergie im Detektorvolumen zur Erzeugung von Ladungsträgerpaaren umgesetzt hat. Dabei ist es gleichgültig, ob dies über Photoeffekt und Absorption der begleitenden Röntgenstrahlung oder über mehrfachen COMPTON-Effekt mit anschließendem Photoeffekt oder ähnlich vor sich geht, sofern die Ausbeute an Ladungsträgerpaaren unabhängig von der Teilchenenergie ist (das ist bei Halbleiterdetektoren viel besser als bei Szintillationszählern erfüllt). Entweichcn bei der Paarbildung ein oder beide 511 keV-Quanten ohne weitere Wechselwirkung, so entstehen die sog. Entweichungspeaks (escape-peaks). Durch Rückstreueffekte und Röntgenstrahlung sind weitere Peaks möglich. Bei γ-Strahlung mit zahlreichen diskreten Strahlungsenergien erhält man auf diese Weise, insbesondere bei Verwendung von hochauflösenden Halbleiterdetektoren, sehr komplexe Spektren (Abb. 3b).

Neutronen: Für die Wechselwirkung von Neutronen mit Stoff sind Stöße und Reaktionen mit den Atomkernen entscheidend. Die elektromagnetische Wechselwirkung mit Elektronen über das magnetische Moment des Neutrons ist vernachlässigbar klein. Folgende Wechselwirkungsprozesse sind für den Neutronennachweis von Bedeutung:

— Elastische Streuung von „schnellen" Neutronen bei Energien $E_n > 100$ keV. Der gestoßene Kern der Massenzahl A erhält die Energie

$$E_A = 4\,A\,E_n \cos^2 \varphi/(1 + A)^2 \qquad (1.4)$$

mit φ als Stoßwinkel. Bei „zentralem Stoß" wird die maximale Energie

$$E_{A,\max} = 4\,A\,E_n/(1 + A)^2 \qquad (1.5)$$

übertragen. Bei Wasserstoff ist $A = 1$; hier kann das Neutron in einem einzigen Stoß die gesamte Energie an ein Proton abgeben. Die Rückstoßprotonen oder die gestoßenen schweren Kerne verlieren ihre Energie durch Ionisation und erzeugen dadurch Ladungsträgerpaare. Im Schwerpunktsystem ist die

Streuung bei Neutronenenergien bis zu etwa 10 MeV isotrop. Daraus folgt eine Gleichverteilung der Energie E_p der Rückstoßprotonen bei der Messung (Abb. 4). Im Gegensatz zu den Linienspektren bei γ-Strahlung erhält man damit ein kontinuierliches, abgeschliffenes Spektrum, das keine guten Voraussetzungen für die genaue Bestimmung der Neutronenenergieverteilung bietet.

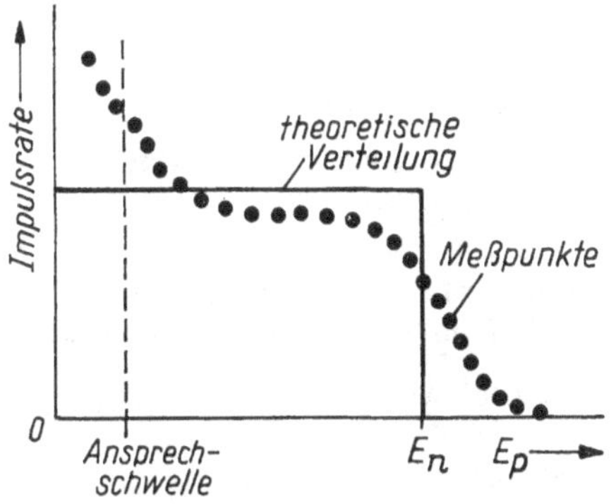

Abb. 4. Rückstoßprotonenspektrum beim Nachweis schneller Neutronen, qualitativ

— Neutronen im Energiebereich bis etwa 100 keV: Durch Kernreaktionen vom Typ (n, α) oder (n, f) werden ionisierende Teilchen freigesetzt. Wegen der sehr kleinen Wirkungsquerschnitte zieht man es aber oft vor, die Neutronen durch Moderatoren (z. B. Paraffin) zu „thermalisieren" und dann mit BF_3-Zählern o. ä. nachzuweisen.
— Langsame und thermische Neutronen: Die gebräuchlichsten Verfahren nutzen zum Nachweis die Reaktionen

B^{10}(n, α) Li^7, frei werdende Energie 2,78 MeV,

in Zählrohren mit einer Füllung BF_3 oder $B(CH_3)_3$ und

Li^6(n, α) H^3, frei werdende Energie 4,78 MeV

aus. Durch den Zählrohrmechanismus geht der Zusammenhang zwischen Neutronenenergie und Zahl der freigesetzten Ladungsträger völlig verloren. Diese Methoden eignen sich daher nur für die Zählung von Neutronen.

Für die Spektroskopie von Neutronen muß wegen der geringen oder fehlenden Energieauflösung der aufgeführten Nachweismethoden auf andere Verfahren zurückgegriffen werden, z. B. die Neutronenflugzeitspektrometrie (s. Abschnitt 5).

1.2. Übersicht über Teilchendetektoren

Der schematische Aufbau eines Detektors für Teilchenstrahlung ist in Abb. 5 dargestellt. Im empfindlichen Detektorvolumen werden von der einfallenden Strahlung auf direktem oder indirektem Weg Ladungsträger gebildet und abgesaugt. Bei einigen Detektortypen wird

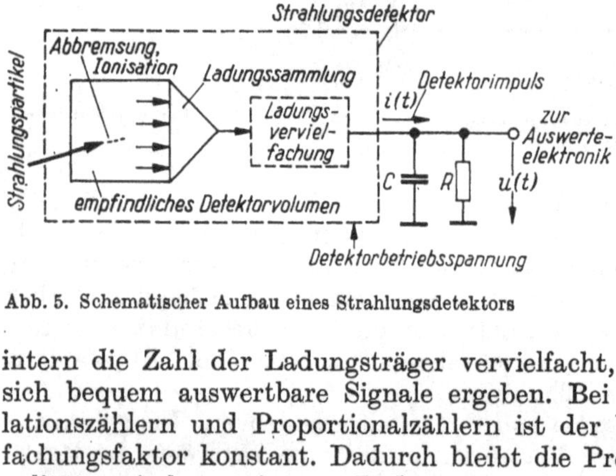

Abb. 5. Schematischer Aufbau eines Strahlungsdetektors

intern die Zahl der Ladungsträger vervielfacht, so daß sich bequem auswertbare Signale ergeben. Bei Szintillationszählern und Proportionalzählern ist der Vervielfachungsfaktor konstant. Dadurch bleibt die Proportionalität zwischen primärer Ladungsträgerzahl und der Ladungsmenge am Detektorausgang gewahrt. Bei Auslösezählern ist die innere Verstärkung nichtlinear; im Prinzip genügt ein einziges Ladungsträgerpaar zur Erzeugung eines Ausgangssignals.

Eine Übersicht über die für die Kernelektronik interessierenden Strahlungsdetektoren mit elektrischem Ausgangssignal gibt Tabelle 1. Die Aussagen sind als grobe Richtwerte zu verstehen und sind daher nicht frei von einer gewissen Willkür. Ausführliche Beschreibungen findet man z. B. in den Büchern [11, 12, 23, 24, 25].

1.3. Form der Ausgangsimpulse

Der Mechanismus der Partikelwechselwirkung und die Anschlußbedingungen des Detektorausgangs legen die Form und Zeitdauer der Spannungsimpulse eines Teilchendetektors fest. Wie in Abb. 5 angedeutet ist, fließt der Stromimpuls $i(t)$ in die RC-Kombination des Detektorausgangs. Hierbei ist R der Arbeitswiderstand und C die Summe aus der parasitären Kapazität des Detektorausgangs und der Eingangskapazität der angeschlossenen Elektronik; C liegt größenordnungsmäßig bei 10 bis 50 pF. Bei Detektoren für Energiemessungen ist die Ladungsmenge $Q = \int i(t)\,\mathrm{d}t$ am Detektorausgang dem Energieverlust des Strahlungspartikels im empfindlichen Detektorvolumen proportional.

Der Verlauf der Ausgangsspannung $U(t)$ läßt sich aus Abb. 5 mit Hilfe der LAPLACE-Tranformation [1, Band I] leicht ermitteln. Es ist

$$u(p) = i(p) \cdot (R \| 1/pc) = \frac{i(p)}{C} \cdot \frac{1}{p + 1/T}; \; T = RC. \qquad (1.6)$$

Für den Stromimpuls werden zwei wesentliche Spezialfälle betrachtet.

Exponentiell abklingender Stromimpuls:

$$i(t) = \begin{cases} 0 & ; \; t < 0 \\ \mathrm{I}e^{-t/\theta}; & t > 0 \end{cases} \qquad (1.7)$$

Tabelle 1. Strahlungsdetektoren mit elektrischen Ausgangsimpulsen

Typ	Wirkungsweise	Ladungsträger-vervielfachung	Ausgangsimpulshöhe[1]) und -länge
Ionisationskammer	Ionisation im Detektorvolumen, Trennung der Ladungsträgerpaare und Absaugen durch elektrisches Feld	–	bei 10 pF 100 300 μV/MeV, Elektronenkomponente etwa 1 μs, Ionenkomponente einige ms
Proportionalzähler		10^2 10^4	bei 10 pF 10 100 mV/MeV, 1 5 μs
Auslösezähler (GM-Zähler)	kurzzeitige Entladung nach Ionisation	$\gg 10^4$, nicht proportional	0,5 50 V, einige μs; 100 ms Totzeit
Halbleiterdetektor	wie Ionisationskammer	–	einige 10 mV am Ausgang des Vorverstärkers, 10 ns bis 1 μs
Szintillationszähler	Partikel veranlassen Szintillationen, Fotoelektronenauslösung und -vervielfachung	10^5 10^8	anorgan. Szintillat.. 0,1 10 V/MeV 1 10 μs organ. Szintillat.: 0,1 10 V/MeV 5 100 ns

[1]) Bei voller Integration des Ladungsimpulses

mit der Ladungssammelzeitkonstante θ und der Gesamtladung

$$Q = \int_0^\infty i(t)\, \mathrm{d}t = I \cdot \theta .$$

Partikel-nachweis	Eignung für Messungen der Dosisleistung	Energie-verteilung	Zeitverteilung (Koinzidenzen)	Aufwand
α, β, γ, n	Strommessung und integrierende Messung gut	Gitter-kammer gut	sehr gering	gering, bei Impulsmessungen anspruchsvoll
α, β, n	mäßig	gut	mäßig	mäßig
je nach Ausführung α, β, γ und n	gut für Zählung	–	sehr gering	gering
α, β, γ, (n)	bedingt (kleines Detektorvolumen)	sehr gut	gut bis sehr gut	mittel bis sehr hoch
α, γ, (n)	gut	mittel	gering bis mittel	mäßig
α, β, γ, n	gut	gering	sehr gut	bis hoch

Die Transformation unter Benutzung einer Korrespondenztafel liefert

$$i(p) = I/(p + 1/\theta) = \frac{Q}{\theta} \cdot \frac{1}{p + 1/\theta} \, . \tag{1.8}$$

Mit Gl. (1.6) wird dann

$$u(p) = \frac{Q}{C \cdot \theta} \cdot \frac{1}{p + 1/T} \cdot \frac{1}{p + 1/\theta} \tag{1.8a}$$

und nach Rücktransformation

$$u(t) = \frac{Q \cdot R}{T - \theta} (e^{-t/T} - e^{-t/\theta})$$

$$= \frac{QT/\theta}{C(T/\theta - 1)} (e^{-(t/\theta)/(T/\theta)} - e^{-t/\theta}). \tag{1.9}$$

Die Ausgangsspannung ist eine Summe von zwei Exponentialfunktionen, wobei die kürzere der beiden Zeitkonstanten die Vorderflanke und die längere die Rückflanke des Detektorimpulses $u(t)$ bestimmt (Abb. **6**a).

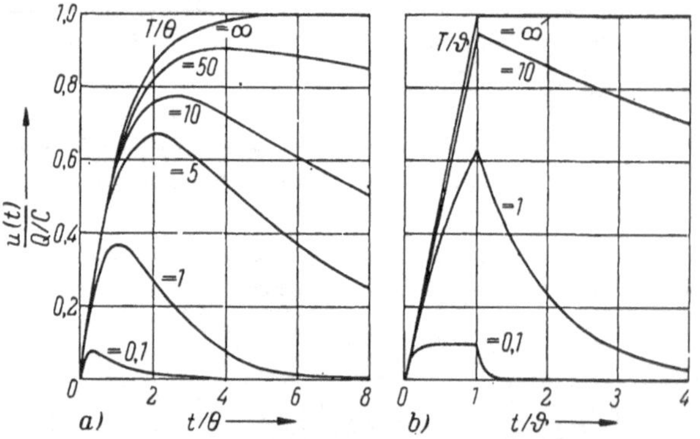

Abb. 6. Abhängigkeit der Detektorausgangsspannung $u(t)$ von der Zeitkonstante T bei exponentiell mit θ abklingendem Stromimpuls (a) und bei rechteckförmigem Stromimpuls der Länge ϑ (b)

Wegen $u(t) \sim Q$ sind die Impulse für unterschiedliche Ladungsmengen einander ähnlich. Bei unendlich großem Widerstand R lädt sich C auf den Wert $U_{max} = Q/C$ auf; dieser Wert wird nach 3 Sammelzeitkonstanten θ

zu 95% erreicht. Das Maximum liegt bei

$$t_{\max} = \frac{\theta T}{\theta - T} \ln (\theta/T). \tag{1.10}$$

Bei endlichem Verhältnis T/θ lassen sich zwei Fälle unterscheiden:

– Überwiegende Detektorzeitkonstante $T(T/\theta > 1)$:
  Aus Gl. (1.9) ergibt sich

$$\left.\begin{aligned} u(t) &\approx \frac{Q}{C}\,(e^{-t/T} - e^{-t/\theta}) \\ u(t) &\approx \frac{Q}{C}\,e^{-t/T} \text{ für } t \gg \theta. \end{aligned}\right\} \tag{1.11}$$

  Die maximale Höhe von $u(t)$ ist etwas kleiner als Q/C, weil über R bereits Ladungen abfließen, bevor alle Ladungsträger des Detektors am Kondensator „integriert" sind. Man bezeichnet die Impulse bei $T/\theta \gg 1$ als *Spannungsimpulse.*

– Überwiegende Ladungssammelzeitkonstante θ $(T/\theta \ll 1)$: Mit Gl. (1.9) wird

$$\left.\begin{aligned} u(t) &\approx \frac{QR}{\theta}\,(e^{-t/\theta} - e^{-t/T}) \\ u(t) &\approx IRe^{-t/\theta} \text{ für } t \gg T \end{aligned}\right\} \tag{1.12}$$

  und mit Gl. (1.7)

$$u(t) \approx i(t) \cdot R. \tag{1.13}$$

  Der Spannungsverlauf über R gibt den Zeitverlauf der Ladung wieder. Die Ladung wird nicht integriert – man spricht von einem *Stromimpuls.*

Rechteckförmiger Stromimpuls:

$$i(t) = \begin{cases} I;\ 0 < t < \vartheta \\ 0;\ \text{sonst} \end{cases} \tag{1.14}$$

mit $I \cdot \vartheta = Q$. Aus der Überlappung zweier Sprungfunktionen $i_1(t) = I$ zur Zeit $t = 0$ und $i_2(t) = -I$ zur

Zeit $t = \vartheta$ wird wie im ersten Fall

$$u(t) = \begin{cases} IR(1 - e^{-t/T}) = \frac{QT}{C\vartheta}(1 - e^{-(t/\vartheta)/(T/\vartheta)});\ 0 < t < \vartheta \\ IR(e^{-(t-\vartheta)/T} - e^{-t/T}) = \frac{QT}{C\vartheta}[e^{-(t/\vartheta-1)/(T/\vartheta)} - e^{-(t/\vartheta)/(T/\vartheta)}];\ t > \vartheta \end{cases} \tag{1.15}$$

Den Verlauf der Funktion $u(t)$ in Abhängigkeit vom Verhältnis T/ϑ zeigt Abb. 6b. Die Aussagen für Strom- und Spannungsimpuls gelten in gleicher Weise wie für Abb. 6a.

Sehr oft erfolgt der Anschluß des Detektors an die Elektronik über einen Koppelkondensator, um die Detektorbetriebsspannung vom Verstärkereingang fernzuhalten. Der Einfluß von Kondensatoren auf die Impulsform wird im Abschnitt 2.3 beschrieben.

Aus den obigen Betrachtungen lassen sich einige allgemeine Schlußfolgerungen über die Wahl der Zeitkonstanten bei verschiedenen Aufgabenstellungen ableiten.

Energiespektroskopie: Besitzt die Sammelzeitkonstante θ bzw. ϑ für alle vom Detektor abgegebenen Impulse den gleichen Wert, so ist die Wahl der Detektorzeitkonstante T im Prinzip belanglos, denn die maximale Impulshöhe ist stets proportional zur Ladung Q. Allerdings verschlechtert sich bei kleinen Zeitkonstanten die erreichbare Energieauflösung, weil nicht mehr die gesamte

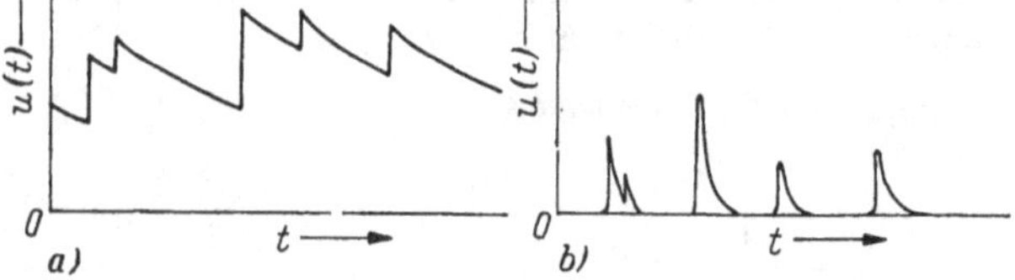

Abb. 7. Überlagerung von Impulsen bei großer Abklingzeitkonstante (a) und weitgehende Vermeidung des Aufstockens durch eine kleine Zeitkonstante (b)

Ladung bei der Impulshöhenmessung ausgenutzt wird. Große Zeitkonstanten T liefern große Impulse und setzen den Einfluß von Schwankungen der Werte für θ oder ϑ auf die Impulshöhe herab. Das ist vor allem für Halbleiterdetektoren von Bedeutung. Großes T führt jedoch zu Überlagerungen einzelner Impulse (Abb. 7a), die wesentliche Arbeitspunktverschiebungen der angeschlossenen Auswerteelektronik und damit Meßfehler nach sich ziehen können. Für m Impulse je Zeiteinheit (Impulsrate, -dichte) wird bei gleichem Q je Impuls die mittlere Spannung

$$\bar{U} = mQR = mU_{\max} \cdot RC \tag{1.16}$$

mit $U_{\max} = Q/C$ erhalten. Das Campbell-Theorem liefert mit Gl. (1.11) für die mittlere quadratische Schwankung dieser Spannung

$$\sigma_u{}^2 = m \int_{-\infty}^{+\infty} [u(t)]^2 \, dt = mU_{\max}^2 \, RC/2; \tag{1.17}$$

die relative mittlere Spannungsschwankung, bezogen auf die Einzelimpulshöhe, ergibt sich daraus zu

$$\sigma_u/U_{\max} = \sqrt{mRC/2}. \tag{1.18}$$

Für $m \approx 1/RC$ wird bereits $\sigma_u/U_{\max} \approx 0{,}7$, d. h. in diesem Fall muß der zulässige Spannungsbereich am Eingang der angeschlossenen Elektronik die Größe $U_{\max}$ bereits um den Faktor 2 bis 3 übersteigen. Bei der Auswahl von T muß man also einen Kompromiß zwischen ausreichender Integration und noch vertretbarer Impulsüberlagerung („Aufstocken“) treffen.

Impulszählung: Hier ist die Proportionalität zwischen Q und der Impulshöhe bedeutungslos. Für die Auflösung kurz aufeinanderfolgender Ereignisse wählt man $T \lesseqgtr \vartheta, \theta$, arbeitet also mit den sog. Stromimpulsen (Abb. 7b).

Dosimetrie: Interessiert die im Detektorvolumen insgesamt freigesetzte Ladung, so mißt man zweckmäßig den mittleren Strom durch den Arbeitswiderstand R. Die Zeitkonstante T beeinflußt den Meßbereich und die Schwankung des mittleren Stroms.

1.4. Einige wichtige Strahlungsdetektoren

1.4.1. Auslösezähler (GEIGER-MÜLLER-*Zähler*)

Auslösezähler wurden um 1928 von GEIGER und MÜLLER eingeführt. Ein Auslösezähler besteht aus einem leitenden Rohr, das mit einem Gas gefüllt ist, z. B. 90% Argon und 10% Alkohol unter 100 Torr bei selbstlöschenden GEIGER-MÜLLER-Zählern (nach TROST 1935). In der Achse dieses Rohrs, das als Katode dient, befindet sich ein dünner Zähldraht als Anode. Bei Betriebsspannungen um 1000 V bildet sich in Zähldrahtnähe eine hohe Feldstärke aus. Durch ionisierende Partikel im Zählrohrvolumen freigesetzte Elektronen werden in diesem Gebiet stark beschleunigt und führen durch Stoßionisation des Füllgases innerhalb von 0,1 bis 1 μs zu einer den Zähldraht schlauchförmig umhüllenden Entladung, die bei den am häufigsten benutzten selbstlöschenden Zählern durch Mechanismen im Füllgas sofort wieder erlischt. Es entsteht ein Stromimpuls von einigen μs Dauer bei einer Ladung von 10^{-11} bis 10^{-9} As. Bei Integration an $C = 10$ pF sind daher Impulshöhen bis zu 100 V möglich. Der Arbeitswiderstand liegt bei selbstlöschenden Zählrohren in der Größenordnung von 1 MΩ.

Erst nach Abwanderung der langsamen positiven Ionen aus der Nähe des Zähldrahts ist das elektrische Feld wieder so weit aufgebaut, daß das Zählrohr erneut ansprechen kann. Diese Totzeit t_T liegt bei 100 bis 200 μs (Abb. 8). Unter Auflösungszeit t_A versteht man das Zeitintervall, das die erforderliche Impulshöhe zum Ansprechen der Registrierschaltung ermöglicht.

Mit steigender Betriebsspannung des Zählers nimmt bei gleicher Strahlungsintensität zunächst die registrierte Impulszahl (und Impulshöhe) zu, bis der Auslösebereich erreicht wird, bei dem die Signalgröße unabhängig von der Zahl der primär freigesetzten Ladungsträger ist.

Bei weiterer Zunahme der Betriebsspannung wächst die Zahl der registrierten Ereignisse nur noch geringfügig („Plateau“, Abb. 9). Der Arbeitspunkt wird etwa in die Mitte des mehr als 100 V langen Plateaus gelegt, dessen Steigung bei guten Zählrohren kleiner als 5% je 100 V

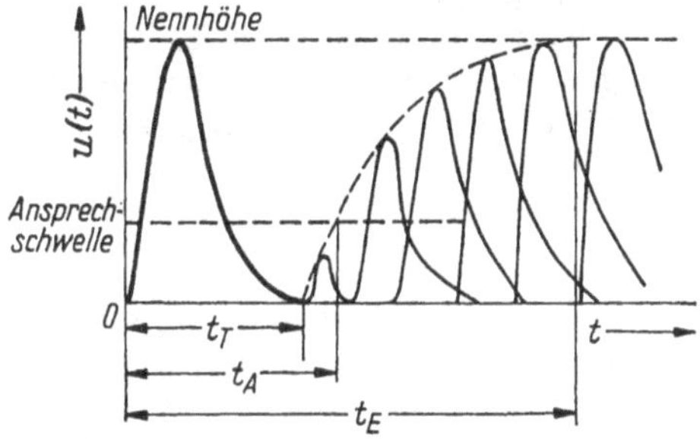

Abb 8. Totzeit, Auflösungszeit und Erholzeit (t_E) bei einem Auslösezähler; Oszillogramm (schematisch)

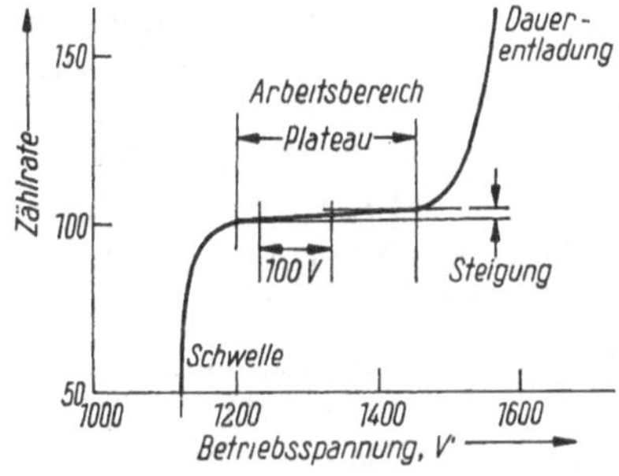

Abb. 9. Zählrohrcharakteristik, schematisch

ist. Durch Ausmessen der Zählrohrcharakteristik läßt sich leicht der günstigste Arbeitspunkt finden. Der Betriebsspannungsquelle wird durch das Zählrohr ein Strom von höchstens 1 µA entzogen.

Die Anforderungen an die Elektronik sind vergleichsweise sehr gering. Wegen der im Voltbereich liegenden Ausgangsimpulse genügt eine Ansprechschwelle der

Nachweisgeräte von 0,1 bis 1 V. Auf spezielle Vorverstärker kann man verzichten; Anpaßstufen mit hochohmigem Eingang und einfache Impulsformer reichen aus. Der minimale Zeitabstand der Zählrohrimpulse von rund 100 µs ist für die Impulszählung unproblematisch. Auslösezähler sind wegen der großen Zeitverzögerungen zwischen Partikeldurchgang und Auslösung, bedingt durch Elektronenanlagerung an Atome, für Zeitmessungen mit besser als einige µs Genauigkeit nicht geeignet.

1.4.2. Halbleiterdetektoren

Die Bestimmung der Energie von Strahlungspartikeln kann über die Messung der Zahl der Ladungsträger erfolgen, die bei der Wechselwirkung mit dem Detektormaterial erzeugt werden, z. B. bei der Abbremsung der Partikel im Füllgas einer Ionisationskammer. Wegen des relativ geringen Absorptionsvermögens von Gasen verspricht die Verwendung von Festkörperionisationskammern bei energiereichen Partikeln bedeutende Vorteile. An den Festkörper werden hierbei eine ganze Reihe von Forderungen gestellt, die gegenwärtig nur von Halbleiterkristallen aus Germanium und Silizium ausreichend gut erfüllt werden und die zur Entwicklung der Halbleiterstrahlungsdetektoren führten [24—27, 32]:

— Hoher ohmscher Widerstand des Materials, um über ein genügend großes Volumen eine elektrische Feldstärke zum Sammeln der freigesetzten Ladungsträger erzeugen zu können.
— Geringer mittlerer Energieaufwand *W* für die Erzeugung eines Ladungsträgerpaares; im allgemeinen wächst *W* mit steigendem Bandabstand.
— Geringe Konzentration thermisch erzeugter Ladungsträger; dies fordert großen Bandabstand und wird durch Betrieb bei tiefen Temperaturen begünstigt.
— Kleine Rekombinationsverluste und vernachlässigbarer Einfluß von Haftstellen, um die Proportionali-

tät zwischen aufgenommener Energie und gesammelter Ladung zu wahren, d. h. kleine Sammelzeit durch hohe Beweglichkeit der Elektronen und Löcher im Kristallgitter sowie durch große Trägerlebensdauer im Vergleich zur Sammelzeit, erreichbar durch hochreine (weniger als 1 Fremdatom auf 10^9 Wirtsatome) und versetzungsfreie Kristalle.

Für die Registrierung von γ-Quanten ist nach Abb. 2 eine möglichst hohe Ordnungszahl Z des Detektormaterials anzustreben. Als Materialien kommen neben den IV-wertigen Elementen Si und Ge noch halbleitende II—VI- oder III—V-Verbindungen in Frage. Erste Resultate gibt es mit GaAs, CdTe, HgJ_2 und PbO [25, 29, 32, 33], doch reicht die gegenwärtig mögliche Reinheit der Kristalle nicht für Trägerlebensdauern aus, die Detektorvolumina von größenordnungsmäßig 1 cm^3 zulassen würden. Außer für GaAs ist auch die Energieauflösung erheblich schlechter als bei Ge- und Si-Detektoren. Man muß jedoch auch berücksichtigen, daß der bisherige Aufwand für die Herstellung solcher Kristalle sicherlich um Größenordnungen kleiner ist als für Ge- und Si-Kristalle, die die Grundlage der modernen Elektronik darstellen. In Tabelle 2 sind einige wichtige Materialparameter für Ge und Si aufgeführt.

Ein Ge- oder Si-Halbleiterdetektor besteht im wesentlichen aus einem in Sperrichtung vorgespannten pn-Übergang oder aus einer eigenleitenden Zone mit elektrischem Feld.

Detektoren mit Störstellenhalbleitung: Das empfindliche Detektorvolumen wird von der pn-Raumladungszone dargestellt, die durch die anliegende Sperrspannung an frei beweglichen Ladungsträgern verarmt ist. In Abb. 10 ist ein Si-pn-Sperrschichtdetektor in Planarstruktur skizziert (nach [12, 26]). Auf einem zylinderförmigen Si-Block vom p-Leitungstyp wird eine dünne, stark dotierte n-Schicht erzeugt. Durch die gesperrte Übergangsschicht, die sich wegen verschieden starker Dotierung vor allem in das p-Gebiet erstreckt, kann nur dann ein Strom fließen,

Tabelle 2. Einige charakteristische Parameter von Silizium und Germanium, nach [12, 26] mit Ergänzungen

	Silizium	Germanium
Kernladungszahl Z	14	32
rel. Dielektrizitätskonstante	12	16
Breite der verbotenen Zone, eV	1,11 (300 K)	0,66 (300 K) 0,75 (77 K)
Zahl der Atome, cm^{-3}	$4{,}96 \cdot 10^{22}$	$4{,}41 \; 10^{22}$
Ladungsträgerkonzentration bei Eigenleitung, cm^{-3}	$1{,}5 \cdot 10^{10}$ (300 K)	$2{,}4 \; 10^{13}$ (300 K)
Elektronenbeweglichkeit μ_n, $cm^2 \, V^{-1} \, s^{-1}$	1350 (300 K) $4 \cdot 10^4$ (77 K)	3900 (300 K) $3{,}6 \cdot 10^4$ (77 K) $4{,}9 \; 10^7 \; T^{-1{,}66}$ ¹)
Löcherbeweglichkeit μ_p, $cm^2 \, V^{-1} \, s^{-1}$	480 (300 K) $1{,}8 \cdot 10^4$ (77 K)	1900 (300 K) $4{,}2 \cdot 10^4$ (77 K) $1{,}05 \; 19^9 \; T^{-2{,}33}$ ¹)
Energiebedarf je Ladungsträgerpaar W, eV	$3{,}65 \pm 0{,}05$	$2{,}95 \pm 0{,}05$
spezifischer Widerstand bei Eigenleitung, Ω cm	$2{,}3 \cdot 10^5$ (300 K)	47 (300 K) $5 \; 10^4$ (77 K)
FANO-Faktor f	0,3 0,1²)	0,3 0,06 ²)

¹) Nach L. H. DELAET u. a., Nuclear Instr. and Meth. **101** (1972) 11

²) Mit zunehmender Verbesserung der Rauscheigenschaften der Vorverstärker wurden die gemessenen Werte für f immer kleiner; siehe z. B. R. H. PEHL, F. S. GOULDING, Nuclear Instr and Meth. **81** (1970) 329 und H. R. ZULLIGER, D. W. AITKEN, IEEE Transact. Nucl. Sci. NS-17 (1970) no. 5, 187.

wenn in ihr durch thermische Anregung oder durch Strahlungspartikel Ladungsträger erzeugt werden. Außerhalb dieser Verarmungsschicht erzeugte Ladungsträgerpaare gehen durch Rekombination und zu lange Laufzeiten für die Registrierung zum größten Teil verloren.

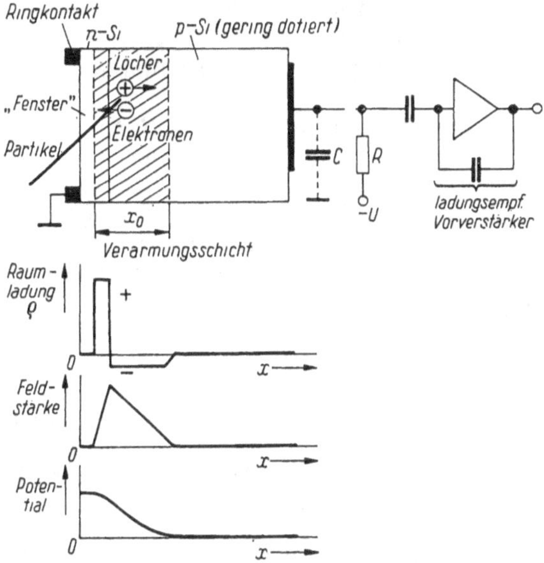

Abb. 10. Unsymmetrischer gesperrter pn-Übergang als Strahlungsdetektor

Bei *Oberflächenbarrieren-Detektoren* wird ein n-Si-Kristall nach geeigneter Oberflächenbehandlung mit einer sehr dünnen Goldschicht bedampft, die als Frontkontakt wirkt und zu einer Metall-Halbleiter-Barriere sehr geringer Tiefe führt (Abb. 11). Das „Eintrittsfenster" des Detektors ist damit dünn, so daß der Energieverlust stark ionisie-

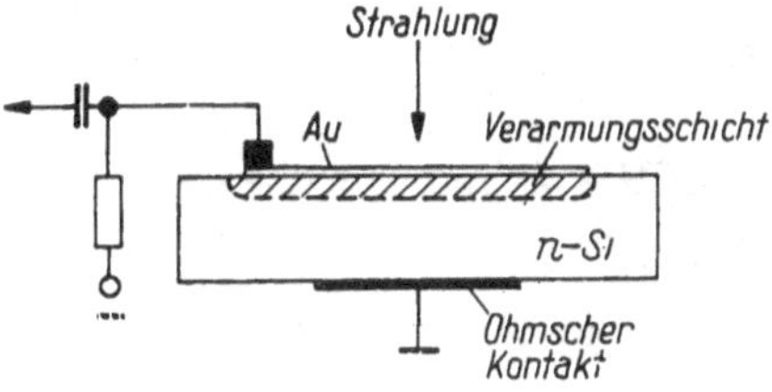

Abb. 11. Prinzipieller Aufbau eines Oberflächenbarriere-Detektors

render Teilchen auf dem Weg bis zur Sperrschicht oftmals vernachlässigbar klein bleibt. Die Oberflächenbarriere-Detektoren sind im Prinzip mit dem geringsten Aufwand herstellbar.

Aus der Theorie des pn-Überganges [1, Band VI] ist die Abhängigkeit der Sperrschichtdicke x_0 von der Sperrspannung U bekannt. Bei rechteckförmiger Raumladungsverteilung („Kastenmodell") und unsymmetrischer Dotierung, z. B. wie in Abb. 10 mit stärkerer Donatorkonzentration $N_D \gg N_A$, wird bei Vernachlässigung der Diffusionsspannung $U_D \approx 0{,}5$ V:

$$x_0 \approx (2\varepsilon U/qN_A)^{1/2}, \tag{1.19}$$

ε Dielektrizitätskonstante, q Elementarladung. Mit der p-Leitfähigkeit des überwiegenden Anteils der Übergangszone

$$\sigma \approx q\mu_p N_A = 1/\varrho_p \tag{1.20}$$

läßt sich dann für x_0 schreiben:

$$x_0 \approx (2\varepsilon\mu_p\varrho_p U)^{1/2}. \tag{1.21}$$

Bei einem Ausgangsmaterial vom n-Typ ist in Gleichung (1.21) μ_n und ϱ_n zu setzen. Für Zimmertemperatur gilt mit Tabelle 2 für Silizium:

$$\left.\begin{aligned} \text{p-Typ: } x_0 &\approx 0{,}3(\varrho_p U)^{1/2}[\mu\text{m}] \\ \text{n-Typ: } x_0 &\approx 0{,}5(\varrho_n U)^{1/2}\,[\mu\text{m}] \end{aligned}\right\} \tag{1.22}$$

mit dem spezifischen Widerstand ϱ in Ωcm und U in V. Die Kapazität der Verarmungsschicht, die man als Dielektrikum zwischen den leitenden p- und n-Schichten als Elektroden auffassen kann, folgt aus Gl. (1.19) bzw. (1.21) sofort zu

$$C \approx A(q\varepsilon N_A/2U)^{1/2} \approx A(\varepsilon/2\mu_p\varrho_p U)^{1/2}, \tag{1.23}$$

$$\left.\begin{aligned} \text{Si: } C &\approx 1{,}05A/x_0\,[\text{pF}], \\ \text{Ge: } C &\approx 1{,}40\,A/x_0\,[\text{pF}] \end{aligned}\right\} \tag{1.24}$$

mit dem Detektorquerschnitt A in cm^2 und x_0 in cm.

Die Spannungsabhängigkeit von C ist von großer praktischer Bedeutung. Änderungen der Betriebsspannung würden bei Integration der Ladung am Detektorausgang nach Gl. (1.11) die Impulshöhe beeinflussen. Man verwendet daher sogenannte ladungsempfindliche Vorverstärker (s. Abschnitt 2.4.5), durch deren große dynamische Eingangskapazität Änderungen der Detektorkapazität praktisch ohne Auswirkung auf die Impulshöhe bleiben.

pn-Sperrschicht- und Oberflächenbarrieren-Detektoren sind seit etwa 1960 im Gebrauch. Sie werden mit Durchmessern von mehr als 20 mm und mit Schichtdicken bis zu 2 mm hergestellt. Die Betriebsspannungen, die die Schichtdicke festlegen, nehmen Werte zwischen 10 und mehr als 1000 V an.

Detektoren mit Eigenleitung: Große Detektorvolumina für den Nachweis von γ-Strahlung sind nach Gl. (1.19) durch sehr hohe Sperrspannungen möglich, praktisch wegen unerwünschter Effekte im Detektorinneren und an seiner Oberfläche jedoch nicht erreichbar. Als Ausweg fand sich die Schaffung einer hochohmigen, nahezu eigenleitenden Schicht über einen großen Kristallbereich durch Ausnutzung der hohen Beweglichkeit von Lithium in Kristallen aus vierwertigen Atomen. In den Halbleiterkristall eingedriftete und auf Zwischengitterplätzen sitzende Li-Ionen wirken als Donatoren und kompensieren die Akzeptoren des Ausgangsmaterials vom p-Typ. Nach dieser von Pell [30] beschriebenen Kompensationsmethode erhält man pin-Detektoren mit einer näherungsweise eigenleitenden i-Schicht (instrinsic layer), die beim Anlegen der Detektorbetriebsspannung eine praktisch konstante Feldstärke aufweist (Abb. 12).

Mit Lithium gedriftete Si(Li)-*Detektoren* können im allgemeinen bei Raumtemperatur arbeiten, wenn an die Energieauflösung keine hohen Ansprüche gestellt werden. Jedoch werden hochauflösende Si(Li)-Detektoren für die Röntgenspektroskopie bei tiefen Temperaturen aufbewahrt und verwendet. Zur Kühlung benutzt man gewöhnlich flüssigen Stickstoff. Charakteristisch für Ge(Li)-*Detektoren* ist, daß sie bei tiefen Temperaturen betrieben und auch gelagert werden müssen. Durch Kühlung wird der thermische Strom durch den Detektor (kleiner Bandabstand in Ge!) wirksam verringert und das unerwünschte Herauswandern der Li-Ionen aus der i-Schicht unterbunden. Der Ausfall der Kühlung während der Lagerung

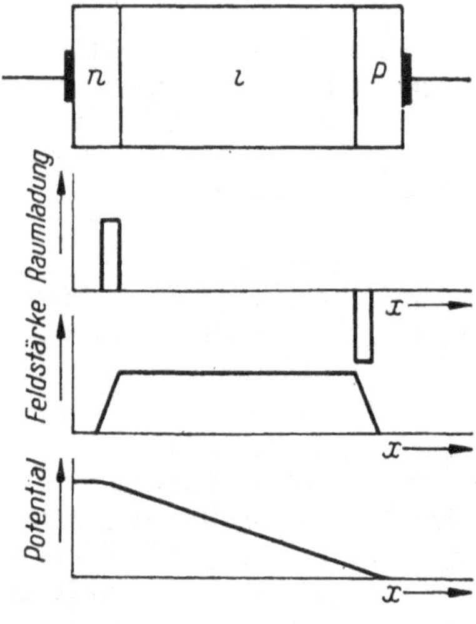

Abb. 12. pin-Detektor in Planarstruktur (planparallele Schichten), idealisiert

kann deshalb die Detektoreigenschaften so stark beeinträchtigen, daß auch durch Wiederholung des Driftprozesses (Rekompensation) nicht mehr die ursprüngliche Qualität erreicht wird. Der Detektor wird unbrauchbar, wenn sich die maximale Sperrspannung durch Präzipitation (Bildung von Komplexen zwischen Gitterverunreinigungen und Lithiumionen unter Verlust der Donatoreigenschaften des Lithiums) oder durch Oberflächenverunreinigungen, z. B. durch schlechtes Vakuum in der Detektorkammer, stark vermindert. Auch Strahlenschäden im i-Gebiet verschlechtern die Detektoreigenschaften. Es wurden Ge(Li)-Detektoren mit einem Volumen von mehr als 100 cm^3 hergestellt, allerdings im Gegensatz zu Abb. 12 in koaxialem Aufbau. Die i-Schicht erreicht Dicken über 10 mm, so daß die Detektorkapazität in der Größenordnung 10 pF bleibt. Die maximale Betriebsspannung liegt bei 2 kV. Das Driften erfolgt in Ge bei einer Temperatur von etwa 40 °C und liefert bei 600 V Sperrspannung in 300 Stunden eine 8 mm dicke Schicht; für Si verwendet man höhere Temperaturen, z. B. 130 °C, und erhält mit 500 V in 60 Stunden eine 3 mm dicke i-Schicht [26]. In jüngster Zeit haben Fortschritte der Kristallzüchtung bei Ge zu großen echt eigenleitenden Schichten ohne Kompensation durch Lithium geführt [31, 32]. Solche Detektoren sind zwar im Interesse guter Energieauflösung zu kühlen, werden aber durch Erwärmung oder Lagerung bei Zimmertemperatur nicht geschädigt. Die gleichmäßigere Ladungsträgersammlung ergibt bessere Energieauflösung bei niedrigen Energien und auch verbesserte Zeitauflösung.

Energieauflösung von Halbleiterdetektoren

Die Energieauflösung eines Spektrometers mit einem Halbleiterdetektor, angegeben als Halbbreite ΔE der „Linien" des Spektrums (s. Abb. 3), hängt von den Eigenschaften des Detektors und des angeschlossenen Verstärkertrakts ab. Bei nichtkorrelierten Schwankungsquellen ist die Gesamtschwankung

$$\sigma_{\text{ges}}^2 = \sum^{n} \sigma_i^2, \tag{1.25}$$

wobei für gaußförmige Linien mit der Halbbreite ΔE gilt:

$$\Delta F = 2{,}35\, \sigma_{\text{ges}}. \tag{1.26}$$

a) *Statistische Schwankungen der Zahl der erzeugten Ladungsträger.*

Bei einem Energieverlust E der Partikel im Detektor entstehen im Mittel

$$N = E/W \tag{1.27}$$

Ladungsträgerpaare mit W als Energiebedarf je Paar (Tabelle 2). Die statistische Schwankung von N ist

$$\sigma_N = (f \cdot N)^{1/2}. \tag{1.28}$$

Hierin ist f der sog. Fano-Faktor, der die Abhängigkeit zwischen den einzelnen Ionisationsakten als Folge des vorgegebenen Gesamtenergieverlustes E berücksichtigt und wegen $f \approx 0{,}06 \cdots 0{,}4$ die Schwankung von N verringert. Die relative Schwankung von N

$$\sigma_N / N = (f \cdot W / E)^{1/2} \tag{1.29}$$

verkleinert sich mit steigender Energie E und beträgt z. B. in Ge bei $E_\gamma = 1$ MeV und $f = 0{,}3$ etwa 1‰. Die durch Gl. (1.28) bzw. (1.29) angegebene Energieauflösung stellt den theoretischen Bestwert dar, der jedoch durch Rauschen im Detektor und Verstärker nicht erreichbar ist.

b) *Rauschen*

Das *thermische Rauschen* eines reellen Widerstands R entsteht durch die Wärmebewegung der Ladungsträger. Für die mittlere quadratische Rauschspannung, die auch ohne Stromfluß wirksam wird, gilt bei einer Bandbreite Δf:

$$\overline{u_R^2} = 4kT\Delta f \cdot \mathrm{Re}\{\underline{Z}\}, \tag{1.30}$$

k Boltzmann-Konstante, T absolute Temperatur, $\mathrm{Re}\{\underline{Z}\}$ Realteil eines komplexen Widerstands $\underline{Z}$. Abb. 13 zeigt

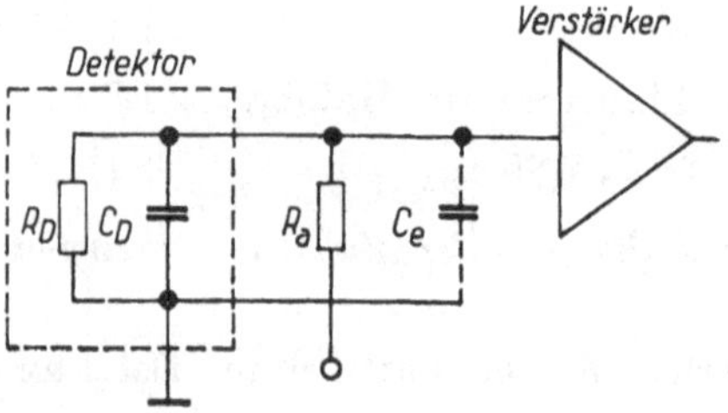

Abb. 13. Stark vereinfachtes Ersatzschaltbild eines Halbleiterdetektors

das stark vereinfachte Ersatzschaltbild des Halbleiterdetektors; $\underline{Z}$ ist hierbei die Parallelschaltung aus Sperrschichtwiderstand R_D, Sperrschichtkapazität C_D sowie Arbeitswiderstand R_a und Verstärkereingangskapazität C_e. Damit wird

$$\mathrm{Re}\{\underline{Z}\} = \frac{R}{1 + (\omega CR)^2}; \quad R = \frac{R_a R_D}{R_a + R_D}; \qquad C = C_D + C_e. \tag{1.31}$$

Die gesamte Rauschspannung ist dann

$$\overline{u_R^2} = 4kT \int_0^\infty \mathrm{Re}\{\underline{Z}\}\, \mathrm{d}f = kT/C. \tag{1.32}$$

Die mittlere quadratische Schwankung der Rauschspannung kann man durch den äquivalenten Energieverlust $E_{\text{äq},R}$ eines Teilchens im Detektor angeben, der am Detektorausgang bei Integration an C zur gleichen Spannungsgröße führt:

$$\sqrt{\overline{u_R^2}} = \sqrt{kT/C} = qE_{\text{äq},R}/WC, \tag{1.33}$$

$$E_{\text{äq},R} = W\sqrt{kTC}/q. \tag{1.34}$$

Kleines thermisches Rauschen erfordert also den Betrieb bei tiefen Temperaturen und eine kleine Kapazität C, so daß pn-Sperrschicht- und Oberflächenbarriere-Detektoren insbesondere bei niedrigen Sperrspannungen wenig günstige Resultate bringen. In Si bei 300 K ist

$$E_{\text{äq},R} \approx 1{,}4\sqrt{C}\ [\mathrm{keV}] \tag{1.35}$$

mit C in pF, d. h. $C = 50$ pF ergeben $E_{\text{äq},R}$ von etwa 8 keV.

Für das *Schrotrauschen* infolge der voneinander unabhängigen, statistisch verteilten Stromimpulse kann man bei Halbleiterdetektoren in guter Näherung schreiben:

$$\overline{i_s^2} = 2qI_s \cdot \Delta f \tag{1.36}$$

mit I_s als Sperrstrom. Die Rauschspannung ergibt sich ähnlich wie beim thermischen Rauschen zu

$$\overline{u_s^2} = 2qI_s \int_0^\infty \frac{R^2}{1 + (\omega CR)^2} \mathrm{d}f = \frac{I_s qR}{2C}. \tag{1.37}$$

Die äquivalente Rauschladung wird somit

$$E_{\text{äq},s} = W\sqrt{I_s RC/2q}, \tag{1.38}$$

d. h. der Sperrstrom muß so klein wie möglich bleiben. Bei guten Si(Li)-Detektoren liegt er beispielsweise bei 10^{-13} A/cm^2.

Durch Remkobination an der *Detektoroberfläche* können Rauschanteile entstehen, die die anderen Komponenten überdecken und die Verwendung des Detektors stark beeinträchtigen. Durch Schutzring-Anordnung oder durch geeignete Oberflächenpassivierung läßt sich das Oberflächenrauschen weitgehend ausschalten.

Insgesamt gesehen wird das Rauschen bei tiefen Temperaturen, bei kleinen Detektorkapazitäten und Sperrströmen am kleinsten. Bei höheren Detektorspannungen steigt das Rauschen wieder an, weil dann eine effektive Temperatur wirksam wird, die über der Umgebungstemperatur liegt. Die Detektorfläche sollte wegen der Wirkung auf C_D und I_s nicht größer als für die Meßaufgabe erforderlich gewählt werden.

Weitere Komponenten, die von Einfluß auf die Energieauflösung sind, resultieren aus dem Eingangsrauschen des Vorverstärkers (siehe Abschnitt 2.4.5), aus Schwankungen der Rekombinationsverluste im Detektor und aus Energieverlusten von Ionen im Detektoreintrittsfenster.

Spitzenwerte des energetischen Auflösungsvermögens werden mit Si(Li)- und Ge(Li)-Detektoren mit planparallelem Aufbau erreicht. Sie liegen zwischen 100 und 500 eV unterhalb 10 keV Strahlungsenergie bei Verwendung von Vorverstärkern mit einem gekühlten Feld-

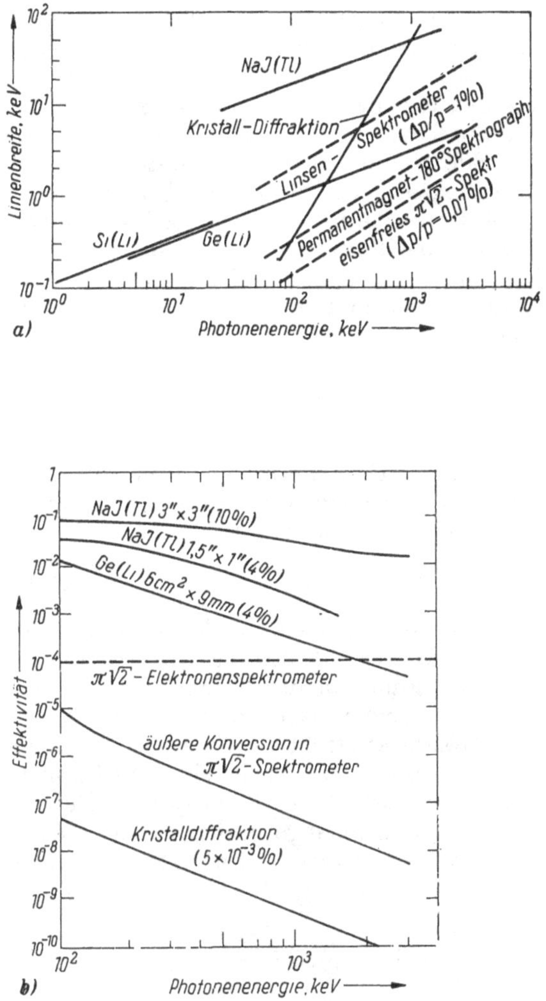

Abb. 14. Vergleich der mit verschiedenen Spektrometern erreichbaren Linienbreite (a) und Ansprecheffektivität (b); die eingeklammerten Werte in b beziehen sich auf den Raumwinkel; nach [32, 34]

effekttransistor als Eingangsstufe. Wie die Abb. 14 zeigt, sind in einem großen Bereich der Photonenenergie die Halbleiterdetektoren anderen Detektoren überlegen, wenn man Auflösung und Effektivität hinsichtlich der Registrierung des Totalabsorptionspeaks betrachtet. Die relativ hohe Effektivität erlaubt sehr aussagekräftige Koinzidenzmessungen. Von nicht zu überschätzender Bedeutung sind ferner die bequeme Handhabung im Vergleich zu Magnet- oder Kristalldiffraktionsspektrometern und die Möglichkeit, das gesamte Energiespektrum mit einem Vielkanal-Impulshöhenanalysator in einer einzigen Messung zu registrieren.

Impulsform

Der Stromfluß an den Elektroden beginnt im Zeitpunkt der Ladungsträgererzeugung. Die Driftgeschwindigkeit der Ladungsträger bei Eigenleitung ist durch

$$\mathbf{v} = \mu(|\mathbf{E}|) \cdot \mathbf{E} \tag{1.39}$$

gegeben. Diese Beziehung stellt auch für Halbleiterdetektoren eine brauchbare Näherung dar. Die Beweglichkeit μ ist eine Funktion der Temperatur und der Feldstärke: mit sinkender Temperatur wächst μ an; mit steigender Feldstärke strebt die Beweglichkeit einem Sättigungswert zu, der z. B. in Ge einer Elektronengeschwindigkeit von etwa 10^7 cm/s entspricht. Für die grundsätzlichen Zusammenhänge genügt es, für μ einen konstanten Wert anzunehmen. Der Detektorstromimpuls folgt allgemein aus

$$I(t) = \frac{\mathrm{d}}{\mathrm{d}t}(\Delta Q) = \frac{\mathrm{d}}{\mathrm{d}t}\left(Q \cdot \frac{\Delta x}{x_0}\right) = Qv/x_0 \tag{1.40}$$

mit $Q = E/W$ als freigesetzte Gesamtladung je Partikel. Am übersichtlichsten sind die Verhältnisse bei punktförmiger Partikelabsorption an der Stelle x_1 eines pin-

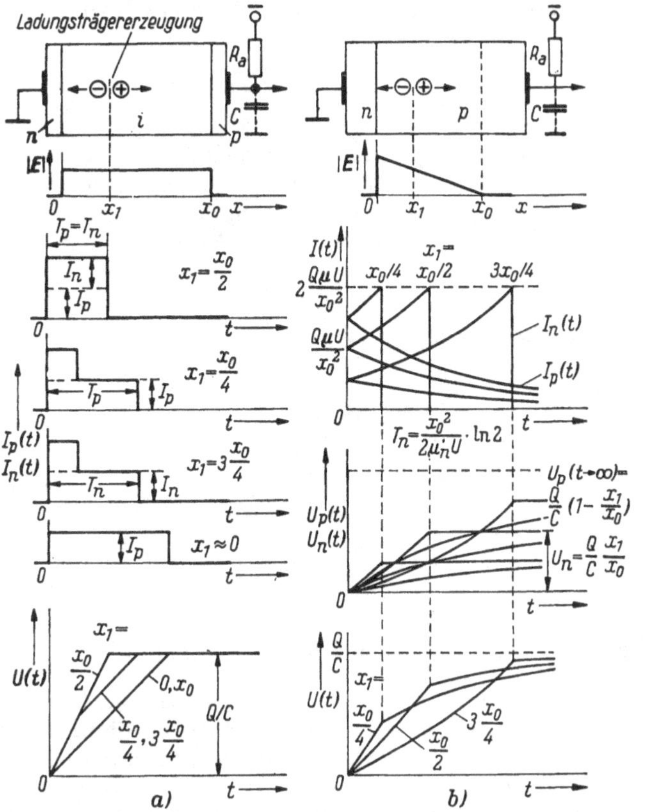

Abb. 15. Impulsformen von Halbleiterdetektoren bei punktförmiger Ladungsträgererzeugung; a. pin-Detektor; b. pn-Detektor, (die Funktionswerte gelten für $\mu_n = \mu_p$)

Detektors mit planparallelem Aufbau (Abb. 15a). Im gewählten Koordinatensystem ist

$$v_p = \mu_n |\mathbf{E}|, \; v_p = -\mu_n\, |\mathbf{E}| \,. \tag{1.41}$$

Der Gesamtstrom I besteht aus den Komponenten Löcherstrom I_p und Elektronenstrom I_n, die sich bei konstanter Feldstärke $E = U/x_0$ aus Gl. (1.40) zu

$$\left.\begin{aligned} I_p(t) &= Q\mu_p E/x_0 = Q\mu_p U/x_0^2, \\ I_n(t) &= Q\mu_n U/x_0^2 \end{aligned}\right\} \tag{1.42}$$

ergeben. In Ge ist $\mu_p \approx \mu_n$ und folglich $I_p \approx I_n$, während in Si der Anteil I_n überwiegt (Tabelle 2). Die Sammelzeit als Zeitdifferenz zwischen Erzeugung der Ladungsträger und ihres Eintreffens am Rand der i-Zone kann man über

$$T = \int \mathrm{d}x/v \tag{1.43}$$

leicht ableiten. Die Ströme I_p und I_n fließen während der Zeit

$$\left.\begin{aligned} T_p &= \int_{x_1}^{x_0} \mathrm{d}x/v = \frac{x_0}{\mu_p U}(x_0 - x_1), \\ T_n &= \int_{x_1}^{0} \mathrm{d}x/v = \frac{x_0}{\mu_n U}x_1. \end{aligned}\right\} \tag{1.44}$$

Der Gesamtstrom $I(t) = I_p(t) + I_n(t)$ mit $\int_0^\infty I(t)\,\mathrm{d}t = Q$ lädt die Detektorkapazität C auf. Bei Integration der Stromimpulse am Detektorausgang entsteht dann die in Abb. 15a skizzierte Form der Spannungsimpulse. Die Vorderflanke ist vom Ort der Partikelabsorption abhängig. Ist die Detektorzeitkonstante mit der Stromimpulslänge vergleichbar, dann können trotz gleicher Gesamtladung Impulse unterschiedlicher Höhe die Folge sein. In solchen Fällen würde die Energieauflösung stark verschlechtert — die Zeitkonstante muß also die Sammelzeiten mindestens um eine Größenordnung übersteigen.

Bei pn-*Sperrschichtdetektoren* nimmt die Feldstärke in der Übergangszone linear ab (Abb. 15b). Vernachlässigt man den schmalen Bereich der Übergangsschicht im höher dotierten Gebiet, dann ergibt sich mit der Feldstärke

$$E(x) = E_{\max}(1 - x/x_0) = (2U/x_0)(1 - x/x_0) \quad (1.45)$$

für die Laufzeit der Ladungsträger vom Anregungsort x_1 nach x

$$t = \int_{x_1}^{x} \mathrm{d}x/\mu E = \frac{x_0^2}{2\mu U} \ln\left(\frac{x_0 - x_1}{x_0 - x}\right). \quad (1.46)$$

Die Trägerlaufzeiten bis zur Sperrschichtgrenze sind damit

$$\begin{aligned} T_p &= \infty, \\ T_n &= \frac{x_0^2}{2\mu_n U} \ln\left(\frac{x_0}{x_0 - x_1}\right). \end{aligned} \quad (1.47)$$

Die während T_p und T_n fließenden Stromkomponenten nehmen mit $x(t)$ aus Gl. (1.46) die folgenden Werte an:

$$\left.\begin{aligned} I_p(t) &= Q\mu_p \frac{2U}{x_0^2}\left(1 - \frac{x(t)}{x_0}\right) = Q\,\frac{2\mu_p U}{x_0^2}\left(1 - \frac{x_1}{x_0}\right) \mathrm{e}^{-\frac{2\mu_p U}{x_0^2}t}, \\ I_n(t) &= Q\,\frac{2\mu_n U}{x_0^2}\left(1 - \frac{x_1}{x_0}\right) \mathrm{e}^{+\frac{2\mu_n U}{x_0^2}t}. \end{aligned}\right\} \quad (1.48)$$

Die Form der Strom- und Spannungsimpulse (nach Integration) ist in Abb. 15b wiedergegeben. Die Aussage einer unendlich langen Zeit für das Sammeln der Löcher kommt praktisch nicht zum Tragen, weil die Löcher bereits in der Nähe der Grenzschicht durch Rekombination verloren gehen.

Die den Betrachtungen zu Grunde gelegte punktförmige Anregung ist wenig realistisch. Sie trifft bestenfalls für niederenergetische Röntgenstrahlung zu, doch erfolgt dann die Absorption vorrangig im Gebiet nahe des Eintrittsfensters. γ-Strahlung höherer Energie, die im gesamten Detektorvolumen mit nahezu gleicher Wahrscheinlichkeit absorbiert werden kann und dabei Elektronen bestimmter Reichweite freisetzt, sowie stark ionisierende Teilchen im MeV-Energiebereich führen zu etwas abgerundeten Vorderflanken der Spannungsimpulse, die am häufigsten etwa in der Mitte der in Abb. 15 gezeichneten Verteilungen liegen. Ungeachtet der starken Vereinfachungen lassen sich einige Schlußfolgerungen ableiten:

pin-*Detektoren*

Wegen der konstanten Dicke x_0 der i-Zone sinkt die Sammelzeit mit steigender Betriebsspannung des Detektors, wobei die Sammelzeiten in gekühlten (77 K) Detektoren aus Si und Ge etwa gleich groß sind. Infolge der Sättigung der Ladungsträgergeschwindigkeit in Ge mit rund $1{,}5 \cdot 10^7$ cm/s bei Feldstärken über 1000 V/cm kann man als Richtwert für die maximale Sammelzeit bei 1 cm Schichtdicke den Wert von 100 ns angeben.

pn-*Detektoren*

Die Sammelzeitkonstante aus Gl. (1.48) $x_0^2/2\mu_p U$ bzw. $x_0^2/2\mu_n U$ ist wegen $x_0 \sim \sqrt{U}$ (Gl. (1.21)) von der Detektorspannung unabhängig und beträgt $\varepsilon\varrho$. Kleine Sammelzeiten erfordern also niederohmiges Detektormaterial, lassen dann aber nach Gl. (1.21) keine großen Werte für die Schichtdicke zu. Bei $\varrho = 1000\,\Omega$ cm ist $\varepsilon\varrho \approx 1$ ns. Infolge dieser sehr kleinen Sammelzeitkonstanten sind pn-Detektoren für hochauflösende Zeitmessungen sehr gut geeignet. Durch den Einfluß des Widerstands der Detektorgebiete außerhalb der Sperrschicht (Bahnwiderstand) und durch den Einfluß von Haftstellen, die zu langsamen Stromkomponenten führen, wird die Anstiegszeit der Detektorimpulse vergrößert. Auch bei Teilchen sehr großer Ionisationsdichte (Spaltbruchstücke) wird die Sammelzeit beträchtlich verlängert: die Ladungsträger müssen erst aus dem gebildeten Plasmaschlauch in Gebiete mit elektrischer Feldstärke diffundieren.

Abschließend ist in Tabelle 3 eine qualitative Übersicht über die Einsatzgebiete der verschiedenen Halbleiter-

Tabelle 3. Qualitative Übersicht über Einsatz, Vor- und Nachteile von Halbleiterdetektoren

	pn-Detektoren	Si(Li)-Detektoren	Ge(Li)-Detektoren
Einsatzgebiet	Ionen, Energien bis >50 MeV (Reichweite von 12 MeV Protonen in Si: 1 mm, in Ge: 0,6 mm); Spaltbruchstücke; Elektronen (Reichweite bei 0,4 MeV in Si: 0,6 mm) Energieauflösung: Größenordnung 10 keV	Röntgenstrahlung 0,2 ·· >20 keV; Elektronen; Ionen; Schichtdicke: bis 1 cm; beste Energieauflösung: zwischen 100 und 200 eV (1971)[1]	γ-Strahlung >20 keV bis einige MeV; Schichtdicke: bis 1 cm; in koaxialem Aufbau ≈100 cm³ Detektorvolumen erreicht; beste Auflösung: bei 5,9 keV und 1 cm³: 200 eV[1]) 1 330 keV und 40 cm³: 2 keV
Vorteile	Schichtdicke einstellbar; dünne Detektorfenster möglich; gute Zeitauflösung; wenig strahlungsempfindlich Lagerung bei Zimmertemperatur	kleine Detektorkapazitäten und sehr gute Energieauflösung bei großen Detektorvolumina	
Nachteile	große Detektorkapazität und schlechte Rauscheigenschaften: kleine Detektorvolumina für Messung von γ-Strahlung ungünstig	Lagerung und Betrieb bei tiefen Temperaturen, während Lagerung und Betrieb Verschlechterung der Eigenschaften möglich	Absorption im Eintrittsfenster bei $E_\gamma < 50$ keV sehr störend

[1]) Übersicht in [32]

detektoren sowie über ihre Vor- und Nachteile gegeben, wobei die Wertung vor allem aus der Sicht der Anwendung in der kernphysikalischen Meßtechnik erfolgte.

1.4.3. Szintillationszähler

Die Lumineszenz von $BaPt(CN)_4$ wurde 1895 von Röntgen zum Strahlungsnachweis benutzt. Crookes, Elster und Geitel stellten 1903 Lichtblitze bei Bestrahlung von ZnS mit α-Teilchen fest. Hierauf basierte

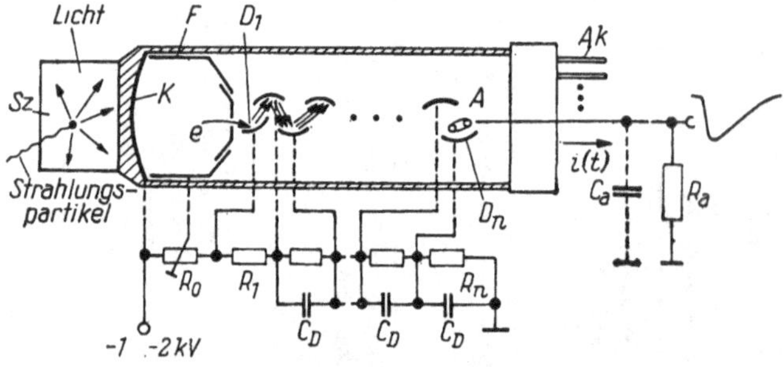

Abb. 16. Schematischer Aufbau eines Szintillationszählers; *Sz* Szintillator, *K* Fotokatode (bei Kurzzeit-Fotovervielfachern gewölbt), *F* Fokussierungselektroden, D_1 D_n Dynoden, *A* Anode, *Ak* Anschlußkontakte des Sockels, R_0 R_n Spannungsteiler für Dynodensystem, C_D Abblockkondensatoren des Spannungsteilers

das Spinthariskop, das in den ersten beiden Jahrzehnten unseres Jahrhunderts bei den grundlegenden Arbeiten der Gruppe um Rutherford eine große Rolle spielte, allerdings zur visuellen Beobachtung der Blitze sehr gute Dunkeladaptation des Auges erforderte. Zunächst durch Proportional- und Auslösezähler verdrängt, erlangte die Methodik eine überragende Bedeutung, als Mitte der vierziger Jahre die visuelle Beobachtung durch Sekundärelektronenvervielfacher abgelöst wurde. Szintillationszähler sind wegen ihrer hohen Anpassungsfähigkeit an verschiedenartige Meßprobleme (große Detektorvolumina bis zu m^3 für die Hochenergie- und Elementarteilchenphysik, Einsatz in Medizin und Dosimetrie, Nachweis schneller Neutronen) trotz der großen Fortschritte bei der Entwicklung von Halbleiterdetektoren auch in Zukunft noch unentbehrlich.

Den prinzipiellen Aufbau eines Szintillationszählers zeigt Abb. 16. Die nachzuweisenden Strahlungspartikel verlieren im Szintillator Energie, die zu einem kleinen Bruchteil als Licht ausgestrahlt wird, das aus der Fotokatode des optisch angekoppelten Sekundärelektronenvervielfachers (SEV) Fotoelektronen auslöst. Durch ein elektrisches Feld werden diese Elektronen zum 6- bis 14-stufigen Dynodensystem überführt und durch Sekundäremission an den einzelnen Dynoden um den Faktor 10^5 bis 10^8 vervielfacht, so daß an der Anode ein starker Elektronenimpuls abgegriffen werden kann. Eine ausführliche Beschreibung der Szintillationszähler findet man neben zahlreichen Hinweisen auf Originalarbeiten in den Büchern [11, 12, 15, 17, 20, 21, 22, 28].

Szintillatoren

Man unterscheidet anorganische Kristallszintillatoren und organische Szintillatoren. Bei den erstgenannten ist das Gitter der Ionenkristalle wesentlich am Mechanismus beteiligt, bei den letztgenannten sind es die Wechselwirkungsprozesse zwischen einzelnen Molekülen. Außerdem gibt es noch Glasszintillatoren, die bei Anreicherung mit B^{10} oder Li^6 für den Neutronennachweis Bedeutung haben, und Edelgasszintillatoren für die Messung stark ionisierender Strahlung (z. B. Spaltbruchstücke) bei Anwesenheit eines hohen Untergrundes von γ-Strahlung. Tabelle 4 gibt eine Übersicht über einige häufig benutzte Szintillatoren.

NaJ(Tl)-Szintillatoren sind wegen des hohen Anteils an Elementen hoher Ordnungszahl für den γ-Nachweis gut geeignet (Jod: $Z = 53$; der Anteil des Aktivators Thallium beträgt weniger als 1%). Organische Szintilla-

Tabelle 4. Eigenschaften einiger wichtiger Szintillatoren [11, 12, 28]

Type	Abklingzeit-konstante τ_{sz}, ns	relative Lichtmenge[1])	Bemerkungen
anorganische Szintillatoren. NaJ(Tl)-Einkristall	250	100	3 .5 Fotoelektronen/keV; für γ-Spektroskopie, hygroskopisch
ZnS(Ag)	0 ··· 5000[2])	100 (β) 180 (α)	für Leuchtschirme; Ionennachweis; nicht hygroskopisch
organische Szintillatoren. Kristalle:			Nachweis und Spektroskopie von Ionen, e, γ und schnellen Neutronen; mechanisch empfindlich; Herstellung großer Kristalle teuer; kleiner Temperatureffekt
Anthrazen	30	40	
Stilben	5; 33[3])	25	
Plast·			Nachweis von γ, schnellen Neutronen und kosmischer Strahlung; große Volumina möglich; leicht zu bearbeiten; geringe Absorption der emittierten Photonen
p-Terphenyl in Polystyrol	2,5	≦25	
Polyvinyltoluol (NE 102)	2,2	25	
Naton 136	1,6	15	
Flüssigkeiten:			für γ, schnelle n und kosmische Strahlung; sehr große Volumina möglich (>1 m³); Lichtausbeute temperaturabhängig
p-Terphenyl in Toluol			
NE 213 (Xylen)	3,6; 32[3])	20	

[1]) bezogen auf NaJ(Tl) = 100
[2]) mehrere Komponenten
[3]) für n-γ-Diskrimination wichtige langsame Komponente

toren dienen vor allem zur Registrierung von Ionen und Elektronen; γ-Strahlung kann über den COMPTON-Effekt gemessen werden, allerdings praktisch ohne Energieauflösung. Der Funktionsmechanismus organischer Szintillatoren ist sehr kompliziert. Plast- und Flüssigkeitsszintillatoren sind binäre oder ternäre Lösungen, wobei das Lösungsmittel nicht szintilliert, sondern nur die Strahlungsenergie aufnimmt und sie zu den Molekülen einer mit relativ geringer Konzentration (einige Gramm je Liter) gelösten Substanz fortleitet, die einen Teil dieser Energie als Lichtquanten abgibt. Liegt das emittierte Licht nicht im Durchlaßbereich des Lösungsmittels oder im Spektralbereich der Fotokatode des SEV, dann wird mit einer dritten Substanz die Wellenlänge verschoben (Frequenzwandler). Deshalb ist es nicht verwunderlich, wenn man das Abklingen der Lichtemission der Szintillatoren durch eine Summe von 2 oder 3 Exponentialfunktionen annähern muß, deren Anteile noch von der Ionisationsdichte im Szintillator abhängig sein können. Auf diesem Effekt beruht die Unterscheidung von schnellen Neutronen und γ-Quanten bei Stilben oder NE 213 (unterschiedliche Ionisationsdichte von Rückstoßprotonen und Elektronen).

Für quantitative Betrachtungen der Szintillationszählerimpulse genügt es meist, den Emissionsverlauf in der Form

$$L(t) = (L_0/\tau_{sz})\,e^{-t/\tau_{sz}};\; L_0 = \int_0^\infty L(t)\,dt \qquad (1.49)$$

darzustellen. Im wesentlichen ist L_0 der im Szintillator umgesetzten Partikelenergie E proportional als entscheidende Voraussetzung für die Verwendung von Szintillationszählern in der Energiespektroskopie.

Die Anstiegszeit des Lichtimpulses hängt vom Energietransport im Szintillator und auch von der Überführung des Lichts zum Szintillatorausgang ab. Bei Szintillatorvolumina bis zu etwa 1 Liter beträgt die Anstiegszeit größenordnungsmäßig 1 ns und wird bei den Berechnungen nicht berücksichtigt, wie Gl. (1.49) zeigt. Die direkte und genaue Messung der Anstiegszeit, deren Kenntnis für die Analyse des Szintillationsmechanismus von Bedeutung ist, stößt wegen der hierfür nicht ausreichenden Zeitauflösung der SEV auf sehr große Schwierigkeiten.

Sekundärelektronenvervielfacher (SEV)

Als Fotokatode an der Innenseite des Glaseintrittsfensters dienen SbCsO-Katoden oder Multialkali-Katoden wie SbNaKCs. Die SbCsO-Katoden lassen sich relativ gut reproduzierbar herstellen und stimmen in der spektralen Empfindlichkeit mit der Emissionscharakteristik der gebräuchlichsten Szintillatoren überein. SEV für ultraviolettes Licht besitzen Quarzfenster. Die Wahrscheinlichkeit für die Auslösung eines Fotoelektrons durch ein Lichtquant (Quantenausbeute) liegt bei 10 bis 20%, entsprechend Katodenströmen von 40 bis 60 μA/lm.

Für die Überführung der Fotoelektronen zur ersten Dynode wird ein elektrostatisches Feld benutzt, das durch spezielle Fokussierungselektroden auf größtmögliche Überführungsquote optimierbar ist. Das ist besonders bei SEV mit Katodendurchmessern von mehr als 50 mm wichtig. Bei sogenannten Kurzzeit-Fotovervielfachern für Zeitmessungen im Nanosekundenbereich kommt es darauf an, für die Laufzeiten der Elektronen von verschiedenen Punkten der Katode zur ersten Dynode möglichst einen konstanten Wert zu erhalten — deshalb verwendet man gewölbte Katoden. Typische Vertreter sind фэу-36, 56AVP und XP1021.

Das vervielfachende Dynodensystem enthält meist 10 bis 14 Dynoden und teilweise noch Hilfselektroden, die die fokussierende Wirkung der Dynoden unterstützen. Die Sekundärelektronen sollen unabhängig vom Emissionsort, von der Emissionsrichtung und von der Austrittsenergie zur nachfolgenden Dynode überführt werden. Die fokussierenden elektrostatischen Felder dürfen nicht durch hohe Stromdichten in den letzten Stufen verzerrt werden. Als Dynodenmaterial dient oft SbCs oder AgMg. Der mittlere Sekundäremissionskoeffizient $\bar{\delta}$ ist eine Funktion der Energie der auftreffenden Elektronen: von $\bar{\delta} = 2 \cdots 4$ bei 100 eV wächst $\bar{\delta}$ näherungsweise linear mit der Energie an und erreicht bei 400 eV den Wert $\bar{\delta} = 6 \cdots 8$, siehe [12].

Die Sammelelektrode oder Anode ist vor der letzten Dynode angeordnet und im Interesse einer kleinen Kapazität meist als Gitter ausgebildet. Moderne Kurzzeit-SEV besitzen mitunter einen koaxialen Anodenausgang mit einem Wellenwiderstand im Bereich von 50 bis 100 Ω (vergleiche Abb. 18).

Beim Betrieb des SEV sind eine Reihe praktischer Gesichtspunkte zu beachten:

1. Betriebsspannung: Die mittlere Verstärkung $\bar{A}$ eines SEV mit n-Dynoden ist

$$\bar{A} = [\bar{\delta}(U_D)]^n$$

mit U_D als Spannungsdifferenz zweier aufeinanderfolgender Dynoden. Folglich haben wegen

$$\frac{\Delta \bar{A}}{\bar{A}} = n \, \frac{\Delta \bar{\delta}(U_D)}{\bar{\delta}(U_D)} \approx n \, \frac{\Delta U_D}{U_D}$$

Änderungen der Betriebsspannung großen Einfluß auf die Verstärkung. Man verwendet daher auf etwa 10^{-3} stabilisierte Betriebsspannungsquellen.

Die Betriebsspannung beträgt bei den üblichen SEV für die Spektroskopie 1 bis 1,5 kV, bei Kurzzeit-SEV 1,5 bis 3 kV. Der Spannungsteiler für die Einstellung der Dynodenpotentiale wird so gewählt, daß die Potentialdifferenz zwischen Katode und erster Dynode im Interesse einer guten Elektronenüberführung den zwei- bis dreifachen Wert wie zwischen den Dynoden besitzt. Auch in den letzten Dynodenstufen läßt man größere Spannungen zu, um Sättigungseffekten entgegenzuwirken. Meist werden von den SEV-Herstellern günstigste Spannungsteiler empfohlen. Durch individuelle Einstellung der Potentiale der ersten und letzten Stufen kann man für die Energie- und Zeitauflösung des SEV einen optimalen Wert erreichen.

Der Strom durch den Spannungsteiler soll mindestens eine Größenordnung größer als der mittlere Strom durch den SEV sein, damit die Dynodenpotentiale weitgehend lastunabhängig sind. Abblockkondensatoren ($C_D \geqq 0{,}1\,\mu F$) parallel zu den Teilerwiderständen leiten die Stromimpulse ab. Bei spektroskopischen SEV genügen wegen der kleinen Gesamtspannung Teilerströme von 1 mA, bei Kurzzeit-SEV verwendet man größenordnungsmäßig 10 mA (bei $\bar{A} > 10^8$ sind Spitzenströme von einigen 100 mA möglich) und sieht in den letzten Dynodenstufen oftmals noch Emitterfolger oder andere niederohmige Spannungsquellen vor [12, 20, 22].

2. Polarität der Betriebsspannung: Meist wird der positive Pol der SEV-Betriebsspannung geerdet, so daß die Fotokatode an negativer Spannung liegt. Diese Methode hat den Vorteil, an der Anode auf den Koppelkondensator wie in Abb. 36 verzichten zu können, der Durchschwingen hervorruft. Außerdem werden Störspannungen der Betriebsspannungsquelle vom Detektorausgang ferngehalten. Allerdings kann die hohe Spannungsdifferenz zwischen SEV-Innenseite und der geerdeten Abschirmung zu kleinen Entladungen führen, die den Nulleffekt vergrößern. In solchen Fällen kann eine ebenfalls auf negativer Hochspannung liegende Abschirmung Abhilfe bringen, doch ist das in der überwiegenden Zahl von Anwendungsfällen nicht nötig.

3. Anodenkreis: Für den Anschluß des Verstärkertrakts an den SEV-Ausgang bestehen verschiedene Möglichkeiten; einige wichtige zeigen Abb. 17 und 18. Mit einer Anodenzeitkonstante $R_aC_a \gg$ Stromimpulslänge erhält man nach Abschnitt 1.3 Spannungsimpulse, deren Höhe bei spektroskopischen Messungen ausgewertet wird. Die Anpassung an ein Kabel mit dem Wellenwiderstand Z erfordert dann einen Vorverstärker zur Widerstandswandlung. Bei Kurzzeit-SEV, die im Interesse guter Zeit-

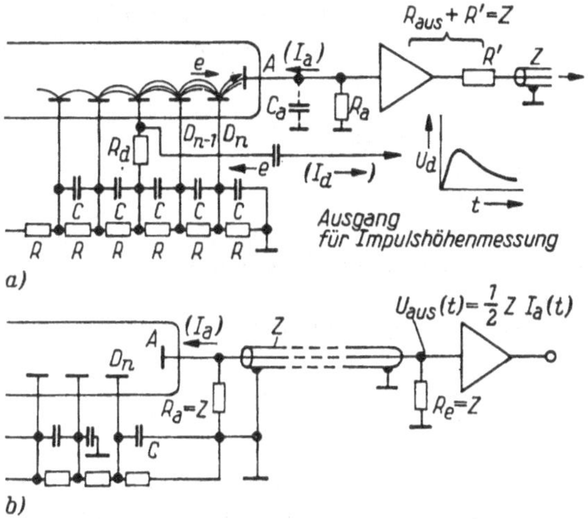

Abb. 17. Ankopplung des Verstärkertrakts an den SEV-Ausgang; a: Abgriff der energieproportionalen Impulse von einer der letzten Dynodenstufen; b: reflexionsfreier Kabelanschluß

auflösung mit hoher Betriebsspannung arbeiten, ist die Spannungsimpulshöhe an der Anode meist nicht mehr proportional zur Zahl der Photoelektronen (Sättigungseffekte), so daß hier an einer niedrigen Dynode das proportionale Signal abgegriffen werden muß (Abb. 17a).

In der Anordnung nach Abb. 17b ist der SEV-Ausgang unmittelbar an ein beidseitig angepaßtes Kabel angekoppelt. Hier wirkt die Strecke D_nA als schneller

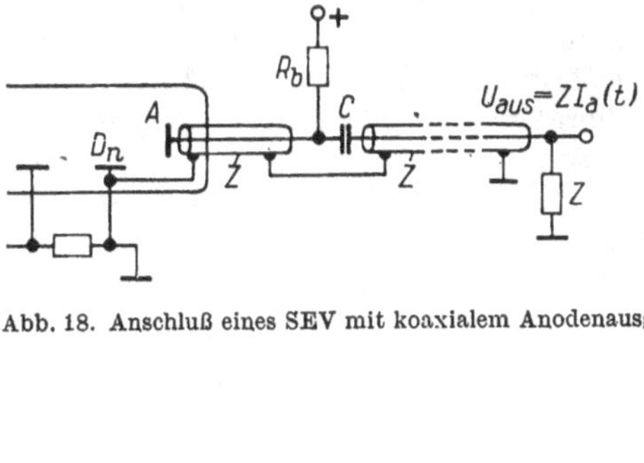

Abb. 18. Anschluß eines SEV mit koaxialem Anodenausgang

Stromgenerator, wobei C den Stromkreis schließt; die Zeitkonstante CZ muß sehr groß sein im Vergleich zur maximalen Stromimpulslänge.

Abb. 18 zeigt den Anschluß eines SEV mit koaxialem Anodenausgang. Wegen der Verbindung D_n-Abschirmung wird die Anodenspannung (einige 100 V) über $R_b \gg Z$ zugeführt, der für die Impulse ohne Einfluß ist. Für den Koppelkondensator gilt $C \cdot Z \gg$ maximale Impulslänge. Um Mehrfachreflexionen infolge der fehlenden Kabelanpassung am SEV zu vermeiden, muß man das Kabel am empfängerseitigen Ende sorgfältig anpassen.

Die Signalhöhen liegen bei mehr als 1 V und können bei Kurzzeit-SEV selbst mit nur 50 Ω Anodenwiderstand bei Impulsströmen von mehr als 100 mA 5 V übersteigen. Sie sind damit weitaus höher als die Eingangsrauschspannung von elektronischen Verstärkern, so daß hier Fragen des Rauschens z. B. der Vorverstärker zur Kabelanpassung im Gegensatz zu den Halbleiterdetektoren keine Rolle spielen.

4. Rauschen: Der Dunkelstrom der Fotokatode als thermische Emission von Elektronen bewirkt Rauschimpulse, die als „Einelektronenimpulse" klein gegenüber den Signalen sind, die vom Szintillator ausgelöst werden, sofern die Szintillation mehr als 5 bis 10 Photoelektronen freisetzt. In solchen Fällen können die Rauschimpulse leicht durch einen Diskriminator abgetrennt werden. Dagegen muß der Dunkelstrom berücksichtigt werden, wenn man den mittleren Strom am SEV-Ausgang zur Bestimmung kleinster Lichtintensitäten mißt. Der Beitrag der Dynoden zum Dunkelstrom ist gewöhnlich vernachlässigbar. Die thermische Emission der Katode kann durch Kühlung herabgesetzt werden, allerdings kann dann der Widerstand der halbleitenden Katode unerwünscht ansteigen. Zur Unterdrückung des Einflusses von Rauschimpulsen kann man auch spezielle Meßanordnungen u. a. mit Verwendung von Koinzidenzschaltungen benutzen [20]. Im Interesse eines kleinen Rauschens sollen SEV-Katoden auch bei abgeschalteter Betriebsspannung nicht dem grellen Tageslicht ausgesetzt werden.

5. Störeffekte: Wegen der geringen Elektronenenergien und der großen Weglängen (Größenordnung cm) zwischen Katode und erster Dynode bzw. zwischen den einzelnen Dynodenstufen haben bereits schwache Magnetfelder (wie das Erdfeld) Einfluß auf Überführung und Fokussierung. Durch Drehung des Szintillationszählers um seine Längsachse und durch Drehung in der horizontalen Ebene läßt sich dieser Effekt leicht untersuchen. Die Verstärkungsänderungen können 50% und mehr betragen. Die SEV müssen daher mit hochpermeablem Material magnetisch abgeschirmt werden. — Bei zahlreichen SEV treten reversible Änderungen der Verstärkung um einige % bei Änderung der mittleren Impulsrate um mehr als 100% auf. Diese Effekte zeigen Sättigungscharakter und haben Zeitkonstanten von Minuten und Stunden.

Impulsform

Der exakte Verlauf der Stromimpulse eines Szintillationszählers läßt sich praktisch nicht berechnen. Die zahlreichen statistischen Prozesse bei der Erzeugung der Lichtquanten im Szintillator, bei der Quantenüberführung zur Fotokatode und der Auslösung der Fotoelektronen, bei der Überführung der Fotoelektronen zum Dynodensystem und letztendlich bei der Vervielfachung im vielstufigen Dynodensystem einschließlich möglicher Sättigungseffekte in den letzten Stufen sind durch Verteilungsfunktionen zu beschreiben, deren Parameter entweder nur ungenau bekannt oder nicht meßbar sind; diese Parameter können außerdem noch von den individuellen Eigenschaften des Szintillationszählers und von den gewählten Betriebsspannungen abhängen.

In meist ausreichender Näherung genügt es, die Stromimpulsform aus der Faltung des Emissionsverlaufes des

Szintillators mit den Eigenschaften des Dynodensystems zu gewinnen. Einflüsse unterschiedlicher Laufzeiten der Lichtquanten zur Katode werden erst wesentlich, wenn Zeitmessungen im Nanosekundengebiet durchzuführen sind und die linearen Abmessungen von Szintillator und Lichtleiter mehr etwa 10 cm betragen. Für die Zeitverteilung der Fotoelektronen kann man folglich mit Gl. (1.49) schreiben:

$$\left.\begin{aligned} I_f(t) &= \frac{q\bar{R}}{\tau_{sz}}\, \mathrm{e}^{-t/\tau_{sz}} \text{ für } t > 0, \\ q\bar{R} &= \int_0^\infty I_f(t)\,\mathrm{d}t, \end{aligned}\right\} \tag{1.50}$$

$\bar{R}$ ist hierbei die mittlere Zahl von Fotoelektronen, die von Szintillationen gleicher Lichtmenge L_0 erzeugt wird. Ein einzelnes Fotoelektron ruft an der SEV-Anode einen sogenannten Einelektronenimpuls $I_e(t)$ hervor, der bei Abwesenheit von Laufzeitschwankungen im Dynodensystem eine δ-Funktion darstellen würde, praktisch aber eine endliche Breite besitzt. Bei Kurzzeit-SEV ist $I_e(t)$ oftmals etwas unsymmetrisch (längere Abfallzeit) bei einer Halbbreite von 1 bis 2 ns. Für die Rechnung wurde vielfach eine Gaußverteilung [9]

$$I_e(t) = q\bar{A}\,\frac{1}{\tau_p\sqrt{\pi}}\,\mathrm{e}^{-(t/\tau_p)^2} \tag{1.51}$$

oder auch die Funktion [35]

$$I_e(t) = \frac{3}{8!\,\lambda}\left(\frac{3t}{\lambda}\right)^8 \mathrm{e}^{-3t/\lambda},\; t > 0 \tag{1.52}$$

mit den charakteristischen Parametern τ_p und λ benutzt. Der mittlere Stromimpuls am SEV-Ausgang stellt dann die Faltung von $I_f(t)$ mit $\bar{R}$ Einelektronenimpulsen dar,

z. B. mit Gl. (1.51):

$$I(t) = \text{const} \cdot \int_{-\infty}^{+\infty} I_f(t') \cdot I_e(t - t')\, dt'$$

$$= \frac{q\bar{A}\bar{R}}{\tau_{sz}\tau_p \sqrt{\pi}} \int_0^{\infty} e^{-t'/\tau_{sz}} e^{-\left(\frac{t-t'}{\tau_p}\right)^2} dt'. \qquad (1.53)$$

Der hieraus resultierende Verlauf von $I(t)$ in Abhängigkeit von t/τ_{sz} und t/τ_p ist z. B. in [9, 12, 20] graphisch dargestellt. Es ergeben sich einige wichtige Konsequenzen.

1. Qualitativer Impulsverlauf

Bei $\tau_{sz} \gg \tau_p$ kann $I_e(t)$ als δ-Funktion angesehen werden, so daß $I(t)$ dem Emissionsverlauf entspricht: steiler Anstieg, Abfall mit τ_{sz}. Dies gilt für:

- langsam abklingende Szintillatoren wie NaJ(Tl),
- nicht zu schnell abklingende Szintillatoren wie Anthrazen und Stilben bei Verwendung von Kurzzeit-SEV.

Bei schnell abklingenden Szintillatoren ($\tau_{sz} < 5$ ns) muß auch bei Kurzzeit-SEV die Breite von $I_e(t)$ berücksichtigt werden. Der Stromimpuls besitzt eine von τ_p und vom Anstieg der Szintillation bestimmte Anstiegszeit und fällt mit τ_{sz} ab.

Zusammen mit den Aussagen über den Einfluß der Detektorzeitkonstante RC (Abschnitt 1.3) ergeben sich die in Abb. 19 dargestellten qualitativen Abhängigkeiten; für die parasitäre Kapazität C kann man etwa 20 pF ansetzen. Im Gegensatz zu den Halbleiterdetektoren sind die Impulse eines gegebenen Szintillationszählers einander ähnlich.

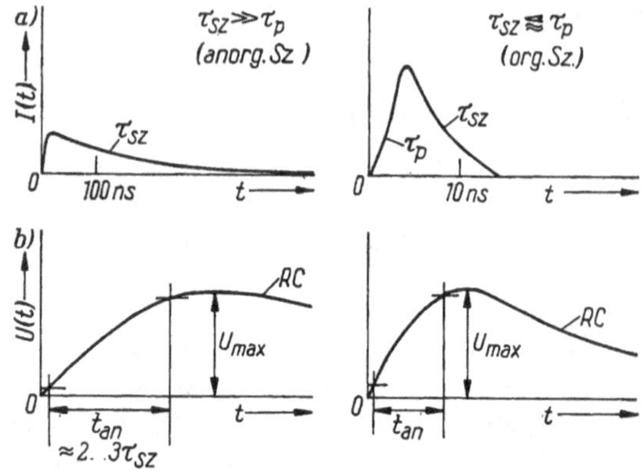

Abb. 19. Strom- und Spannungsimpulse am SEV-Ausgang; a: Stromimpulse, gilt bei $RC \ll \tau_{sz}$ auch für $U(t)$, realisiert mit $R \leqq 100\,\Omega$; b: Spannungsimpulse nach Integration, $R \geqq 1\quad 10$ kΩ

2. Energiespektroskopie

Bei NaJ(Tl) überlappen sich in $I(t)$ die einzelnen Einelektronenimpulse nur wenig. Wegen einer Ausbeute von etwa 1 bis 3 Fotoelektronen/keV absorbierter Strahlungsenergie beträgt der mittlere Abstand der Einelektronenimpulse im ersten Teil von $I(t)$ bei $E_\gamma =$ 100 keV $\cdots >$ 1 MeV größenordnungsmäßig 1 ns. Die Forderung $U_{max} \sim \overline{R} \sim E_\gamma$ ist daher nur durch Integration $RC > \tau_{sz}$ erreichbar. Bei schnell abklingenden organischen Szintillatoren könnte sowohl I_{max} als auch U_{max} genutzt werden, doch ist wegen der Eigenschaften dieser Szintillatoren die Energieauflösung sehr schlecht.

3. Zeitmessungen im ns-Bereich

Der Zeitpunkt der Wechselwirkung eines Strahlungspartikels mit dem Szintillator kann um so genauer fixiert werden, je geringer die Laufzeitdifferenzen der einzelnen Fotoelektronen auf dem Weg zur ersten Dynode sind und je schärfer der Ausgangsstrom $I(t)$ am SEV-Ausgang einsetzt. Die mittlere Laufzeit von 20 bis 50 ns der Elektronen von der Katode bis zur Anode interessiert in diesem Zusammenhang nicht. Nach Gl. (1.50) fließt bei $t \approx 0$ der Strom

$$I_f(0) \approx q\bar{R}/\tau_{sz}, \tag{1.54}$$

d. h. Szintillatoren mit großem Verhältnis zwischen Lichtausbeute zur Abklingzeitkonstante sind am geeignetsten. In dieser Beziehung sind gemäß den Angaben von Tabelle 5 über τ_{sz} und Lichtmenge die schnell abklingenden organischen Szintillatoren dem NaJ(Tl) trotz geringerer Lichtausbeute überlegen.

Energieauflösung

Die mittlere quadratische Schwankung der maximalen Spannungshöhe U_{max} setzt sich aus der statistischen Schwankung σ_R der mittleren Zahl $\bar{R}$ der Fotoelektronen und der Schwankung des Vervielfachungsprozesses zusammen. Es gilt:

$$\sigma_R^2 = \bar{R}; \; \sigma_A^2 = \bar{A}^2/(\bar{\delta} - 1) \tag{1.55}$$

und mit

$$\left(\frac{\sigma_u}{U_{max}}\right)^2 = \left(\frac{\sigma_R}{\bar{R}}\right)^2 + \frac{1}{\bar{R}}\left(\frac{\sigma_A}{\bar{A}}\right)^2 \tag{1.56}$$

wird schließlich

$$\left(\frac{\sigma_u}{U_{max}}\right)^2 = \frac{1}{\bar{R}}\,\frac{\bar{\delta}}{\bar{\delta} - 1} \sim \frac{1}{E}\cdot\frac{\bar{\delta}}{\bar{\delta} - 1}. \tag{1.57}$$

Die relative Schwankung und folglich auch die Linienbreite ist damit proportional zu $1/\sqrt{E}$; die Halbbreite beträgt z. B. bei 3 Fotoelektronen/keV, $E_\gamma = 661$ keV (^{137}Cs-Strahlung) und $\delta = 3 \cdots 6$ mit Gl. (1.26) rund 6%. Die Lichtausbeute des Szintillators hängt geringfügig von der Energie der anregenden Elektronen ab, so daß die praktisch erreichbare Halbbreite den nach Gl. (1.57) erwarteten Wert übersteigt und auch zu Abweichungen der Auflösung von $1/\sqrt{E}$ oberhalb etwa $E_\gamma = 500\,\text{keV}$ führt. Bei guten NaJ(Tl)-Szintillatoren und guten Fotovervielfachern (hohe Überführungseffektivität der Fotoelektronen, hoher Sekundäremissionskoeffizient) liegt die Auflösung für ^{137}Cs-Strahlung bei 7 bis 8%.

Zeitauflösung

Die mit einem Szintillationszähler erreichbare Zeitauflösung hängt von den Faktoren ab, welche die Impulsform bestimmen, und zusätzlich noch von den Eigenschaften der Zeitmeßanordnung sowie oftmals auch noch von der Form des Impulshöhenspektrums. Wesentlich für hohe Zeitauflösung sind neben schnell abklingenden Szintillatoren mit hoher Lichtausbeute, Gl. (1.54), vor allem kleine Laufzeitschwankungen zwischen Fotokatode und erster Dynode („Kurzzeit-SEV") sowie Schaltungen, die einen Einfluß unterschiedlicher Impulshöhen am SEV-Ausgang weitgehend unterdrücken (siehe Abschnitt 5).

In der Vergangenheit wurden zahlreiche Berechnungen der Zeitauflösung durchgeführt (vergleiche Übersicht in [17, 35]). In allen diesen sehr komplizierten Rechnungen konnten nicht alle Einflüsse berücksichtigt werden; vor allem die Funktion der Zeitmeßschaltungen und die Schwankungen der Impulshöhen wurden nicht genau erfaßt. Da auch die meisten Parameter nur grob abschätzbar sind, verwundert es nicht, wenn die Rechnungen nur größenordnungsmäßig richtige Resultate liefern. Sehr oft wird die Formel von Post und Schiff [36] für die mittlere quadratische Schwankung der Ankunftszeit des n-ten Fotoelektrons bei $\bar{R} \gg 1$ zitiert:

$$\sigma_n{}^2 = \frac{\tau_{\text{sz}}^2}{\bar{R}^2}\, n \left[1 + \frac{2(n+1)}{\bar{R}} + \cdots\right]. \qquad (1.58)$$

Diese Beziehung gilt unter der Voraussetzung, daß sich die einzelnen Einelektronenimpulse nicht überlappen und daß die Laufzeitschwankungen im Katodenraum des SEV sehr klein sind. Dies ist höchstens bei Kurzzeit-SEV und NaJ(Tl)-Szintillatoren erfüllt, sofern noch $E_\gamma < 100$ keV ist. Bei schnell abklingenden Szintillatoren ist zu beachten, daß sich die einzelnen Fotoelektronen infolge unterschiedlicher Laufzeiten im Katodenraum überholen können — die Verteilung der Elektronen an der ersten Dynode stimmt nicht mehr mit der Zeitverteilung der Fotoelektronen in Katodennähe überein. Die Breite der Einelektronenimpulse zeigt keinen wesentlichen Einfluß auf die Zeitauflösung. Mit Kurzzeit-SEV erreicht man als Zeitauflösung, angegeben als Halbbreite einer Koinzidenzkurve (Abschnitt 5), bei Energien der γ-Strahlung von etwa 1 MeV mit NaJ(Tl)-Szintillatoren 1···2 ns und mit organischen Szintillatoren 0,2···0,3 ns.

Im Interesse besserer Zeitauflösung wurde nach Wegen gesucht, die Laufzeitschwankungen im SEV zu verkleinern (siehe [17, 18]). So wurden u. a. SEV mit gekreuzten elektrischen und magnetischen Feldern entwickelt; auch von Kanalvervielfachern, die eine halbleitende Schicht zur Sekundäremission besitzen, wird eine gute Zeitauflösung erwartet. Diese Entwicklungen haben wegen einiger anderer Probleme (Ankopplung des Szintillators) noch keine wesentliche Anwendung in der kernphysikalischen Meßtechnik gefunden.

2. Impulsverstärker

2.1. Allgemeine Anforderungen

Impulsverstärker verstärken die Signale der Strahlungsdetektoren so weit, daß sie entsprechend der gewünschten Information ausgewertet werden können. Die grundsätzlichen Anforderungen an Impulsverstärker ergeben sich daher aus dem Einsatzzweck und lassen sich wie folgt umreißen:

- Im Aussteuerbereich konstante, in Stufen einstellbare Verstärkung („Linearverstärker"); in Sonderfällen werden Verstärker mit „Schwelle", mit „Fenster" oder mit logarithmischer Übertragungsfunktion benötigt.
- Langzeitstabilität und Temperaturunabhängigkeit der Übertragungseigenschaften.
- Ausreichende Bandbreite.
- Anpassung an Form und Größe der Detektorsignale, d. h. Impulsformung und Einstellung der Bandbreite für ein optimales Signal/Rausch-Verhältnis.
- Weitgehende Unempfindlichkeit gegenüber Pegelverschiebungen und Aufstocken bei hohen Impulsdichten.
- Keine Einstreuung von Brumm- und anderen Störspannungen (Mikrophonie) sowie kleinstmögliches Eigenrauschen.
- Kurze Erholungszeit nach Übersteuerung und möglichst geringer Einfluß übersteuernder Einzelimpulse und hoher Impulsdichten auf die erreichbare Energieauflösung bei spektroskopischen Untersuchungen.

Einige dieser Forderungen schließen sich gegenseitig aus, z. B. ist eine hohe Bandbreite zur Vermeidung von Impulsformverzerrungen nicht mit optimalem Signal/Rausch-Verhältnis vereinbar. In anderen Fällen, wie in Vorverstärkern, braucht der Verstärkungsfaktor nicht einstellbar sein. Deshalb hat sich in der kernphysikalischen Kernelektronik eine Reihe von Verstärkertypen ausgebildet.

Vorverstärker: Direkt am Detektorausgang angeschlossen, geben sie Signale ab, die über Koaxialkabel ohne Beeinträchtigung der Information zur übrigen Elektronik übertragen werden können. Halbleiterdetektoren und Impulsionisationskammern erfordern rauscharme Vorverstärker; bei Szintillationszählern dient der Vorverstärker meist nur der Anpassung an die Übertragungsleitung.

Spektroskopische Hauptverstärker: Sie verstärken und formen die vom Vorverstärker abgegebenen Impulse so weit, daß Impulshöhenanalysatoren ausgesteuert werden können. Bei einer maximalen Ausgangsspannung von 10 V ist der Verstärkungsfaktor gewöhnlich zwischen 2 und 1000 einstellbar. Die Temperaturstabilität des Verstärkungsfaktors ist oft besser als $10^{-4}/°C$. Abweichungen von der Linearität sollen 1% nicht übersteigen. Die Übertragungseigenschaften sind durch Formungsglieder in weiten Grenzen einstellbar (siehe Abschnitt 2.3). Vor allem bei Verwendung von Halbleiterdetektoren dürfen maximale Impulsdichten von einigen $10^4 s^{-1}$ keine drastische Verschlechterung der erreichbaren Energieauflösung hervorrufen.

Schnelle Verstärker: Sie verstärken die Signale zur Ansteuerung von Zeitanalysatoren für den ns-Bereich und werden überwiegend in Verbindung mit Halbleiterdetektoren eingesetzt; die Ankopplung des schnellen Verstärkers darf jedoch die Energieauflösung nicht beeinträchtigen. Bei schnellen Verstärkern spielt die Linearität nicht die entscheidende Rolle.

Universalverstärker: Diese Verstärker sind relativ billig, haben Bandbreiten bis zu einigen 10 MHz und besitzen keine hochwertigen Formungsglieder wie die spektroskopischen Verstärker. In vielen Fällen reichen sie zur Spektroskopie mit Szintillationszählern und für eine Zeitauflösung im μs-Bereich völlig aus.

Die Mehrzahl der Impulsverstärker wird gegenwärtig noch mit Transistoren in diskreter Schaltungstechnik aufgebaut. Der Trend zur Verwendung integrierter Analogschaltkreise ist jedoch unverkennbar. In diesem Zusammenhang gewinnen auch integrierte Operationsverstärker wegen ihrer bequemen Handhabung und vielseitiger Anwendbarkeit immer mehr Verbreitung. Für schnelle Verstärker werden mitunter auch emittergekoppelte

Logikgatter (ECL) verwendet. Über Fragen, die mit Impulsverstärkern zusammenhängen, gibt es eine umfangreiche Literatur [5–8, 11, 19, 20, 37–39]. Im folgenden werden lediglich einige für den praktischen Einsatz bedeutungsvolle Probleme diskutiert.

2.2. Eigenschaften von Verstärkerstufen

2.2.1. Ersatzschaltbild und Kenngrößen

Im einfachsten Fall besteht ein Impulsverstärker aus einer Kettenschaltung mehrerer Emitterstufen. Die Emitterschaltung weist gegenüber der Kollektorschaltung und der Basisschaltung den Vorteil auf, daß sowohl die Strom- als auch die Spannungsverstärkung größer als 1

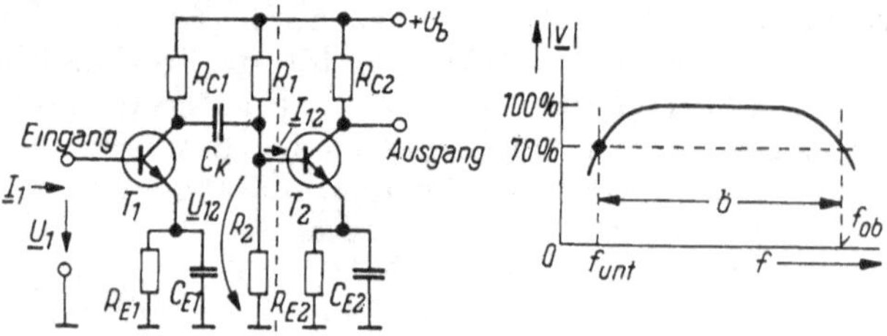

Abb. 20. Prinzipschaltung eines zweistufigen RC-gekoppelten Impulsverstärkers und qualitativer Verlauf der Frequenzabhängigkeit des Verstärkungsfaktors

ist. Die Schaltung eines zweistufigen RC-gekoppelten Transistorverstärkers ist in Abb. 20 dargestellt. Die Kombinationen $R_E C_E$ stabilisieren durch Gleichstromgegenkopplung den Emitterstrom der Transistoren T_1 und T_2. Der Spannungsteiler $R_1 R_2$ legt die Basisspannung von T_2 und damit über R_{E2} dessen Kollektorstrom fest. C_K ist der Koppelkondensator.

Das qualitative Verhalten des Verstärkers läßt sich sofort erkennen:

— Bei tiefen Frequenzen und Gleichspannungen am Eingang ist der Verstärkungsfaktor sehr klein bzw. Null, weil dann über C_K keine Kopplung erfolgt.

— Bei sehr hohen Frequenzen wird die Verstärkung auch gegen Null gehen, wenn die Transistoren bei diesen Frequenzen nicht mehr verstärken und wenn die Signale über parasitäre Kapazitäten abgeleitet werden.

Daraus resultiert die ebenfalls in Abb. 20 skizzierte Abhängigkeit des Betrags des Verstärkungsfaktors von der Frequenz. Bei den Grenzfrequenzen ist die Verstärkung gegenüber dem mittleren Frequenzbereich um $1/\sqrt{2} \approx 0{,}7 = 70\%$ abgesunken. Die untere Grenzfrequenz f_{unt} liegt bei Impulsverstärkern in der Größenordnung von 1 kHz und weniger; bei Gleichspannungskopplung ist $f_{\text{unt}} = 0$.

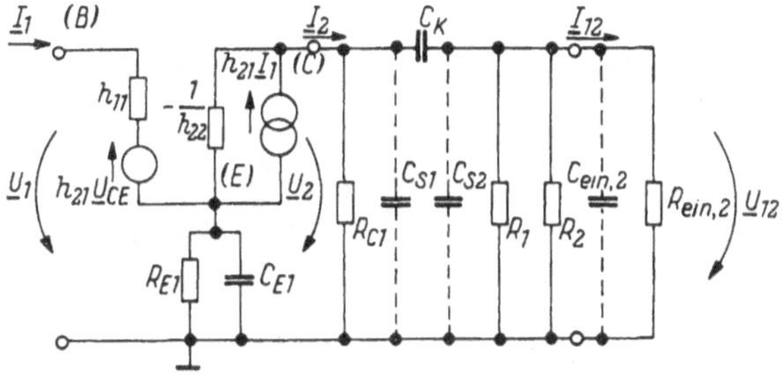

Abb. 21 Ersatzschaltbild der Verstärkerstufe T_1 aus Abb 20

Die obere Grenzfrequenz f_{ob} übersteigt oft 10 MHz. Aus diesem Grunde ist die Bandbreite $b = f_{\text{ob}} - f_{\text{unt}}$ in guter Näherung mit f_{ob} gleichzusetzen.

Das Ersatzschaltbild in Abb. 21 für eine Verstärkerstufe geht vom Transistorvierpol in Hybriddarstellung aus. Die folgenden Rechnungen gelten unter einigen Voraussetzungen:

— Die Aussteuerung des Transistors erfolgt im Kleinsignalbereich, so daß lineare Kennlinien mit konstanten Werten der Vierpolparameter angenommen werden können.

— Die Transistorparameter sind frequenzunabhängig; die Frequenzabhängigkeit wird grob durch zwei Kapazitäten C_{ein} und C_{aus} zwischen Basis bzw. Kollektor und Emitter angenähert.

— Die Zeitkonstante $R_E C_E$ der Emitterkombination ist groß genug, um das Verstärkungsverhalten bei tiefen Frequenzen nicht zu beeinflussen; $R_E C_E$ wird daher nicht weiter berücksichtigt.

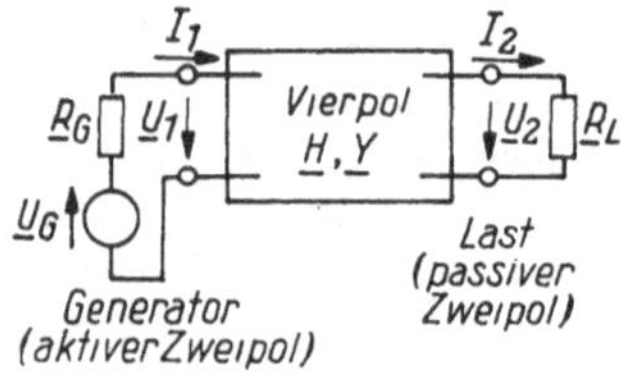

Abb. 22. Verstärkeranordnung in Vierpoldarstellung

Mit einem Vierpol in Hybriddarstellung gilt bekanntlich (Abb. 22):

Spannungsverstärkung:

$$\underline{v}_u = \underline{U}_2/\underline{U}_1 = h_{21}\underline{R}_L/(h_{11} - \underline{R}_L \det \underline{H}), \quad (2.1)$$

Stromverstärkung:

$$\underline{v}_i = \underline{I}_2/\underline{I}_1 = h_{21}/(1 - h_{22}\underline{R}_L), \quad (2.2)$$

Eingangswiderstand:

$$\underline{R}_{ein} = \underline{U}_1/\underline{I}_1 = (h_{11} - \underline{R}_L \det \underline{H})/(1 - h_{22}\underline{R}_L), \quad (2.3)$$

Ausgangswiderstand:

$$\underline{R}_{aus} = \underline{U}_2/\underline{I}_2 = -(h_{11} + \underline{R}_G)/(\det \underline{H} + h_{22}\underline{R}_G). \quad (2.4)$$

Das Vorzeichen von $\underline{I}_2$ ist hierbei so gewählt worden, daß sich Kettenschaltungen ohne Anwendung einer Umkehrmatrix berechnen lassen.

Es ist zweckmäßig, die Verstärkung der Stufe Abb. 21 nach einzelnen Frequenzbereichen gesondert zu berechnen, um einige Vereinfachungen durchführen zu können.

Mittlerer Frequenzbereich: Der Einfluß der Koppelkapazität C_K und der parasitären Kapazitäten C_S und C_{ein} wird vernachlässigt. Mit $\underline{U}_{12} = \underline{U}_2$ und $R_p = R_{C1} \| R_1 \| R_2$ wird mit Gl. (2.1)

$$\underline{v}_u = v_{u,\text{mittl.}} \frac{h_{21} \cdot (R_p \| R_{ein,2})}{h_{11} - (R_p \| R_{ein,2}) \det \underline{H}}. \tag{2.5}$$

Für $R_{ein,2}$ gilt unter Verwendung von Gl. (2.3) mit $h_{12} \approx 0$

$$R_{ein,2} \approx h_{11,2}. \tag{2.6}$$

Bleibt die Rückwirkung h_{12} auch für den Transistor der Verstärkerstufe unberücksichtigt, so wird schließlich

$$v_{u,\text{mittl}} \approx \frac{h_{21}}{h_{11}\left(\frac{1}{R_p} + \frac{1}{h_{11,2}} - h_{22}\right)}. \tag{2.7}$$

Oberer Frequenzbereich: Hierbei wird die Verstärkung durch die Kapazitäten C_S und C_{ein}, die dem Arbeitswiderstand parallel liegen, reduziert, während C_K ohne Einfluß ist. Über Gl. (2.1) und (2.7) kann man

$$\underline{v}_{u,\text{ob}} = \frac{v_{u,\text{mittl}}}{1 + j\omega/\omega_{\text{ob}}} \tag{2.8}$$

mit der oberen Grenzfrequenz

$$\omega_{\text{ob}} = 2\pi f_{\text{ob}} = 1/RC; \; C = C_S + C_{ein};$$
$$R = R_{aus,1} \| R_{C1} \| R_1 \| R_2 \| R_{ein,2} \tag{2.9}$$

finden, wobei mit $h_{12} \approx 0$ und $\underline{R}_G \approx 0$ für $R_{aus,1} \approx -1/h_{22}$ gesetzt wurde.

Unterer Frequenzbereich: In diesem Fall sind C_S und C_{ein} wirkungslos; die wesentliche Frequenzabhängigkeit wird von C_K hervorgerufen. Mit Berücksichtigung der Spannungsteilung über C_K und $R_1 \| R_2 \| R_{ein,2}$ folgt nach einigen

Umformungen ähnlich wie für (Gl. 2.8)

$$\underline{v}_{u,unt} = \frac{v_{u,mittl}}{1 - j\omega_{unt}/\omega} \tag{2.10}$$

mit

$$\left.\begin{aligned} \omega_{unt} &= 2\pi f_{unt} = 1/[C_K(R_{p1} + R_{p2})]; \\ R_{p1} &= R_{C1}||R_{aus,1};\ R_{p2} = R_1||R_2||R_{ein,2} \end{aligned}\right\} \tag{2.11}$$

und $R_{aus,1} \approx -1/h_{22}$ wie bei ω_{ob}.

Die Berechnung der Stromverstärkung erfolgt in ähnlicher Weise.

2.2.2. *Impulsverhalten*

Für die Beschreibung *RC*-gekoppelter Breitbandverstärker, die zur Impulsübertragung eingesetzt werden, ist es zweckmäßiger, statt der Grenzfrequenzen geeignete Zeitkonstanten zu benutzen. Zeichnet man das Ersatzschaltbild Abb. 21 entsprechend den einzelnen Frequenzbereichen um (Abb. 23), so sieht man für sprungförmige Signale sofort die folgenden Zusammenhänge.

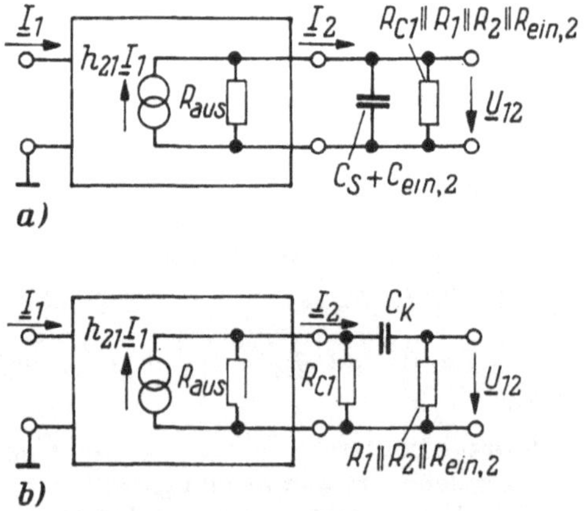

Abb. 23. Vereinfachte Verstärkerdarstellung für hohe (a) und tiefe Frequenzen (b)

Bei *hohen Frequenzen* wird der Transistor mit einem Integrierglied belastet:

$$u_{12}(p) = h_{21}i_1(p) \cdot \frac{R/pC}{R + 1/pC} = h_{21}i_1(p) \cdot \frac{1}{C} \cdot \frac{1}{p + 1/RC}.$$

Die Integrationszeitkonstante ist mit Gl. (2.9)

$$\tau_{\text{int}} = RC = 1/\omega_{\text{ob}}. \qquad (2.12)$$

Für die Frequenzabhängigkeit der Verstärkung bei hohen Frequenzen kann man also mit Gl. (2.8) und (2.12) sowie $\omega_{\text{ob}} = \omega_1$ und $\tau_{\text{int}} = \tau_1$ schreiben.

$$\underline{v}_u = \frac{v_{u,\text{mittl}}}{1 + j\omega/\omega_1} = \frac{v_{u,\text{mittl}}}{1 + j\omega\tau_1} = \frac{v_{u,\text{mittl}}}{\sqrt{1 + (\omega\tau_1)^2}} \, e^{-j\arctan\omega\tau_1}. \qquad (2.13)$$

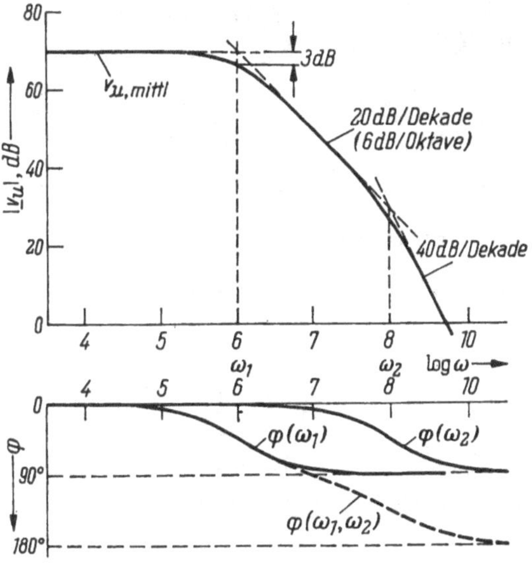

Abb. 24. Frequenzabhängigkeit der Verstärkung und Phase, willkürliches Beispiel mit den Eckfrequenzen $\omega_1 = 10^6\,\text{s}^{-1}$ und $\omega_2 = 10^8\,\text{s}^{-1}$

Im logarithmischen Frequenzmaßstab ergibt sich daraus die Darstellung der Abbildung 24. Bei hohen Frequenzen $\omega \gg \omega_1$ ist $|\underline{v}| \sim 1/\omega$, d. h. bei Zunahme der Frequenz um eine Größenordnung nimmt die Verstärkung um den Faktor 10 ab; dies entspricht einer Steilheit des Abfalls von $20 \cdot \lg (U_2/U_1) = 20$ dB. Der Schnittpunkt der asymptotischen Verlängerungen des Betrags für $\omega \ll \omega_1$ und $\omega \gg \omega_1$ liegt bei $\omega = \omega_1$; bei dieser sogenannten „Eckfrequenz" $\omega_1 = 1/\tau_{\text{int}}$ ist die Verstärkung gegenüber tieferen Frequenzen um $20 \lg \sqrt{2} = 3$ dB reduziert. Ist im Verstärker noch eine weitere Integrationszeitkonstante $\tau_2 < \tau_1$ wirksam, so kommt in der Gleichung für $u_{12}(p)$ ein Faktor $1/(p\tau_2 + 1)$ hinzu, der in Abb. 24 zu einer zweiten Eckfrequenz $\omega_2 = 1/\tau_2$ und bei $\omega \gg \omega_2$ zu einem Abfall der Verstärkung um 40 dB/Dekade führt.

Bei *tiefen Frequenzen* erhält man ein *Differenzierglied*:

$$u_{12}(p) = h_{21} i_1(p) \frac{R_{p2}}{R_{p2} + 1/pC_K} \cdot \frac{R_{p1}(R_{p2} + 1/pC_K)}{R_{p1} + R_{p2} + 1/pC_K}$$

$$= h_{21} i_1(p) \cdot \frac{R_{p1} R_{p2}}{R_{p1} + R_{p2}} \cdot \frac{p}{p + 1/[C_K(R_{p1} + R_{p2})]};$$

$$(R_{p1} = R_{\text{aus},1} \| R_{C1};\; R_{p2} = R_1 \| R_2 \| R_{\text{ein},2}). \qquad (2.14)$$

Für die Differenzierzeitkonstante gilt also:

$$\tau_{\text{diff}} = C_K(R_{p1} + R_{p2}) = 1/\omega_{\text{unt}}. \qquad (2.15)$$

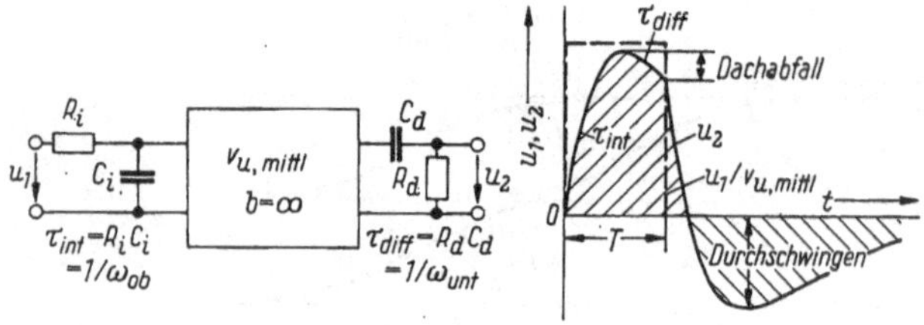

Abb. 25. Ersatzschaltung eines Impulsverstärkers und Verlauf der Ausgangsspannung bei rechteckförmigem Eingangssignal

Betrag und Phase lassen sich ähnlich zu Abb. 24 graphisch darstellen. Somit läßt sich der Verstärker als ein idealer Verstärker ($v_{u,\text{mittl}}, f_{\text{unt}} = 0, f_{\text{ob}} = \infty$) auffassen, der gemäß Abb. 25 mit einem Integrier- und Differenzierglied zusammengeschaltet ist, deren Zeitkonstanten als Reziprokwert der Grenzfrequenz das Verhalten des Verstärkers gegenüber Rechteckimpulsen übersichtlich beschreiben. Man kann für das Übertragungsverhalten

$$u_2(p) = u_1(p) \cdot v_{u,\text{mittl}} \cdot \frac{1/pC_i}{R_i + 1/pC_i} \cdot \frac{R_d}{R_d + 1/pC_d}$$
$$= u_1(p) \cdot g(p) \qquad (2.16)$$

mit der Übertragungsfunktion

$$g(p) = \frac{p/\tau_{\text{int}}}{(p + 1/\tau_{\text{int}})(p + 1/\tau_{\text{diff}})} v_{u,\text{mittl}} \qquad (2.17)$$

setzen und findet wie in Abschnitt 1.3 für einen Rechteckimpuls, zusammengesetzt aus zwei Sprungfunktionen, die in Abb. 25 dargestellte Impulsform $u_2(t)$ am Verstärkerausgang. Das Integrierglied, das keine Spannungssprünge übertragen kann, flacht die Impulsflanken ab. Da das Differenzierglied keine Gleichspannungen durchläßt, muß im Spannungsverlauf $u_2(t)$ für $t \to \infty$ die Gleichspannungskomponente verschwinden, d. h. die in Abb. 25 schraffierten Flächen sind gleich groß. Bei Impulsfolgen wird auf diese Weise der Nullpegel verschoben. Man sieht weiterhin, daß das Differenzierglied den Dachabfall des Impulses bewirkt. Für möglichst unverfälschte Verstärkung eines Rechteckimpulses der Länge T muß also

$$\tau_{\text{int}} \ll T \ll \tau_{\text{diff}} \qquad (2.18)$$

erfüllt sein. Bei Gleichspannungskopplung ($\tau_{\text{diff}} \to \infty$) entfällt der Dachabfall der Rechteckimpulse und das Durchschwingen. Schreibt man für die Impulsvorderflanke am Verstärkerausgang

$$u_2(t) = U_1(1 - e^{-t/\tau_{int}}),$$

so erhält man für die Anstiegszeit t_{an} als Zeitdifferenz zwischen 10 und 90% der Ausgangsimpulshöhe die Gleichung

$$t_{an} = 2{,}2\tau_{int} = 2{,}2/\omega_{ob}; \; t_{an} \cdot f_{ob} = 0{,}35, \qquad (2.19)$$

die als bequeme Abschätzung der übertragbaren Anstiegszeit benutzt wird. Ein RC-gekoppelter Breitbandverstärker mit beispielsweise $f_{ob} \approx b = 10$ MHz ergibt bei sprungförmiger Anregung für die Anstiegszeit am Ausgang $t_{an} \approx 0{,}35 \cdot 10^{-7}$s $= 35$ ns. Diese Abschätzung gilt nur näherungsweise. Sind n Stufen mit τ_{int} hintereinandergeschaltet, so ist

$$t_{an,ges} = t_{an} \cdot \sqrt{n}. \qquad (2.20)$$

Werden die Transistoren bis in den Sperr- oder Sättigungsbereich ausgesteuert, sind die Voraussetzungen für die obigen Berechnungen nicht mehr erfüllt. In solchen Fällen arbeitet der Verstärker nicht mehr linear.

Bei steilen Impulsflanken können auch Übersteuerungen auftreten, wenn der Transistorausgang den Änderungen am Eingang nicht mehr schnell genug folgen kann. Das typische Beispiel hierfür ist die Kollektorschaltung („Emitterfolger“), die wegen ihres hohen Eingangs- und kleinen Ausgangswiderstands oft zur Widerstandsanpassung an niederohmige Verbraucher, z. B. Koaxialkabel, benutzt wird. Je nach Ansteuerung mit einem positiven oder negativen Spannungssprung an der Basis ergeben sich unterschiedliche Zeitkonstanten für die Umladung der Lastkapazität. Bei einem npn-Transistor nach Abb. 26 wird die Basis-Emitterdiode von positiven Spannungssprüngen geöffnet, so daß C mit einer kleinen Zeitkonstante umgeladen wird:

$$\tau_{\_\!\lceil} = (R_{aus} \| R_E)\, C \approx R_{aus} \cdot C. \qquad (2.21)$$

Bei steilen negativen Spannungssprüngen kann der Transistor gesperrt werden — C lädt sich mit der Zeitkonstanten

$$\tau_{\urcorner\!\llcorner} = R_E \cdot C \qquad (2.22)$$

um, die wegen $R_E > R_{\text{aus}}$ größer als $\tau_{\lrcorner\!\ulcorner}$ ist. Aus diesem Grund ist die Übertragung von negativen Flanken schlechter als von positiven Impulsflanken. Einen Aus-

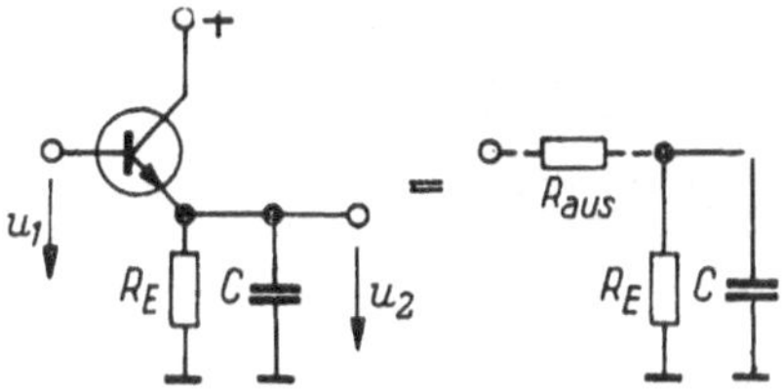

Abb. 26. Emitterfolger

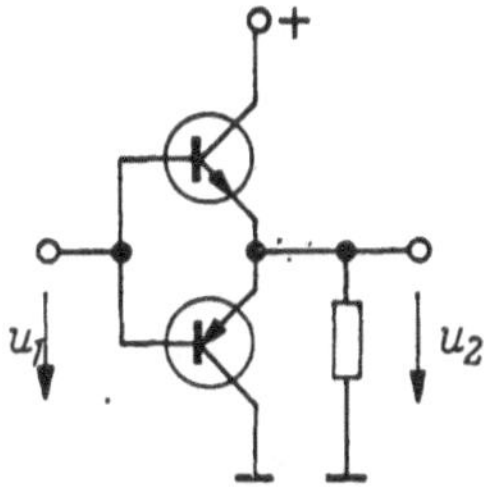

Abb. 27. Prinzipschaltung eines Doppel-Emitterfolgers

weg bietet die Verwendung von Gegentaktstufen nach Abb. 27, bei denen je nach Polarität der Flanken der niedrige Ausgangswiderstand des oberen oder des unteren Transistors wirksam wird. Solche Stufen werden in schnellen Verstärkern benutzt.

2.2.3. Zweistufige Grundschaltungen

Der Ein- und Ausgangswiderstand der Transistorgrundschaltungen hängt in charakteristischer Weise vom Lastwiderstand bzw. vom Generatorinnenwiderstand ab

(Abb. 28). Je nach dem Verhältnis zwischen Ein- und Ausgangswiderstand unterscheidet man:

- Stromverstärker: $R_{ein} = 0$ (stromgesteuert), $R_{aus} = \infty$ (Stromquelle),
- Spannungsverstärker: $R_{ein} = \infty$ (spannungsgesteuert), $R_{aus} = 0$ (Spannungsquelle),
- stromgesteuerte Spannungsquelle: $R_{ein} = R_{aus} = 0$,
- spannungsgesteuerte Stromquelle: $R_{ein} = R_{aus} = \infty$.

Die Basisschaltung kommt dem Stromverstärker, die Kollektorschaltung dem Spannungsverstärker von den Widerständen her am nächsten, doch ist in beiden Fällen die Verstärkung kleiner als 1. Deshalb ist es nicht sinn-

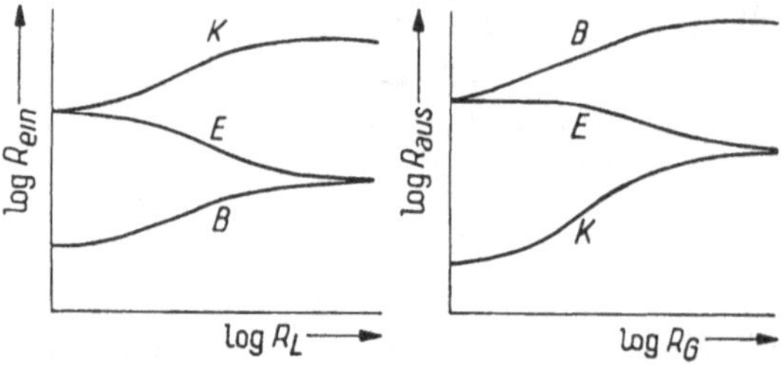

Abb. 28. Abhängigkeit des R_{ein} und R_{aus} vom Last- bzw. Generatorinnenwiderstand für die Kollektor- (K), Emitter- (E) und Basis-Schaltung BB)

voll, solche Grundschaltungen unmittelbar hintereinanderzuschalten. Man verwendet daher geeignete Kombinationen von Grundschaltungen, die zu zweistufigen Verstärkern führen. Oft schaltet man Emitterstufen zu einer Verstärkerkette zusammen, wie auch Abb. 20 andeutete. Wegen der annähernd gleichgroßen Ein- und Ausgangswiderstände ist hierbei der Lastwiderstand relativ gut an den Ausgangswiderstand angepaßt. Im Gegensatz zu dieser Betriebsweise, die maximale Leistungsübertragung zum Verbraucher ermöglicht, arbeiten in Reihe geschaltete Strom- oder Spannungsverstärker sehr stark fehlangepaßt.

Für die Zusammenschaltung von zwei Transistorstufen bieten sich eine Reihe von Möglichkeiten an, von denen aber nur wenige große Bedeutung haben. Die Auswahl wird bestimmt von den Forderungen an die Arbeitspunkteinstellung, an den Aussteuerbereich, an die Temperaturstabilität u. ä. und kann hier nicht detailliert diskutiert werden [19]. Vielfach sind komplementäre npn- und pnp-Transistoren sehr vorteilhaft einsetzbar. Die Kombination von Basis- und Emitterschaltung ist als

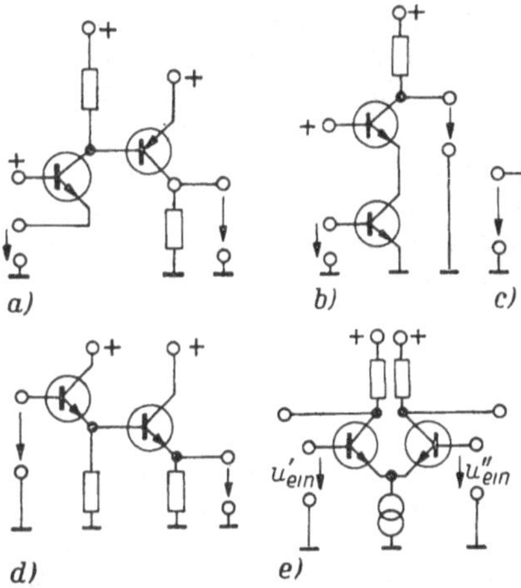

Abb. 29. Einige zweistufige Transistorschaltungen

Stromverstärker geeignet; bei Benutzung komplementärer Transistoren (Abb. 29a) sind die Ruhespannungen am Ein- und Ausgang etwa gleich groß, was die Reihenschaltung solcher Einheiten begünstigt. Die Kaskodestufe Abb. 29b mit einer Emitterstufe am Eingang wird vor allem als rauscharme Eingangsstufe in Vorverstärkern benutzt, weil sie eine sehr kleine Eingangskapazität aufweist. Durch die geringe Spannungsverstärkung der Emitterstufe, hervorgerufen durch den kleinen Eingangswiderstand der Basisstufe als Last, bleibt die Miller-

Kapazität minimal. Die Zusammenschaltung einer Emitterstufe mit einer Kollektorstufe (Abb. 29c) ergibt einen kleinen Ausgangswiderstand (Spannungsverstärker). Der Eingangswiderstand einer Kollektorstufe läßt sich durch eine nachgeschaltete zweite Kollektorstufe noch vergrößern (Abb. 29d). Läßt man den Emitterwiderstand der ersten Stufe weg, so erhält man einen Darlington-Emitterfolger, dessen Gesamtstromverstärkung gleich dem Produkt aus der Stromverstärkung der beiden Stufen ist. Große praktische Bedeutung hat die Zusammenschaltung einer Kollektorstufe mit einer Basisschaltung über Emitterkopplung (Abb. 29e). Die Ausgangsspannung ist der Differenz der Signale an beiden Basisanschlüssen proportional („Differenzverstärker").
Die Ein- und Ausgangswiderstände der Schaltungen in Abb. 29 lassen sich mit Abb. 28 qualitativ abschätzen. Mit Hilfe der Gegenkopplung kann man die Widerstände wie auch andere Schaltungseigenschaften in weiten Grenzen verändern.

2.2.4. *Gegenkopplung*

Durch Rückführung eines Teils $\underline{k}$ der Ausgangsspannung (oder des Ausgangsstroms) auf den Eingang können die Eigenschaften der Verstärkerstufe $\underline{v}$ wesentlich geändert werden. Unterstützt die rückgekoppelte Größe das Eingangssignal, so wird die Verstärkung vergrößert oder es tritt bei $\mathrm{Re}(\underline{k}\underline{v}) \geq 1$ Selbsterregung auf. Bei der Gegenkopplung wirkt die rückgekoppelte Größe dem Eingangssignal entgegen.

In Abb. 30 besitzt der nichtgegengekoppelte Verstärker den Verstärkungsfaktor $\underline{v} = -v$, d. h. er kehrt die Polari-

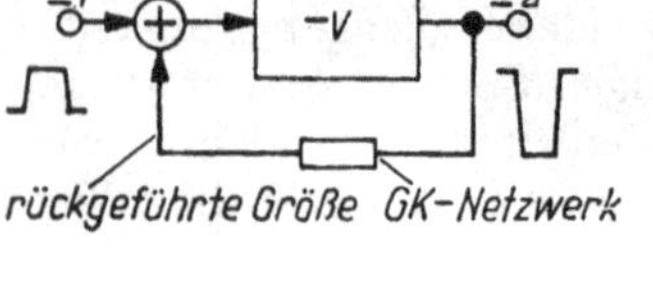

Abb. 30. Prinzip der Gegenkopplung

tät um. Es wird allgemein für einen Spannungsverstärker

$$\underline{U}_2 = \underline{v}(\underline{U}_1 + \underline{k}\underline{U}_2) \tag{2.23}$$

und

$$\underline{U}_2/\underline{U}_1 = \underline{v}/(1 - \underline{k}\underline{v}) = \underline{v}'. \tag{2.24}$$

Für die Gegenkopplung bei $\mathrm{Re}(\underline{k} \cdot \underline{v}) < 0$ ergeben sich folgende Konsequenzen:

— Die Verstärkung hat sich um den Faktor $1/(1 - \underline{k}\underline{v})$ verringert.

— Schwankungen des Verstärkungsfaktors $\underline{v}$ wirken sich weniger stark aus:

$$\frac{\Delta \underline{v}'}{\underline{v}'} = \frac{\Delta \underline{v}}{\underline{v}} \cdot \frac{1}{1 - \underline{k}\underline{v}}. \tag{2.25}$$

— Bei hoher Schleifenverstärkung $\mathrm{Re}(\underline{k}\underline{v}) \ll 0$ wird die Verstärkung

$$\underline{v}' \approx -1/\underline{k} \tag{2.26}$$

nahezu unabhängig von $\underline{v}$ und stabil, wenn die Rückführung über passive Bauelemente erfolgt.

— Die Übertragungseigenschaften werden verbessert. Bei alleiniger Wirkung des Integriergliedes τ_{int} (gleichstromgekoppelter Verstärker) wird durch die Gegenkopplung mit $\underline{k} = k$ und $\underline{v} = -v_{u,\mathrm{mittl}}/(1 + p\tau_{\mathrm{int}})$ (Abb. 25):

$$u_2(p) = -v_{u,\mathrm{mittl}}[u_1(p) + ku_2(p)]/(1 + p\tau_{\mathrm{int}}), \tag{2.27}$$

$$u_2(p) = -\frac{v_{u,\mathrm{mittl}}}{1 + kv_{u,\mathrm{mittl}}} u_1(p)/[1 + p\tau_{\mathrm{int}}/(1 + kv_{u,\mathrm{mittl}})]. \tag{2.28}$$

Die Integrationszeitkonstante ist also um den Faktor $(1 + kv_{u,\mathrm{mittl}})$ reduziert worden, d. h. die Anstiegszeit hat sich entsprechend verringert. Da gleichzeitig die Verstärkung um $(1 + kv_{u,\mathrm{mittl}})$ zurückgegangen ist, bleibt das Produkt Bandbreite × Verstärkung konstant. Hierbei muß man jedoch beachten, daß bei einer Impulsanstiegszeit, die kürzer als die Anstiegszeit des Verstärkers ohne Gegenkopplung ist, die wirksame Verstärkung für die Impulsflanke sinkt. Folglich ist wegen der Verringerung von $\underline{k}\underline{v}$ die Anstiegszeit am Ausgang des gegengekoppelten Verstärkers weniger gut oder überhaupt nicht stabilisiert.

Bei alleiniger Wirkung des Differenziergliedes ergibt sich in ähnlicher Weise eine Erhöhung der Differenzierzeitkonstante um den Faktor $(1 + kv_{u,\mathrm{mittl}})$, die eine Reduktion des Dachabfalls und der Größe des Durchschwingens zur Folge hat, dafür aber die Zeitdauer bis zum Abklingen des Durchschwingens vergrößert.

— Verzerrungen infolge gekrümmter Übertragungskennlinien werden durch Gegenkopplung reduziert. Finden zwei unterschiedlich große Eingangssignale die Verstärkungsfaktoren v_1 und v_2 vor, dann wird die Differenz $\Delta v = v_1 - v_2$ gemäß

$$\Delta v' = \Delta v/(1 - kv)^2 \ll \Delta v \tag{2.29}$$

wirksam verringert ($v = (v_1 + v_2)/2$).

Für die praktische Ausführung der Gegenkopplung gibt es je nach Herkunft der rückgekoppelten Größe und je nach ihrer Einwirkung auf den Eingang vier grundsätzliche Möglichkeiten. Am Verstärkerausgang können Spannungen nur parallel und Ströme nur in Reihe abgegriffen werden, während am Eingang die rückgeführte Größe als Spannung in Reihe oder als Strom parallel eingespeist wird. Die in Abb. 31 wiedergegebene Schaltung stellt somit eine Spannungs-Spannungs-Gegenkopplung dar. In diesem Fall entspricht die Verstärkung in Gl. (2.23) bis (2.29) der Spannungsverstärkung, d. h. durch die Gegenkopplung wird nur die zugehörige Verstärkungsgröße stabilisiert. Tabelle 5 enthält eine qualitative Übersicht über die vier Gegenkopplungsarten — der erste Teil der

Bezeichnung bezieht sich auf die Rückkopplungsgröße, der zweite Teil auf den Eingang.

Gegenkopplung verändert den Eingangs- und Ausgangswiderstand der Schaltungen. So folgt für die Schaltung in Abb. 31

$$\underline{U}_1' = \underline{U}_1 + \underline{k}\underline{U}_2 = \underline{U}_1 + \underline{k}\underline{v}_u\underline{U}_1',$$
$$\underline{U}_1' = \underline{U}_1/(1 - \underline{k}\underline{v}_u). \qquad (2.30)$$

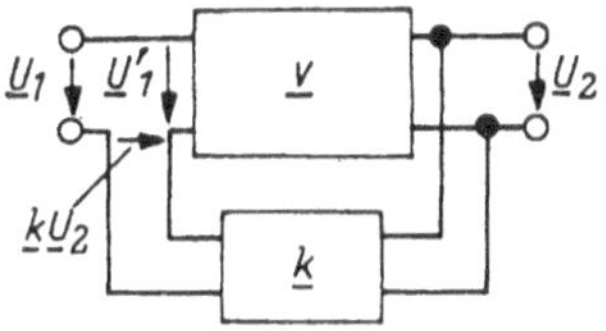

Abb. 31. Spannungs-Spannungs-Gegenkopplung

Tabelle 5. Gegenkopplung

Art der Gegenkopplung	stabilisierte Größe	dynamischer Eingangswiderstand	dynamischer Ausgangswiderstand
Spannung-Spannung	$\underline{v}_u = \underline{u}_2/\underline{u}_1$	$\underline{R}_{ein}\,(1 - \underline{kv})$	$\underline{R}_{aus}/(1 - \underline{kv})$
Strom-Strom	$\underline{v}_i = \underline{i}_2/\underline{i}_1$	$\underline{R}_{ein}/(1 - \underline{kv})$	$\underline{R}_{aus}\,(1 - \underline{kv})$
Spannung-Strom	$\underline{u}_2/\underline{i}_1$	$\underline{R}_{ein}/(1 - \underline{kv})$	$\underline{R}_{aus}/(1 - \underline{kv})$
Strom-Spannung	$\underline{i}_2/\underline{u}_1$	$\underline{R}_{ein} \cdot (1 - \underline{kv})$	$\underline{R}_{aus}\,(1 - \underline{kv})$

Der Eingangsstrom ist ohne Gegenkopplung

$$\underline{I} = \underline{U}_1/\underline{R}_{ein} \qquad (2.31)$$

und mit Gegenkopplung

$$\underline{I} = \underline{U}_1'/\underline{R}_{ein} = \underline{U}_1/[\underline{R}_{ein}(1 - \underline{k}\underline{v}_u)]. \qquad (2.32)$$

Bei Gegenkopplung $\mathrm{Re}(\underline{k}\underline{v}) < 0$ wirkt also ein gegenuber $\underline{R}_{ein}$ vergrößerter dynamischer Eingangswiderstand

$$\underline{R}_{dyn,u} = \underline{R}_{ein}(1 - \underline{k}\underline{v}_u). \qquad (2.33)$$

Die gleiche Vergrößerung gilt für $\underline{R}_{aus}$ bei Reihenkonfiguration. Bei Parallelkonfiguration werden die Widerstände um den Faktor $1/(1 - \underline{k} \cdot \underline{v})$ verkleinert. Gegenkopplung verbessert also die Eigenschaften der Verstärker in Richtung auf die in Abschnitt 2.2.3 formulierten Grenzfälle.

Mehrstufige Verstärker mit Gegenkopplung lassen sich im Extremfall durch eine Reihenschaltung von Stufen, die in sich gegengekoppelt sind, aufbauen oder durch eine Reihenschaltung von Stufen mit einer einzigen Gegenkopplung, die alle Einzelstufen umfaßt, realisieren. Es läßt sich leicht nachweisen, daß bei gleichem Gesamtverstärkungsfaktor die zweite Variante erheblich bessere

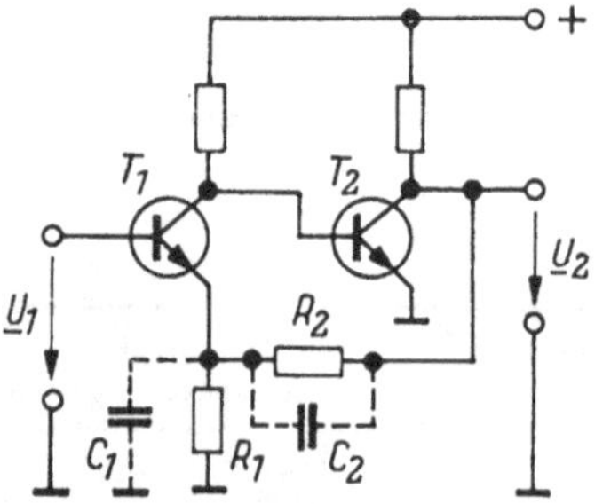

Abb. 32. Zweistufiger Verstärker mit Spannungs-Spannungs-Gegenkopplung

Stabilisierung der Verstärkereigenschaften verspricht. Allerdings ist zu beachten, daß stets die Stabilitätsbedingung $\mathrm{Re}(\underline{k}\underline{v}) < 1$ eingehalten wird. Man beschränkt sich daher auf Gegenkopplungen, die zwei bis vier Stufen einschließen. Impulsverstärker enthalten etwa 3 bis 4 solcher gegengekoppelter Einheiten.

Die Zusammenhänge zwischen Betrag und Phase bei gegengekoppelten Verstärkern lassen sich an einem Beispiel leicht übersehen. Der zweistufige gleichstromgekoppelte Verstärker in Abb. 32 ist über den Spannungsteiler R_1R_2 gegengekoppelt. Bei tiefen Frequenzen hat die auf den Emitter von T_1 rückgeführte Spannung die gleiche Phasenlage wie das Eingangssignal, so daß die wirksame Basis-Emitter-Spannung von T_1 verkleinert wird. Wegen $\underline{k} = R_1/(R_1 + R_2) = -k$ beträgt die Verstärkung bei $|kv| \gg 1$ nach Gl. (2.26)

$$v' = (R_1 + R_2)/R_1 . \tag{2.34}$$

Ordnet man beiden Verstärkerstufen je eine Integrationszeitkonstante zu, dann folgt aus Abb. 24, daß bei frequenzunabhängigem $\underline{k}$ die Schleifenverstärkung die für Mitkopplung erforderlichen 180° Phasenverschiebung nicht erreicht. Erst bei sehr großem ω kommt die Phasenverschiebung in die Nähe von 180°, dort ist aber bereits $v < 1$. Der Verstärker ist also stabil.

Parasitäre Zeitkonstanten können wesentlichen Einfluß auf die Stabilität besitzen. Berücksichtigt man in Abb. 32 die Parallelkapazität C_1, dann wird die Gegen-

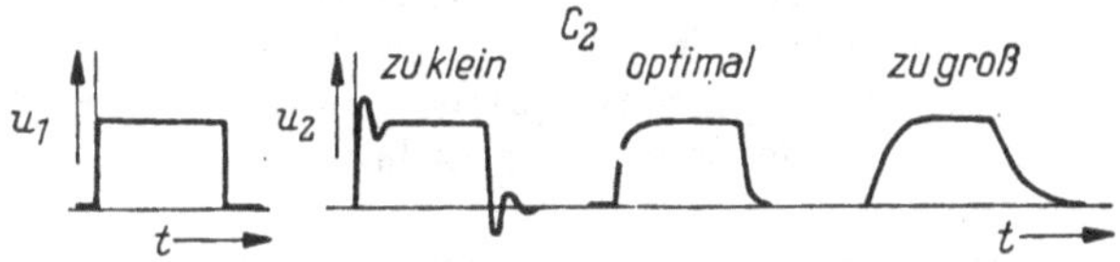

Abb. 33. Einfluß von C_2 aus Abb. 32 auf das Übertragungsverhalten

kopplung frequenzabhängig — sie stellt ein Integrierglied dar. Durch dieses dritte Integrierglied kann die Phasenverschiebung π, die zur Mitkopplung führt, schon bei Frequenzen erreicht werden, für die noch $\mathrm{Re}(\underline{k}\underline{v}) > 1$ gilt, d. h. der Verstärker schwingt frei. Die Phasendrehung im Gegenkopplungszweig kann durch eine Parallelkapazität C_2 kompensiert werden. Bei zu großem Wert von C_2 werden hohe Frequenzen zu stark gegengekoppelt, so daß die Flankensteilheit der Ausgangsimpulse sinkt. Bei zu kleinem Wert von C_2 weisen Sprungfunktionen Überschwingen auf (Abb. 33). Den optimalen Wert von C_2 stellt man durch Abgleich mit Hilfe eines Oszillographen ein.

Die detaillierte Berechnung gegengekoppelter Schaltungen und die Optimierung hinsichtlich Stabilität und Übertragungscharakteristik sind kompliziert und langwierig. Hierauf und auf einzelne Varianten gegengekoppelter Verstärkerstufen kann aus Platzgründen allerdings nicht eingegangen werden. Die Schaltungsentwicklung wird jedoch wesentlich vereinfacht, wenn man von industriell gefertigten Verstärkerstufen, z. B. in Form integrierter Operationsverstärker, ausgehen kann. Durch geeignete Gegenkopplung von Operationsverstärkern lassen sich die verschiedenartigsten Schaltungen realisieren.

2.3. Impulsformung in Verstärkern

Die Art der Impulsformung hat auf die Übertragungseigenschaften eines Impulsverstärkers entscheidenden Einfluß. Im folgenden werden, ausgehend von den Bemerkungen aus Abschnitt 2.1, einige Prinzipien der Impulsformung für spektroskopische Hauptverstärker dargestellt, die in dieser Beziehung die höchsten Anforderungen stellen.

Die Ladungsimpulse des Detektors werden an einer Kapazität integriert, deren Spannung der gelieferten Ladung proportional ist. Diese Integration erfolgt gewöhnlich am Detektorausgang (siehe Abschnitt 1.3). Es ist aber auch möglich, die Detektorstromimpulse zu verstärken und erst am Ende des Verstärkungstraktes die Integration durchzuführen. Diese „Strom-Mode" [37, 38] verspricht u. a. den Vorteil, viele der unten besprochenen Schwierigkeiten der Impulsüberlagerung und der Nullpegelverschiebung durch die kurzen Stromimpulse zu umgehen. Die Strom-Mode hat sich bisher nicht entscheidend durchgesetzt. In jedem Fall muß aber nach der Integration mindestens eine Differentiation erfolgen, um die Spannung wieder auf das Ausgangsniveau zu bringen (vergleiche Abb. 7). Als Differenzierglied wirkt bereits die Detektorzeitkonstante.

Einfluß von RC-Differenziergliedern:

Für ein RC-Differenzierglied mit der Zeitkonstante

$\tau = RC$ ist

$$u_1(p) = u_0(p) \cdot \frac{R}{R + 1/pC} = u_0(p) \cdot \frac{p}{p + 1/\tau}. \quad (2.35)$$

Dann gilt für n Differenzierglieder, die über Trennstufen ($v_u = 1$, $R_{ein} = \infty$, $R_{aus} = 0$) in Reihe geschaltet sind (Abb. 34):

$$u_n(p) = u_0(p) \cdot \prod_{\nu=1}^{n} \left(\frac{p}{p + 1/\tau_\nu}\right); \quad (2.36)$$

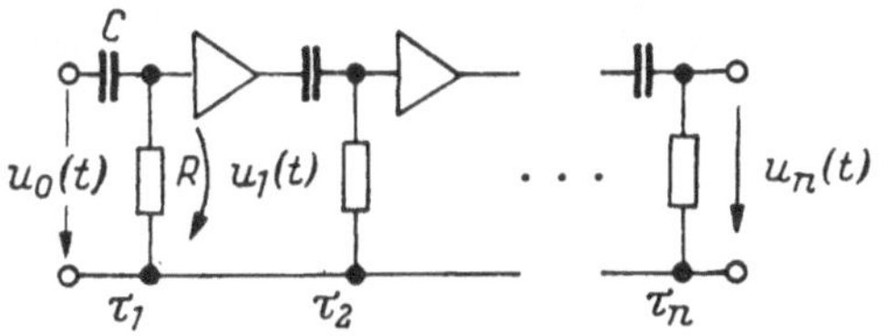

Abb. 34. In Reihe geschaltete *RC*-Differenzierglieder

bei einem Stufenimpuls der Höhe U_0, d. h. $u_0(p) = U_0/p$, wird dann nach Partialbruchzerlegung (alle τ_ν verschieden groß)

$$u_n(p) = U_0 \cdot \sum_{\nu=1}^{n} a_\nu \cdot \frac{1}{p + 1/\tau_\nu} \quad (2.37)$$

und

$$u_n(t) = U_0 \cdot \sum_{\nu=1}^{n} a_\nu e^{-t/\tau_\nu}; \quad (2.38)$$

die Koeffizienten a_ν hängen von den Zeitkonstanten ab. Für zwei *RC*-Glieder mit gleicher Zeitkonstante $\tau_1 = \tau_2 = \tau$ wird

$$u_2(p) = U_0 p/(p + 1/\tau)^2 \quad (2.39)$$

und nach Rücktransformation

$$u_2(t) = U_0(1 - t/\tau) \cdot e^{-t/\tau}. \quad (2.40)$$

Diese Funktion $n = 2$ in A (Abb. 35) zeigt ein starkes Unterschwingen, dessen Maximum $U_{\text{-max}} = 0{,}135\, U_0$ bei $t = 2\tau$ liegt; der Nulldurchgang findet zur Zeit $t = \tau$ statt. Hieraus und aus der allgemeinen Diskussion von Gl. (2.38) ergeben sich einige wichtige Schlußfolgerungen, auf die bereits SCHINTLMEISTER hinwies [5]:

— RC-Glieder übertragen keine Gleichspannungsanteile (siehe auch Abb. 25), so daß die Flächen oberhalb und unterhalb des Nullpegels gleich groß sind:

$$\int_0^\infty u_n(t)\, \mathrm{d}t = 0. \tag{2.41}$$

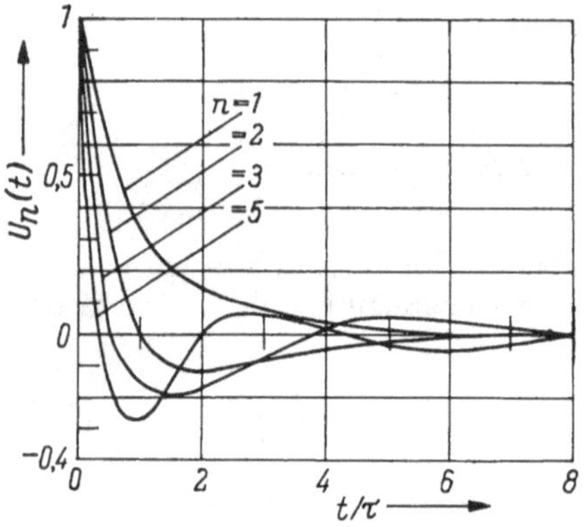

Abb. 35. Spannungsverlauf nach Durchgang eines Stufenimpulses der Höhe 1 durch n Differenzierglieder gleicher Differenzierzeitkonstante $\tau = RC$

Gibt es bei n Differenziergliedern, z. B. 2 dominierende RC-Glieder ($\tau_1, \tau_2 \ll \tau_\nu$ der übrigen Stufen), dann wird das Unterschwingen bereits nach einigen Zeitkonstanten τ_1, τ_2 einen erheblichen Teil der erforderlichen „Impulsfläche" darstellen. Folglich bleiben die Amplituden des weiteren Durchschwingens, dessen Gesamtdauer genaugenommen von der längsten Zeitkonstante bestimmt wird, klein und können oftmals bereits nach

20 bis 30 dominierenden Zeitkonstanten vernachlässigt werden.

– n Differenzierglieder führen zu $(n - 1)$-Nulldurchgängen, Abb. 35 [43]. Die Ausgangsspannung pendelt also mehrfach um den Nullpegel, so daß nachfolgende Impulse in ihrer Höhe geringfügig vergrößert oder verkleinert werden können. Die Lage der Nulldurchgänge ist von U_0 nicht abhängig.

Der Einfluß des RC-Gliedes am Detektorausgang auf die Impulsform ist im Abschnitt 1.3 zusammengefaßt worden. Mit einer Detektorzeitkonstante, die groß gegen-

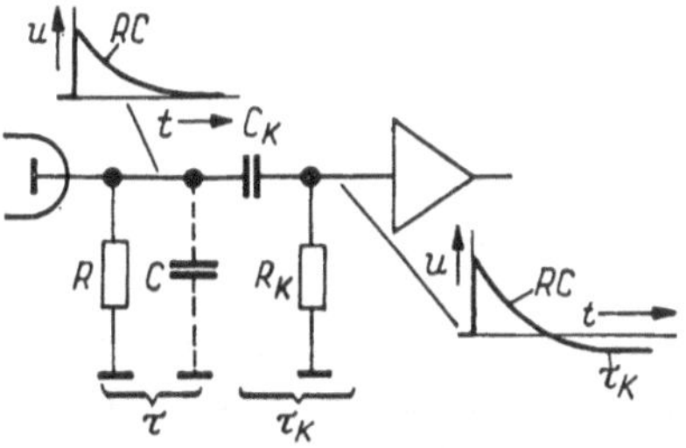

Abb. 36. Durchschwingen infolge des Koppelkondensators am Detektorausgang ($\tau_K > \tau$)

über der Ladungssammelzeit ist, erhält man Spannungsimpulse, die mit $\tau = RC$ differenziert sind. Verwendet man nun wie in Abb. 36 zur Ankopplung des Verstärkertrakts einen Koppelkondensator C_K, dann bildet $R_K C_K$ ein zweites Differenzierglied – bereits am Verstärkereingang schwingen die Impulse durch.

Mit Halbleiterbauelementen kann man im Gegensatz zu Verstärkern mit Elektronenröhren eine weitgehende Gleichstromkopplung erreichen. Man käme bei voller Gleichstromkopplung im gesamten Trakt Detektor-Verstärker mit einer einzigen Differenzierzeitkonstante aus. Verwendet man hierfür die RC-Detektorzeitkonstante, muß man in Kauf nehmen, daß das gesamte

Rauschen der Eingangsstufe zum Verstärkerausgang übertragen wird. Praktisch wählt man eine Detektorzeitkonstante von größenordnungsmäßig 100 μs und sieht eine dominierende kurze Zeitkonstante von 1 bis 3 μs an einer Stelle vor, wo das Signal/Rausch-Verhältnis durch die nachfolgenden Stufen nicht mehr verschlechtert werden kann. Allerdings reicht ein einziges *RC*-Differenzierglied für optimales Signal-Rausch-Verhältnis nicht aus. Um aber zusätzlich zur Detektorzeitkonstante nicht noch einen Einfluß durch die Koppelzeitkonstante $R_K C_K$ (Abb. 36) zu erhalten, ist es am besten, den Verstärker direkt anzukoppeln. Bei Szintillationszählern legt man deshalb die Katode auf negative Betriebsspannung (Abschn. 1.4.3).

Formung bei hohen Zählraten:

Bei Impulsdichten von $< 10^2 \cdots 10^3\ s^{-1}$ ist beim Eintreffen des nächsten Impulses das von den Differenziergliedern verursachte Durchschwingen in der Mehrzahl der Fälle so weit abgeklungen, daß hiervon die Energieauflösung und die Linienform des Spektrums nicht beeinflußt

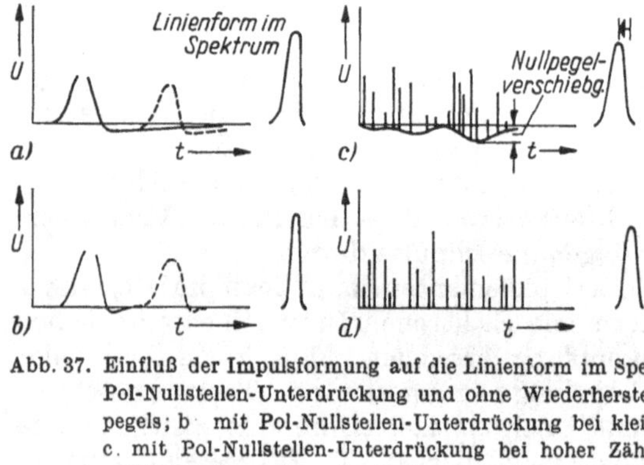

Abb. 37. Einfluß der Impulsformung auf die Linienform im Spektrum; a ohne Pol-Nullstellen-Unterdrückung und ohne Wiederherstellung des Nullpegels; b mit Pol-Nullstellen-Unterdrückung bei kleinen Zählraten; c mit Pol-Nullstellen-Unterdrückung bei hoher Zählrate; d wie c mit Wiederherstellung des Nullpegels. Zeitmaßstab bei c und d stark zusammengedrängt

werden. Dagegen ist bei Impulsdichten von einigen 10^3 bis $10^4\,s^{-1}$ die Wahrscheinlichkeit einer Fehlregistrierung beträchtlich, was sich besonders bei Messungen mit hochauflösenden Halbleiterdetektoren auswirkt. Abb. 37 zeigt einige charakteristische Auswirkungen [40]. Dem genähert gaußförmigen Impuls folgt ein Unterschwingen mit einer Zeitkonstante von größenordnungsmäßig 100 μs bis 1 ms. In dieser Zeit eintreffende Impulse werden zu klein gemessen — die Linie wird zur niederenergetischen Seite hin verzerrt (Abb. 37a). Man kann erwarten, daß dieser Effekt durch Differentiation unmittelbar vor der Impulshöhenauswertung mit einer Zeitkonstanten, die in der Größe der Impulslänge liegt, stark vermindert wird.

Für die *Beseitigung des Durchschwingens* und damit für die Beseitigung der Ursache der Asymmetrie der Linien gibt es eine Reihe von Möglichkeiten:

1. Erzeugung bipolarer Impulse. Exakt bipolare Impulse der Länge T mit $\int_0^T u(t)\,dt = 0$ rufen beim Durchgang durch Differenzierglieder nur wenig Nachschwingen hervor. Mit zwei Differenziergliedern, die Koaxialkabel benutzen (Laufzeit T), lassen sich aus Stufenimpulsen (Höhe U_0, $t_{an} \ll T$) bipolare Rechteckimpulse erzeugen (Abschnitt 3.5). Für einen derartigen bipolaren Rechteckimpuls der Gesamtlänge $4\,T$ (Abb. 78a) beträgt die Spannung nach Durchgang durch ein RC-Differenzierglied (Zeitkonstante τ) für $t > 4\,T$:

$$u(t > 4T) = U_0 e^{-t/\tau}(1 - e^{2T/\tau})^2; \qquad (2.42)$$

dieser Wert ist gegenüber der Übertragung eines einfachen Rechteckimpulses

$$u(t > 2T) = U_0 e^{-t/\tau}(1 - e^{2T/\tau}) \qquad (2.43)$$

um den Faktor $(1 - e^{2T/\tau})$ verringert, der bei $T/\tau \ll 1$ klein gegen 1 ist. Bipolare Rechteckimpulse ergeben allerdings ein schlechteres Signal/Rausch-Verhältnis als beispielsweise die weniger symmetrischen Impulse nach doppelter *RC*-Differentiation und einfacher *RC*-Integration (Abb. 40).

2. Pol-Nullstellen-Unterdrückung. Bei exponentiell mit τ_1 abfallenden Spannungsimpulsen kann das Durchschwingen nach einem *RC*-Differenzierglied vermieden werden, wenn man eine Differenzierschaltung nach Abb. 38 benutzt [41]. Es ist

$$u_1(p) = U_0 \cdot \frac{1}{p + 1/\tau_1} \tag{2.44}$$

und

$$u_2(p) = u_1(p) \cdot \frac{R}{R + \dfrac{R'/pC}{R' + 1/pC}}\,. \tag{2.45}$$

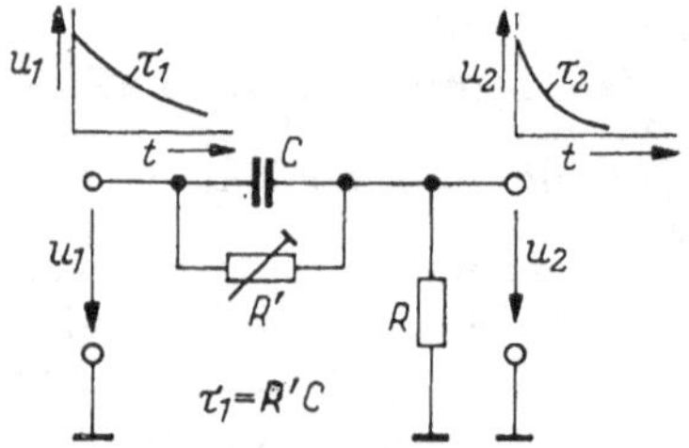

Abb. 38. Differenzierglied mit Pol-Nullstellen-Unterdrückung

Mit der Abgleichbedingung

$$R'C = \tau_1 \tag{2.46}$$

wird sofort

$$\left.\begin{aligned} u_2(p) &= U_0 \Big/ \left(p + \frac{R' + R}{R'RC}\right), \\ u_2(t) &= U_0 e^{-t/\tau_2}. \end{aligned}\right\} \tag{2.47}$$

Die Ausgangsspannung ist also differenziert mit der Zeitkonstanten

$$\tau_2 = \frac{R'RC}{R' + R} = (R \| R')\, C < \tau_1, \tag{2.48}$$

ohne daß zusätzliches Durchschwingen entsteht. Diese als Pol-Nullstellen-Unterdrückung bezeichnete Formung hat in Verstärkern große Bedeutung gewonnen. Wie das Beispiel Abb. 37b zeigt, wird hierdurch wieder eine symmetrische Linienform erhalten. Differenzierglieder für Pol-Nullstellen-Unterdrückung lassen sich auch mit *RL*- und *RLC*-Stufen realisieren [42].

3. Wiederherstellung des Nullpegels. Bei kapazitiver Kopplung zwischen einzelnen Verstärkerstufen müssen bei Impulsen, die kein flächengleiches Durchschwingen aufweisen, Verschiebungen des Nullpegels auftreten, die sich bei großen Impulsdichten so weit addieren können, daß sich die Linien im Spektrum merklich zur niederenergetischen Seite hin verschieben (Abb. 37c).

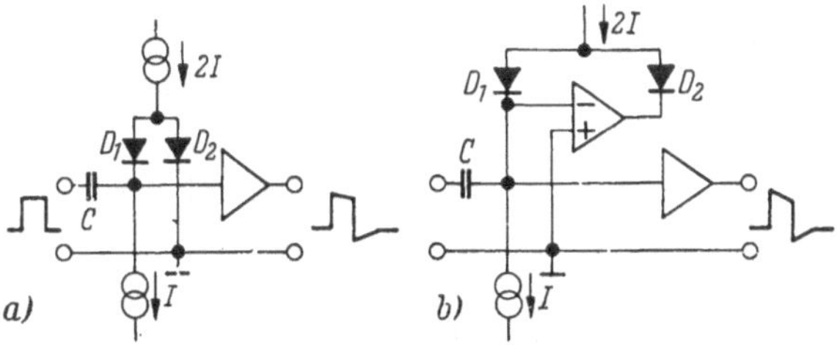

Abb. 39. Wiederherstellung des Nullpegels ohne (a) und mit zusätzlichem Verstärker (b)

Für die weitgehende Unterdrückung dieses Effektes gibt es, abgesehen von der Verwendung bipolarer Impulse, mehrere Schaltungsvarianten [46, 63]. Abb. 39 zeigt eine häufig benutzte, vielfach abgewandelte Anordnung. Durch beide Dioden in Abb. 39a fließt ein Strom von etwa 0,1 mA. Bei hochohmigem Verstärkereingang stellt C zusammen mit dem Durchlaßwiderstand von D_1 für kleine Signale ein Differenzierglied dar. Übersteigt die Eingangsspannung etwa 0,1 V, sperrt D_1, und D_2 übernimmt den Gesamtstrom $2I$. Jedoch wird während dieser Zeit C über den unteren Stromgenerator mit I

entladen. Das führt bei Rechteckimpulsen zu einem gewissen Dachabfall und zu einem Unterschwingen, das bei idealen Dioden nach einer Impulslänge beendet ist. Durch Einfügung eines Operationsverstärkers wird die Wirkung der Dioden verstärkt (Abb. 39b). Die Stromübernahme von D_1 nach D_2 erfolgt in diesem Fall bei kleineren Spannungen. Die Schaltungen in Abb. 39 sind für positive und negative Impulse wirksam, doch darf das Tastverhältnis etwa 30% nicht übersteigen. Läßt man D_2 weg, arbeitet die Anordnung nur für positive Impulse. Solche Schaltungen zur Wiederherstellung des Nullpegels liefern einen zusätzlichen Rauschbeitrag. In modernen spektroskopischen Verstärkern wird deshalb die Schaltung zur Wiederherstellung des Nullpegels während der Impulsdauer blockiert.

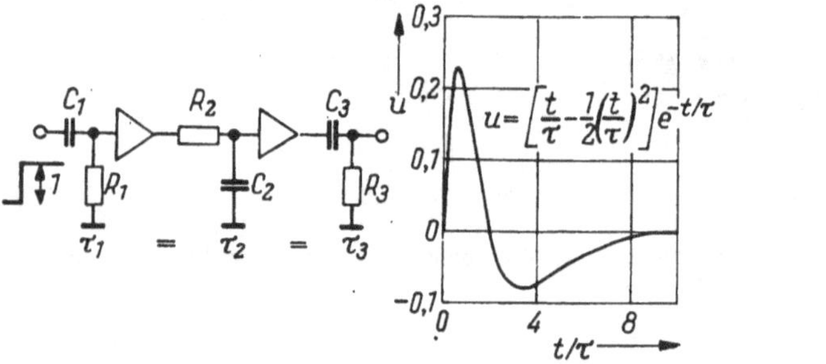

Abb. 40. Impulsformung mit 2 *RC*-Differenziergliedern und 1 *RC*-Integrierglied

Einfluß von Integriergliedern. Jeder Verstärker enthält ungewollt zahlreiche Integrationsglieder, die größtenteils durch die obere Grenzfrequenz der einzelnen Verstärkerstufen bedingt sind und zu einer Abflachung der Impulsflanken führen. Verwendet man eine dominierende Integrationszeitkonstante τ_{int}, die länger als die übrigen ist, so erhält man z. B. mit 2 *RC*-Differenziergliedern mit $t_{diff} = \tau_{int}$ nach Abb. 40 stark unterschwingende Impulse. Die maximale Höhe des Unterschwingens beträgt 35%. Bei Verwendung von *L*-kompensierten Differenziergliedern können die Zeiten bis zum Abklingen des Unterschwingens noch etwas verringert werden. Die Wahl $\tau_{int} = \tau_{diff} \approx 1\,\mu s \cdots 10\,\mu s$ ergibt für Halbleiterdetektoren bei dieser Art der Formung optimales Signal/Rausch-Verhältnis.

Aufstocken von Impulsen (pile-up). Ein wesentlicher Grund zur Verkürzung der Impulse und ihres Unterschwingens ist darin zu sehen, den Einfluß des Aufstockens von Impulsen zu verringern. Ist der mittlere Impulsabstand $\theta = 1/m$ (m = Impulsdichte) nicht mehr sehr groß gegen die dominierenden Zeitkonstanten, kann man die Wahrscheinlichkeit für das Eintreffen eines Impulses zur Zeit der Rückflanke oder des starken Durchschwingens des vorherigen Impulses nicht mehr vernachlässigen. Bei *RC*-Formung wird für $\tau \cdot m \geqq 0{,}1 \cdots 0{,}3$ das Spektrum außerordentlich stark verfälscht; man findet ein Ausschmieren der Linien zur nieder- und hochenergetischen Seite hin, eine Übersicht gibt [20]. Günstiger in dieser Beziehung sind rechteckige bipolare Impulse, wie sie durch Formung mit Kabeln erhalten werden. Der aufstockende Impuls fällt entweder mit dem ersten Impulsteil zusammen, was im Spektrum zu Linien „doppelter Energie“ führt, oder verschwindet im entgegengesetzt gepolten zweiten Impulsteil.

Die Verzerrungen des Spektrums durch Aufstocken können bei gegebenen Formungsgliedern am wirksamsten mit Hilfe sogenannter Antipile-up-Schaltungen bekämpft werden. Durch solche Schaltungen werden alle die Ereignisse von der Registrierung ausgeschlossen, deren Zeitabstand einen unteren, von der Impulslänge bestimmten Wert unterschreitet [40].

Übersteuerungseffekte. Sehr große Detektorimpulse, hervorgerufen z. B. durch die Registrierung energiereicher Höhenstrahlungspartikel, können den Impulsverstärker übersteuern. Die für maximale Aussteuerung des Verstärkers ausreichende Eingangsimpulshöhe kann hierbei um den Faktor 10^2 bis 10^3 überschritten werden. Ein Verstärker wird als übersteuerungsfest bezeichnet, wenn er nach Übersteuerung während einer Zeit in den normalen Arbeitspunkt zurückkehrt, die einigen wenigen Impulsdauern bei nichtübersteuertem Betrieb entspricht. Folgende Maßnahmen sind für gutes Übersteuerungsverhalten erforderlich:

1. Vermeidung der Aufladung von Koppelkondensatoren bei Übersteuerung. Wegen der langen Koppelzeitkonstante von größenordnungsmäßig 1 ms entstehen sehr langsam abklingende Störungen; der Verstärker wird u. U. zeitweise blockiert. Bei Transistorschaltungen mit weitgehender Gleichstromkopplung spielt dieser Effekt gegenüber Verstärkern mit Elektronenröhren keine wesentliche Rolle mehr.

2. Begrenzung der Betriebsspannungen und -ströme der Transistoren, z. B. durch Dioden, zur Vermeidung von Sättigung und entsprechend großer Basisströme. In dieser Beziehung haben Differenzverstärkerstufen große Bedeutung erlangt.

3. Formung der Impulse auf kurzes Unterschwingen. Bei Übersteuerung des Hauptanteils des Signals wird das Unterschwingen noch mit voller Verstärkung vergrößert, nimmt daher beträchtliche Werte an und verfälscht die Impulshöhenmessung nachfolgender Signale sehr stark. Man muß daher peinlich genau das Unterschwingen der Eingangssignale vermeiden, d. h. die Impulse auf kleine Länge formen [44]. Durch Formung bipolarer Rechteckimpulse mit Koaxialkabeln wurden gute Ergebnisse erzielt [45].

2.4. Einige Beispiele für Verstärkerschaltungen

2.4.1. Differenzverstärker

Ein Differenzverstärker besteht in seiner einfachsten Form aus zwei gleichartigen emittergekoppelten Transistoren (Abb. 41a). Ein Stromgenerator hält den Gesamtstrom durch beide Verstärkerstufen konstant, so daß ein größerer Strom durch den einen Transistor eine Stromabnahme im anderen Transistor nach sich ziehen muß.

Bei Annahme eines ideal gleichen Verstärkungsfaktors beider Stufen ist die Spannungsdifferenz u_2 zwischen beiden Ausgängen der Spannungsdifferenz an den Eingängen proportional („Differenzverstärker"):

$$u_2 = (u_2'' - u_2') = vu_1 = v(u_1'' - u_1'). \quad (2.49)$$

Gleichsinnige Eingangsspannungsänderungen gleicher Größe werden unverfälscht zum Emitter übertragen, beeinflussen also die Stromquelle nicht und ergeben folglich

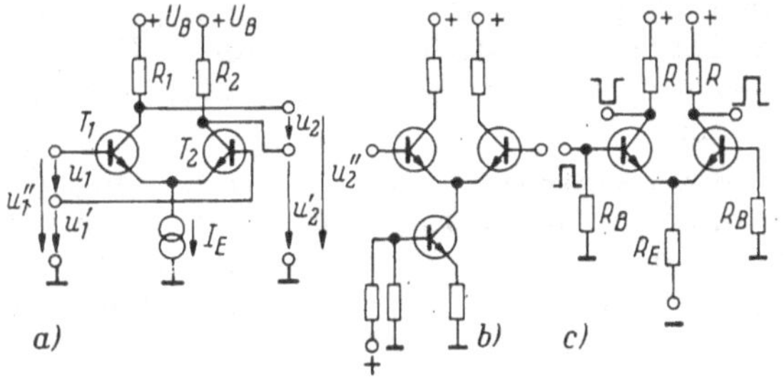

Abb. 41. Differenzverstärker; a: Prinzip; b: mit Konstantstromquelle; c: Erzeugung gegenphasiger Impulse

auch keine Ausgangssignale (ideale Gleichtaktunterdrückung):

$$\Delta u_2' = \Delta u_2'' = \Delta u_2 = 0 \text{ bei } \Delta u_1' = \Delta u_1''. \quad (2.50)$$

Der reale Differenzverstärker weicht in zwei wesentlichen Punkten von den obigen Voraussetzungen ab:

1. Die beiden Verstärkungselemente stimmen nicht völlig überein.

2. Der Innenwiderstand der Stromquelle ist endlich, wodurch vor allem die Gleichtaktunterdrückung verschlechtert wird.

Als Stromquelle dient bei geringen Anforderungen ein ohmscher Widerstand R_E; bei den üblichen Betriebsspannungen bis etwa 20 V und bei Kollektorströmen von einigen mA kann R_E höchstens einige kΩ betragen. Erheblich größere effektive Widerstandswerte lassen sich mit einer Konstantstromquelle erreichen (Abb. 41b). Sie stellt eine Basisschaltung dar, die bekanntlich einen Ausgangswiderstand von mehr als 100 kΩ aufweist.

Differenzverstärker besitzen eine Reihe praktisch wichtiger Eigenschaften, beispielsweise:

— Thermische Stabilität: in erster Näherung machen sich im thermischen Verhalten nur Unterschiede zwischen beiden Transistoren bemerkbar. Diese Unterschiede sind bei gemeinsam hergestellten und im gleichen Gehäuse untergebrachten Transistorpaaren besonders klein.
— Übersteuerungsfestigkeit: der maximal mögliche Strom wird von der Stromquelle im Emitterkreis bestimmt; durch geeignete Dimensionierung der Kollektorwiderstände läßt sich die Sättigung der Transistoren vermeiden.
— Ausgangssignale mit entgegengesetzter Polarität: wird ein Eingang des Differenzverstärkers geerdet, kann man an den Kollektoren gegenphasige Signale abgreifen (Abb. 41c).

Auf Grund dieser Eigenschaften haben Differenzverstärker in mannigfaltigen Schaltungsvarianten eine außerordentlich weite Verbreitung gefunden. Sie werden auch in integrierter Technik für Analogschaltungen hergestellt, teils als selbständige Schaltung, teils als Eingangs- und Verstärkerstufen von Operationsverstärkern.

Hier kommt besonders zum Tragen, daß Differenzverstärker direkt koppelbar sind, keine Koppel- und Abblockkondensatoren erfordern sowie in den wesentlichen Eigenschaften von Widerstandsverhältnissen und nicht von den Absolutwerten der Widerstände abhängen. In der Digitaltechnik ist der Differenzverstärker die Grundschaltung der sogenannten emittergekoppelten Logikgatter (ECL).

Die Übertragungskennlinie eines Differenzverstärkers nach Abb. 41c ist in Abb. 42 skizziert. Bei sehr kleiner Eingangsspannung u_1'' ist T_1 gesperrt — der gesamte Strom I_E fließt durch T_2. Umgekehrt wird bei großen Eingangsspannungen u_1'' und konstantem u_1', der Strom I_E voll von T_1 übernommen. Die Form der Kennlinie, deren Krümmungen durch geeignete Schaltungsmaßnahmen linearisiert werden können, erlaubt die Betriebsweise als vorgespannter Verstärker oder Fensterverstärker. Hierzu

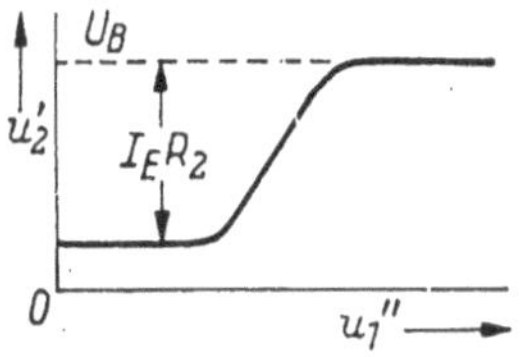

Abb. 42. Übertragungskennlinie des Differenzverstärkers nach Abb. 41a

wird die Spannung an T_2 so verändert, daß erst Impulse oberhalb des gewünschten Schwellwertes die Stromaufteilung beeinflussen können. Auf diese Weise lassen sich beispielsweise Rauschimpulse unterdrücken. Die Schaltung arbeitet als Fensterverstärker, wenn man die gesamte Kennlinie in Abb. 42 ausnutzt: zu kleine Impulse werden nicht übertragen, zu große Impulse werden begrenzt.

2.4.2. Operationsverstärker

Operationsverstärker sind hochverstärkende, gleichstromgekoppelte Verstärker, deren Übertragungseigenschaften im wesentlichen vom extern angeschlossenen Gegenkopplungsnetzwerk bestimmt werden. Ursprünglich wurden Operationsverstärker für die Analogrechentechnik entwickelt („Rechenverstärker").

In den letzten Jahren kam eine Reihe billiger, breitbandiger, voll integrierter Operationsverstärker auf den Markt, die von der kernphysikalischen Elektronik in steigendem Maße fur die Impulsverstärkung benutzt werden.

Operationsverstärker sollen einen möglichst großen, frequenzunabhängigen Verstärkungsfaktor, einen invertierenden und einen nichtinvertierenden Eingang mit großem Eingangswiderstand und symmetrischen Eigenschaften, einen niederohmigen Ausgang, dessen Ruhepotential driftarm und unabhängig von Betriebsspan-

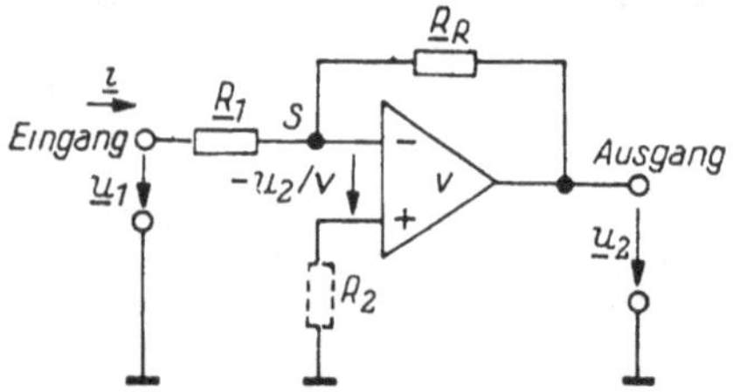

Abb. 43. Beschalteter Operationsverstärker

nungsänderungen ist, und andere hier nicht weiter diskutierte Eigenschaften besitzen. Hochwertige, aus diskreten Bauelementen gefertigte Operationsverstärker erreichen Verstärkungsfaktoren bis zu mehr als 10^6 und Eingangswiderstände von mehr als $10^9 \Omega$. Integrierte Operationsverstärker wie die Grundtypen µA 702 und µA 709 haben $v = 3{,}6 \cdot 10^3$ bzw. $4{,}5 \cdot 10^4$ und einen Eingangswiderstand von 40 kΩ bzw. 400 kΩ.

Die Grundschaltung eines Operationsverstärkers mit Gegenkopplungsnetzwerk zeigt Abb. 43. Das Eingangssignal gelangt über $\underline{R}_1$ an den invertierenden Eingang. Es gilt bei Annahme eines unendlich hohen Eingangswiderstands

$$\left.\begin{aligned} -\underline{u}_2/v &= \underline{i}\underline{R}_R + \underline{u}_2; \\ \underline{u}_1 &= \underline{i}\underline{R}_1 - \underline{u}_2/v. \end{aligned}\right\} \qquad (2.51)$$

Nach Einsetzen der zweiten Gleichung in die erste wird

$$\underline{u}_2 = \frac{-\underline{R}_R/\underline{R}_1}{1 + (1 + \underline{R}_R/\underline{R}_1)/v} \cdot \underline{u}_1 \qquad (2.52)$$

und mit $|v| \gg 1$

$$\underline{u}_2 = -(\underline{R}_R/\underline{R}_1)\,\underline{u}_1. \tag{2.53}$$

Die Spannungsverstärkung $\underline{u}_2/\underline{u}_1$ ist also nur vom Gegenkopplungsnetzwerk $\underline{R}_1$ und $\underline{R}_R$ abhängig; die Benutzung passiver Elemente für $\underline{R}_1$ und $\underline{R}_R$ ergibt dann eine bequem einstellbare und stabile Spannungsverstärkung. Die Spannungsdifferenz zwischen beiden Eingangsklemmen des Verstärkers ist sehr klein $(-\underline{u}_2/v)$. Liegt der eine

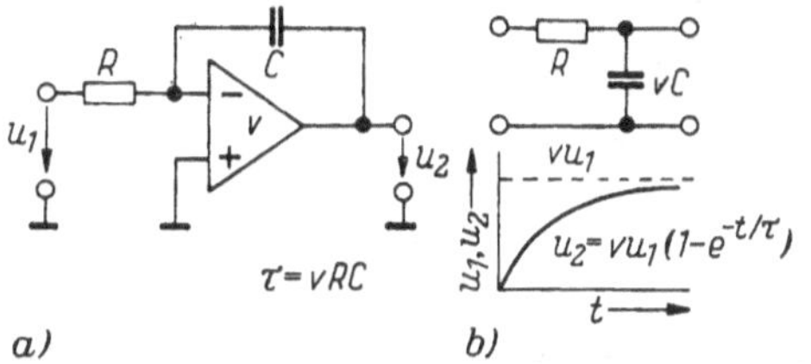

Abb. 44. Aktiver Integrator (a) und äquivalentes *RC*-Integrierglied (b)

Verstärkereingang auf Erdpotential, dann besitzt auch der andere Eingang nahezu Erdpotential, und zwar unabhängig von $\underline{u}_1$ und $\underline{i}$ („virtuelle Erde"). Folglich ist der Eingangswiderstand des beschalteten Operationsverstärkers gleich $\underline{R}_1$. Im Summierpunkt S können mehrere Ströme über Widerstände $\underline{R}_{1i}$ addiert werden, ohne daß eine Rückwirkung zwischen den einzelnen Eingängen erfolgt.

Je nach Art und Größe von $\underline{R}_1$ und $\underline{R}_R$ läßt sich eine unübersehbare Vielfalt von Schaltungen realisieren, siehe z. B. [49, 50].

Als Beispiele werden hier nur der Inverter ($\underline{R}_1 = \underline{R}_R = R$ gibt $u_2/u_1 = -1$) und der Integrator erwähnt (Abb. 44a). Mit $\underline{R}_R = 1/j\omega C$ wird aus Gl. (2.52)

$$u_2(p) = -\frac{1}{pRC}\cdot\frac{1}{1 + (1 + 1/pRC)/v}\,u_1(p); \tag{2.54}$$

$$u_2(p) \approx -\frac{1}{pRC}\frac{v}{v + 1/pRC}\,u_1(p) = -\frac{v\cdot u_1(p)}{1 + pvRC}. \tag{2.55}$$

Diese Gleichung gibt bis auf das Vorzeichen das Übertragungsverhalten eines *RC*-Integrierglieds mit der sehr großen Zeitkonstante $\tau = vRC$ wieder (Abb. 44b). Für Zeiten $t \ll vRC$ wirkt die Schaltung als aktiver Integrator.

Die Schaltung des häufig benutzten integrierten Breitband- und Operationsverstärkers μA 702 ist in Abb. 45 wiedergegeben [50, 51]. Der Eingangskreis besteht aus

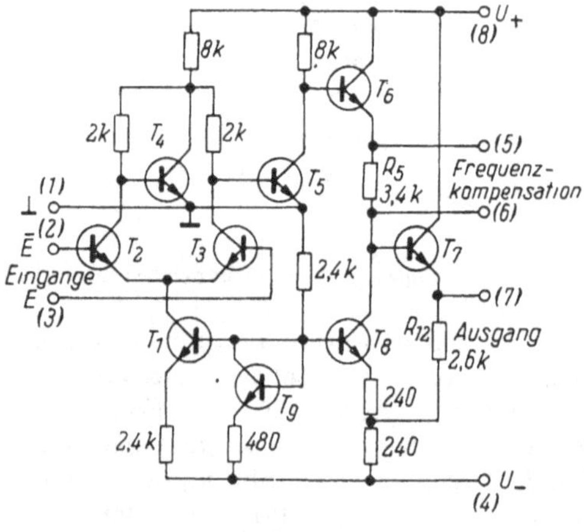

Abb. 45. Schaltung des integrierten Operationsverstärkers μA 702

dem Differenzverstärker T_2 und T_3 mit der Konstantstromquelle T_1, T_9. Die Transistoren T_4 und T_5 bilden die zweite Differenzverstärkerstufe, deren unsymmetrischer Ausgang durch den Emitterfolger T_6 nur wenig belastet wird. Der Transistor T_8 arbeitet als gesteuerte Konstantstromquelle und senkt über R_5 das Potential für den Ausgangsemitterfolger T_7 so ab, daß sich ein großer Aussteuerungsbereich ergibt. Wegen der positiven Rückkopplung über R_{12} und T_8 liefert die Ausgangsstufe noch eine zusätzliche Verstärkung. Bei $U_+ = +12$ V, $U_- = -6$ V und 25° C sind bei 2 kΩ

Lastwiderstand Ausgangsspitzenspannungen $U_{ss} \approx 4$ V und bei 100 kΩ etwa 10 V möglich. Mit einem zusätzlichen Widerstand R_H vom Verstärkerausgang nach U_- wird der Aussteuerbereich bei $R_H = 2\,\text{k}\Omega$ auf 7 bzw. 11 V

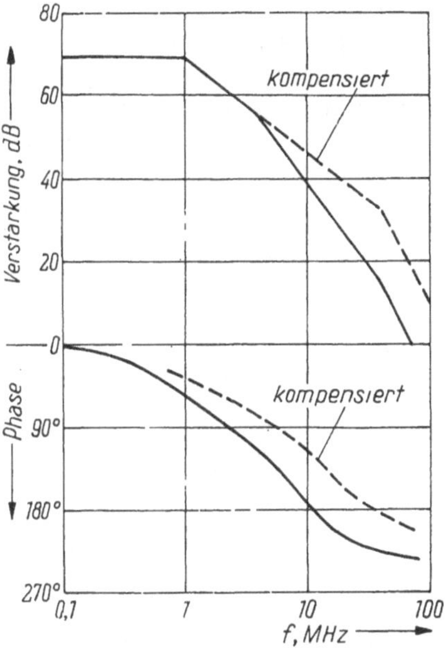

Abb. 46. Verstärkungscharakteristik des unbeschalteten Operationsverstärkers µA 702; gestrichelte Kurve mit der Kompensation nach Abb. 47a

vergrößert [50]. Die Eckfrequenzen des Frequenzgangs sind aus Abb. 46 erkennbar; 180° Phasenverschiebung wird etwa bei 14 MHz erreicht.

Eine Impulsverstärkerstufe mit dem µA 702 zeigt Abb. 47a [52]. Durch die Kapazität zwischen den Anschlüssen 5 und 6 wird der Frequenzgang korrigiert: die zweite Eckfrequenz verschiebt sich zu höheren Frequenzen, und die Phasenverschiebung wird verringert (in Abb. 46 gestrichelt eingetragen). Bei 36 dB Verstärkung (Spannungsverstärkung = 65) beträgt die Impulsanstiegszeit 19 ns mit 5% Überschwingen und 10% Unterschwingen.

Mit dem sowjetischen integrierten Operationsverstärker 1YT 401 wurden eine Reihe von spektroskopischen Impulsverstärkern gebaut [53]. Der Aufbau des Operationsverstärkers ist dem μA 702 sehr ähnlich [54]. Die Eckfrequenzen liegen bei 0,18 und 2,5 MHz; bei 30 MHz ist die Verstärkung 1 [53]. Abweichend von Abb. 47a

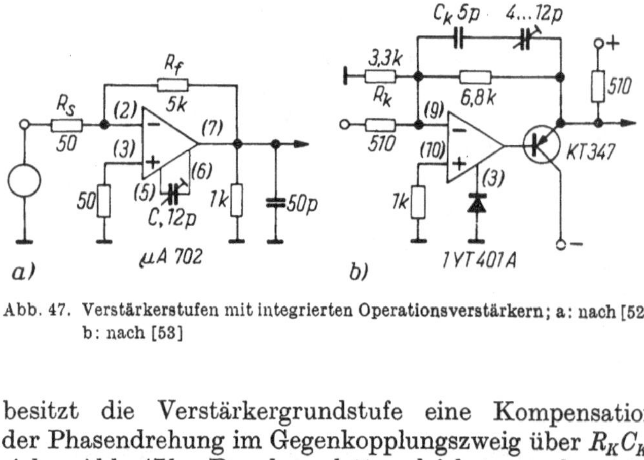

Abb. 47. Verstärkerstufen mit integrierten Operationsverstärkern; a: nach [52]; b: nach [53]

besitzt die Verstärkergrundstufe eine Kompensation der Phasendrehung im Gegenkopplungszweig über $R_K C_K$, siehe Abb. 47b. Der komplette gleichstromgekoppelte Impulsverstärker mit 2 bzw. 4 derartigen Stufen ist für einen maximalen Verstärkungsfaktor von 50 bzw. 100 ausgelegt und enthält *RC*- und Pol-Nullstellen-Formungsglieder; die Zeitkonstanten betragen 0,75 μs. Die Impulsanstiegszeit ist 1,5 bis 2,25 μs. Zur Erhöhung des Ausgangsstroms wird dem Operationsverstärker ein Emitterfolger nachgeschaltet und in die Gegenkopplungsschleife einbezogen [40, 53]. Eine Gleichstromgegenkopplung über alle Stufen stabilisiert den Ausgangspegel des Verstärkers.

2.4.3. *Spektroskopische Verstärker*

Impulsverstärker für Messungen mit hochauflösenden Halbleiterdetektoren müssen die diskutierten Gesichtspunkte für optimale Impulsformung berücksichtigen. Die typische Konfiguration eines modernen gleichstromgekoppelten Impulsverstärkers ist in Abb. 48 wiedergegeben. Charakteristisch ist der Aufbau aus einzelnen,

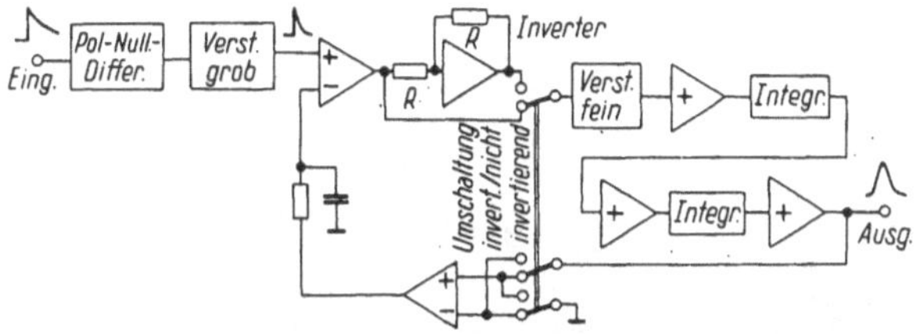

Abb. 48. Blockschaltbild eines spektroskopischen Impulsverstärkers

meist mit Ausnahme der Ausgangsstufe identischen Verstärkungseinheiten, die in sich gegengekoppelt sind und einen Verstärkungsfaktor von der Größenordnung 10 besitzen. Zur Formung werden praktisch nur noch Pol-Nullstellen-Differenzierglieder und Integrationsglieder, sowohl passiv als auch aktiv, benutzt. Das erste und oftmals einzige Differenzierglied wird in der Nähe des Verstärkereingangs angeordnet, um die Arbeitspunktverschiebungen durch die Überlagerung langsam abfallender Signale zu reduzieren. Die Anordnung der Integrationsglieder ist wenig kritisch.

Zur Stabilisierung des Ausgangspegels des gleichstromgekoppelten Verstärkers wird die bereits erwähnte niederfrequente Gegenkopplung über alle Stufen benutzt [55]. Unter der Voraussetzung eines hohen Verstärkungsfaktors des Operationsverstärkers im Gegenkopplungszweig genügen bereits kleine Pegelverschiebungen zur vollen Aussteuerung dieses Verstärkers. Deshalb ist die Spannung, die auf den Eingang zurückgeführt wird, zwar von der mittleren Impulsrate abhängig, nicht aber von der mittleren Impulsspannung des Ausgangs. Durch die Gegenkopplung werden auch niederfrequente Störungen am Verstärkerausgang unterdrückt. Wesentlich für eine gute Funktion der Stabilisierung ist, daß die Drift des Verstärkers im Gegenkopplungszweig sehr klein ist.

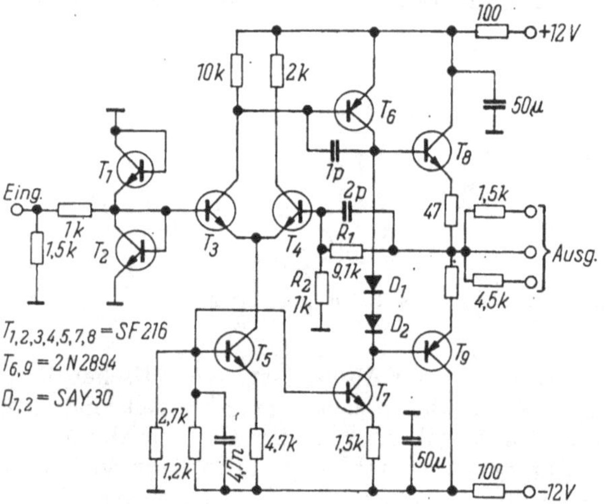

Abb. 49. Stufe des Verstärkers У204 des VIK Dubna [56]

Einen Eindruck von der Schaltungstechnik vermittelt die in Abb. 49 dargestellte Stufe eines vierstufigen spektroskopischen Verstärkers [56]. Die als Dioden geschalteten Transistoren T_1 und T_2 dienen als Begrenzer. T_3 und T_4 bilden einen Differenzverstärker mit T_5 als Konstantstromquelle. T_6 arbeitet als Verstärker in Emitterschaltung mit eingeprägtem Kollektorstrom über die Konstantstromquelle T_7. Folglich ist die Spannungsverstärkung dieser Stufe hoch. Die Ausgangsstufe besteht aus den zusammengeschalteten Emitterfolgern T_8 und T_9. Die Gegenkopplung erfolgt über die Widerstände

R_1 und R_2. Wegen $k = R_2/(R_1 + R_2)$ hat die Stufe die Spannungsverstärkung 10. Der Verstärkungsfaktor des gesamten Verstärkers, dessen Aufbau der Abb. 48 ähnelt, ist von 2,5 bis 3000 einstellbar. Die Formungszeitkonstanten können zwischen 0,25 und 10 μs gewählt werden. Für 1000fache Übersteuerung wird eine Verlängerung des Impulsfußes um den Faktor 2 angegeben. Die maximale Ausgangsspannung beträgt ±12 V.

2.4.4. Schnelle Verstärker

In der kernphysikalischen Elektronik versteht man unter einem „schnellen" Verstärker einen Breitbandverstärker, dessen Ausgangsimpulse Anstiegszeiten von weniger als 10 ns aufweisen. Solche Verstärker dienen vor allem dazu, die Genauigkeit bei Zeitmessungen im ns-Gebiet zu verbessern. Durch Einfügen eines schnellen Verstärkers zwischen Detektorausgang und Zeitanalysator läßt sich die Zeitmessung auf den allerersten Teil des Detektorimpulses beziehen, der am wenigsten von Höhen- und Anstiegszeitschwankungen der Detektorsignale beeinflußt wird. Das ist besonders bei Messungen mit Halbleiterdetektoren von Wichtigkeit. Mit schnellen Verstärkern kann man die Stromimpulse eines Strahlungsdetektors ohne vorherige Integration verstärken (Strom-Mode).

Breitbandverstärker mit großen Ausgangsspannungen sind für Impulsoszillographen von großer Bedeutung. Sie werden für Bandbreiten bis zu mehr als 100 MHz verwendet, entsprechend 3 bis 5 ns minimal darstellbarer Anstiegszeit. Mit modernen Sampling-Oszillographen, die auf Grund ihrer Funktion keine Breitbandverstärker benötigen, kann man eine Flankensteilheit von weniger als 1 ns bei einer Ablenkempfindlichkeit bis etwa 50 mV/cm abbilden.

Die Verfügbarkeit von Transistoren mit Transitfrequenzen bis zu mehr als 1 GHz hat den Entwurf schneller Verstärker gegenüber Schaltungen mit Elektronenröhren wesentlich vereinfacht. Das Stromverstärkung-Bandbreite-Produkt kann man nur dann voll ausnutzen, wenn die Spannungssignale im Verstärkertrakt klein bleiben, so daß die Signalströme zur nachfolgenden Stufe fließen und nicht zur Umladung unvermeidbarer parasitärer Kapazitäten aufgebraucht werden. Fehlanpassung wie der Anschluß einer Emitterschaltung mit relativ niederohmigem Eingangswiderstand an eine Basisstufe mit hohem Ausgangswiderstand liefert die kürzesten Anstiegszeiten. Zur Verringerung der parasitären Kapazitäten und Induktivitäten müssen die „heißen“ Leitungen möglichst kurz gehalten werden. Ist eine längere Verbindung auf der gedruckten Leiterkarte unumgänglich, wählt man die Leiterbreite so, daß sie zusammen mit der auf Massepotential liegenden Kaschierung auf der Rückseite der Leiterkarte eine Streifenleitung mit einem bestimmten (ohmschen!) Wellenwiderstand bildet. Insgesamt haben Leitungsführung und Anordnung der Schaltelemente wesentlichen Einfluß auf die Verstärkereigenschaften.

Die stabilisierende Gegenkopplung bezieht sich entweder auf den betreffenden Transistor selbst oder umfaßt in der Verstärkerschleife höchstens 2 Transistoren. Die Phasendrehung durch die zahlreichen Integrationsglieder muß im Interesse der Stabilität des Verstärkers sorgfältig berücksichtigt werden. Die Verstärkerschleife soll nur eine einzige dominierende Integrationszeitkonstante enthalten.

Eine Übersicht über schnelle Verstärker findet man in [9, 17, 18, 20, 57, 58]. Gute Ergebnisse ohne mehrstufige Gegenkopplung werden z. B. durch die Hintereinanderschaltung einer Basisstufe mit einer Emitterstufe oder eines Emitterfolgers mit einer Kaskodestufe erreicht. In diesen Fällen wird abwechselnd Strom und Spannung verstärkt. Dem gleichen Konzept der Fehlanpassung liegt ein Verstärker mit den Hochfrequenztransistoren SF 145 ($f_T = 780$ MHz) zugrunde, dessen Grundstufe aus zwei in sich gegengekoppelten Emitterschaltungen (Gegenkopplung über Emitterwiderstand und zum anderen über einen Widerstand zwischen Kollektor und Basis) besteht und 100 MHz Bandbreite besitzt [62].

Schnelle Verstärker werden häufig mit gegengekoppelten Verstärkerstufen aufgebaut, die zwei Transistoren als Verstärkungselemente enthalten. In Abb. 50 ist eine Stufe eines Verstärkers dargestellt, der mit 4 Stufen maximal 3000fache Stromverstärkung bei weniger als 5ns Anstiegszeit des Ausgangsimpulses erreicht [59].

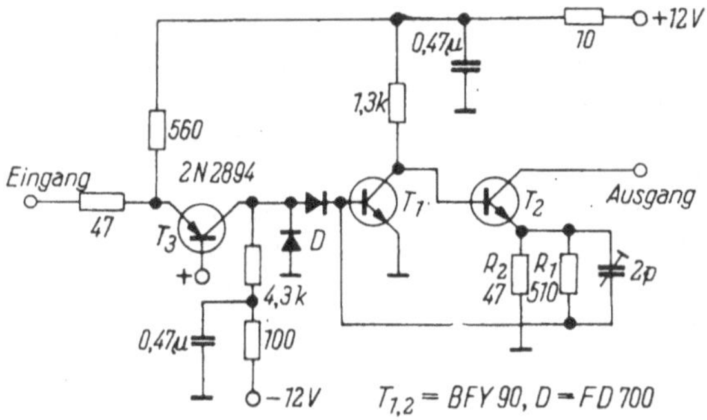

Abb. 50. Stufe des schnellen Linearverstärkers 5026 des ZfK Rossendorf [59]

Die Schleife aus den Transistoren T_1 und T_2 besitzt infolge der Stromgegenkopplung einen kleinen Eingangswiderstand und ist damit an die Basisstufe T_3 fehlangepaßt. T_3 dient vor allem zur Potentialverschiebung, um den Verstärker durchgehend gleichstrommäßig zu koppeln. T_1 als Emitterschaltung arbeitet auf den bei hohen Frequenzen relativ kleinen Eingangswiderstand von T_2; an dieser Stelle bleibt das Spannungssignal klein. Für die Stromgegenkopplung stellt T_2 einen Emitterfolger dar, während das Ausgangssignal am Kollektor von T_2 hochohmig abgegriffen wird und damit auch an die folgende Basisstufe entsprechend T_3 fehlangepaßt ist. Der Verstärkungsfaktor ergibt sich aus dem Verhältnis der

Widerstände R_1 und R_2, die den Stromgegenkopplungsfaktor festlegen. Der gesamte Verstärker enthält weiterhin eine Gleichstromgegenkopplung ähnlich Abb. 48 zur Stabilisierung des Arbeitspunkts. Die Verstärkungseinstellung erfolgt durch Zu- oder Abschalten einzelner Verstärkungsstufen. Zur Impulsformung dienen umschaltbare RCL-Integrierglieder für Zeitkonstanten bis 100 ns. Eine sehr ähnliche Verstärkerschaltung ist in [60] angegeben. In [58] wird eine Verstärkerschleife erwähnt, die in einer Schaltung nach Abb. 32 in Hybridtechnik aufgebaut ist. Dank kleinster Abmessungen des Verstärkers und zweier breitbandiger Transistoren wurde bei Eingangsimpulsen mit $t_{an} = 60$ ps eine Anstiegszeit am Ausgang von $t_{an} = 400$ ps erhalten. Der Verstärkungsfaktor ist 10; allerdings dürfte die maximale Ausgangsimpulshöhe nur bei 0,1 V liegen.

Für die Ansteuerung eines Zeitanalysators ist eine lineare Übertragungscharakteristik des schnellen Verstärkers nicht unbedingt erforderlich. Mit einigen in Reihe geschalteten ECL-Gattern läßt sich der erste Teil des Detektorsignals so weit verstärken, daß man am Ausgang des letzten Gatters gut begrenzte Signale mit der Eigenanstiegszeit der ECL-Gatter (<5 ns) erhält [60, 61]. Solche Schaltungen sind wesentlich bequemer und unkritischer zu handhaben als entsprechende Anordnungen mit Tunneldioden.

2.4.5. *Ladungsempfindliche Vorverstärker für Halbleiterdetektoren*

Vorverstärker werden unmittelbar an den Strahlungsdetektor angeschlossen. Sie haben die Aufgabe, die Signale der Detektoren möglichst ohne Verfälschung der interessierenden Parameter so zu verstärken, daß sie über längere Kabel zur übrigen Elektronik übertragen werden können. Die Integration der Stromimpulse des Detektors kann hierbei an der *RC*-Kombination am Detektorausgang (passive Integration) oder aktiv im Vorverstärker selbst erfolgen.

Prinzipiell lassen sich zwei unterschiedliche Vorverstärkertypen unterscheiden. Der sogenannte *spannungsempfindliche Vorverstärker* (Abb. 51a) entspricht in seinen Eigenschaften den zuvor besprochenen gegen-

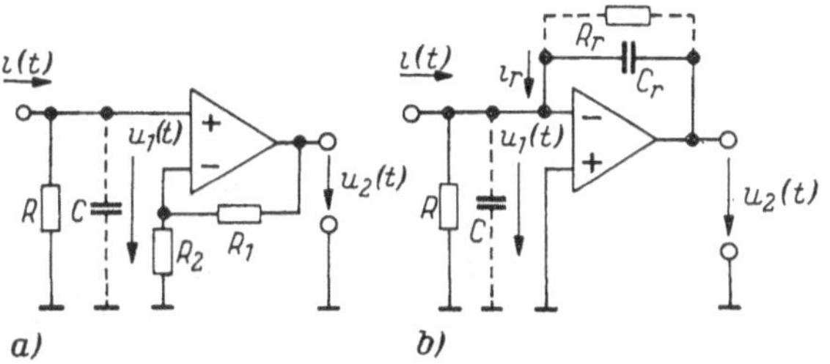

Abb. 51. Prinzip eines spannungsempfindlichen (a) und eines ladungsempfindlichen Verstärkers (b)

gekoppelten Verstärkern. Folglich ist bei großer Schleifenverstärkung die Ausgangsspannung

$$u_2(t) = \frac{R_1 + R_2}{R_2} \, u_1(t); \tag{2.56}$$

nach passiver Integration mit dem RC-Glied am Verstärkereingang wird

$$u_{2\max} \approx \frac{R_1 + R_2}{R_2} \cdot \frac{Q}{C}. \tag{2.57}$$

Der Einsatz eines solchen Verstärkers führt zu Schwierigkeiten, wenn die Detektorkapazität C nicht konstant ist. Das trifft für pn-Sperrschichtdetektoren zu, deren Schichtdicke und Kapazität nach Gl. (1.19) und (1.23) von der Betriebsspannung abhängen. Durch eine gut stabilisierte Betriebspannung können Fehler bei der Impulshöhenmessung beseitigt werden, doch ist die Eichung des

Spektrometers von der Betriebsspannung stark abhängig.

Der Einfluß veränderlicher Detektorkapazität auf die Impulshöhe kann durch einen sogenannten *ladungsempfindlichen Vorverstärker* weitgehend ausgeschaltet werden (Abb. 51b). Dieser Verstärker, der im wesentlichen einen Integrator darstellt, besteht aus einem Verstärker mit großer Spannungsverstärkung v_0 und mit der dominierenden Zeitkonstante τ_0:

$$v = v_0/(1 + p\tau_0). \tag{2.58}$$

Die Gegenkopplung erfolgt über einen kleinen Kondensator $C_r (\leqq 1\,\mathrm{pF})$, der über den Entladewiderstand R_r ($> 1\,\mathrm{M\Omega}$) wieder entladen wird. Die Detektorzeitkonstante RC wird als groß gegenüber der Stromimpulslänge angenommen. Dann folgt aus Abb. 51b sofort

$$\left.\begin{aligned} u_2(p) &= -v(p)\,u_1(p) = -\frac{v_0}{1 + p\tau_0}\,u_1(p); \\ u_1(p) &= (i + i_r)/pC; \\ i_r(p) &= (u_2 - u_1)\,pC_r. \end{aligned}\right\} \tag{2.59}$$

Daraus ergibt sich

$$u_2(p) = \frac{-i(p)}{p[C_r + (C + C_r)/v_0]\left[1 + p\,\dfrac{\tau_0(C + C_r)}{C + C_r(1 + v_0)}\right]}. \tag{2.60}$$

Aus dieser Gleichung lassen sich wesentliche Schlußfolgerungen ableiten:

1. Bei δ-förmigem Stromimpuls

$$Q = \int_{-\infty}^{+\infty} i(t)\,\mathrm{d}t \text{ bzw. } i(p) = Q \tag{2.61}$$

steigt die Ausgangsspannung mit der Zeitkonstante τ auf den Maximalwert

$$u_{2\max} = \frac{Q}{C_r + (C + C_r)/v_0} \approx \frac{Q}{C_r} \text{ für } C/v_0 \ll C_r \quad (2.62)$$

an, d. h., die Spannungshöhe wird wie gefordert im wesentlichen von der konstanten Rückkopplungskapazität C_r und nicht von der Detektorkapazität bestimmt.

2. Die Anstiegszeitkonstante τ der Ausgangsspannung ist von der Detektorkapazität abhängig:

$$\tau = \tau_0(C_r + C)/[C_r(1 + v_0) + C] \approx \tau_0 C/(C_r v_0)$$
$$= \tau_0/|\underline{k}\underline{v}| \ll \tau_0. \quad (2.63)$$

3. Für die Stabilität der Ausgangsspannung gegenüber Änderungen der Detektorkapazität findet man mit den Näherungen $C_r v_0 \gg C \gg C_r$.

$$\frac{\Delta u_2}{u_2} \approx -\frac{\Delta C}{C} \cdot \frac{1}{|\underline{k}\underline{v}|} \quad (2.64)$$

mit der Schleifenverstärkung

$$|\underline{k}\underline{v}| = (C_r/C)\, v_0. \quad (2.65)$$

Da meist $C_r \ll C$ ist, setzt gute Stabilisierung einen hohen Verstärkungsfaktor v_0 voraus.

Die theoretisch mögliche Energieauflösung von Halbleiterdetektoren, wie sie sich aus dem Mechanismus der Ladungsträgererzeugung ergibt (siehe Gl. (1.29)), läßt sich nur erreichen, wenn der Verstärkertrakt keine zusätzlichen statistischen Schwankungen einführt. Das heißt konkret, auf minimales Rauschen gezüchtete Vorverstärker zu benutzen und im spektroskopischen Verstärker eine Impulsformung auszuwählen, die ein optimales Signal/Rausch-Verhältnis liefert. Die erste ausführliche Untersuchung der Rauschquellen und der Impulsformung für Messungen mit Ionisationskammern und Proportionalzählern wurde von GILLESPIE durchgeführt [8], dessen Resultate zu einem großen Teil auf die hier interessierende Fragestellung übertragbar sind. Ausführlich wird das Rauschen bei der Messung mit Halbleiterdetektoren in [19, 20, 24, 25, 26, 63, 64, 65] diskutiert.

Das Rauschersatzschaltbild eines Halbleiterdetektors, der an einen ladungsempfindlichen Vorverstärker angeschlossen ist, zeigt Abb. 52a. Trotz einiger Verall-

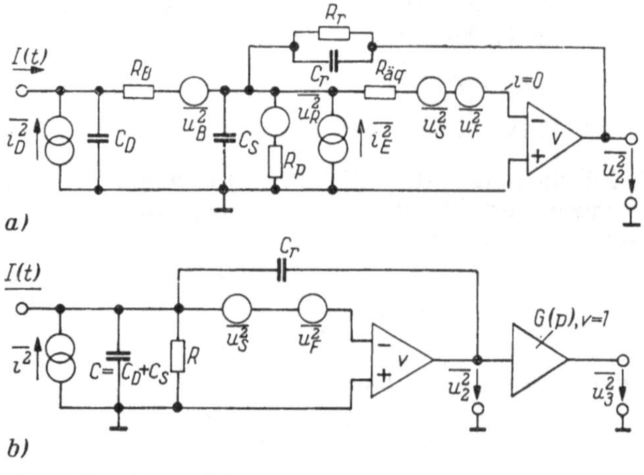

Abb. 52. Rauschersatzschaltbild eines ladungsempfindlichen Vorverstärkers mit angeschlossenem Halbleiterdetektor, in b vereinfacht

gemeinerungen in bezug auf die Eigenschaften der ersten Verstärkerstufe gibt es einen guten Überblick. Das Ersatzschaltbild enthält folgende Komponenten:

1. Detektor (vergleiche Abschnitt 1.4.2):
Schrotrauschen des Detektorsperrstroms I_s mit dem Quadrat des Effektivwerts:

$$\overline{i_D^2} = 2qI_s \cdot \Delta f; \tag{1.36}$$

Widerstandsrauschen des Halbleitermaterials außerhalb

der empfindlichen Schicht (Bahnwiderstand R_B):

$$\overline{u_B^2} = 4kTR_B \cdot \Delta f; \qquad (2.66)$$

nicht berücksichtigt sind Rauschbeiträge durch mögliche Oberflächenleckströme.

2. *Arbeitswiderstand*: Der Lastwiderstand R_L bildet zusammen mit dem Rückkopplungswiderstand R_r und eventuell noch weiteren parallel zum Verstärkereingang liegenden Widerständen R_V (Arbeitspunkteinstellung) einen resultierenden Widerstand $R_p = R_L \| R_r \| R_V \approx R_L \| R_V$, der zu einem thermischen Rauschen der Größe

$$\overline{u_R^2} = 4kTR_p \cdot \Delta f \qquad (2.67)$$

führt.

3. *Verstärkereingang*: Rauschen des Eingangsstroms I_E, z. B. des Gitterstroms einer Elektronenröhre oder des Torstroms eines Feldeffekttransistors:

$$\overline{i_E^2} = 2qI_E \cdot \Delta f; \qquad (2.68)$$

Schrotrauschen der Eingangsstufe, angegeben durch einen äquivalenten Rauschwiderstand in Reihe mit einer Rauschspannungsquelle:

$$\overline{u_S^2} = 4kTR_{\text{äq}} \cdot \Delta f = \overline{u_S'^2}\, \Delta f; \qquad (2.69)$$

Funkelrauschen von Verstärkerstufen [65], im folgenden durch

$$\overline{u_F^2} = (A/f)\, \Delta f = \overline{u_F'^2} \cdot \Delta f \; (A = \text{Konstante}) \qquad (2.70)$$

angenähert.

Das Schaltbild Abb. 52a läßt sich etwas vereinfachen (Abb. 52b). Bei guten Detektoren spielt $\overline{u_B^2}$ wegen der Kleinheit von R_B (kleine Schichtdicke und/oder kleiner spezifischer Widerstand) keine Rolle und wird vernachlässigt. Die Rauschspannungsquelle $\overline{u_R^2}$ wird über

$$\overline{i_R^2} = \overline{u_R^2}/R_p^2 = (4kT/R_p)\, \Delta f \qquad (2.71)$$

in eine Rauschstromquelle umgewandelt. Nach Addition der Rauschströme ist dann

$$\overline{i^2} = \overline{i_R^2} + \overline{i_D^2} + \overline{i_E^2} = \left(\frac{4kT}{R_p} + 2qI_D + 2qI_E\right)\Delta f = \overline{i'^2}\Delta f; \tag{2.72}$$

das Spektrum $\overline{i'^2} = \overline{i^2}/\Delta f$ ist frequenzunabhängig.

Der dem Vorverstärker folgende spektroskopische Hauptverstärker wird im einfachsten Fall durch je eine dominierende RC-Integrations- und RC-Differentiationszeitkonstante τ_{int} bzw. τ_{diff} beschrieben, die wesentlichen Einfluß auf das Rauschen haben. Vereinfacht betrachtet, arbeitet die Rauschstromquelle $\overline{i^2}$ auf einen Widerstand $\underline{R}$, der sich aus dem Detektorwiderstand R_D, aus R_p sowie aus dem Verstärkereingangswiderstand R_E und der Kapazität C ergibt. Dann ist die Ausgangsrauschspannung

$$\begin{aligned}\overline{u_2^2} &= \overline{i^2}v^2 \cdot \frac{R^2}{1 + (\omega RC)^2} \\ &= \left(\frac{4kT}{R} + 2qI_D + 2qI_E\right)\frac{R^2v^2}{1 + (\omega RC)^2}\,\Delta f. \end{aligned} \tag{2.73}$$

$$(R = R_D \| R_p \| R_E).$$

Die spektrale Dichte des mittleren Quadrats der Rauschspannung $\overline{u_2^2}/\Delta f$ nimmt also mit steigender Frequenz ω ab. Durch die untere Grenzfrequenz $f_{\text{unt}} = \omega_{\text{unt}}/(2\pi) = 1/(2\pi\tau_{\text{diff}})$ des spektroskopischen Verstärkers werden die niederfrequenten Rauschanteile unterdrückt. Der durchgelassene Rauschanteil ist

$$\left.\begin{aligned}\overline{u_3^2} &= \int_{f_{\text{unt}}}^{\infty}\left(\frac{\overline{u_2^2}}{\Delta f}\right)\mathrm{d}f = \frac{1}{2\pi}\int_{\omega_{\text{unt}}}^{\infty}\frac{\overline{i'^2}v^2R^2}{1 + (\omega RC)^2}\,\mathrm{d}\omega \\ &= \frac{\overline{i'^2}v^2R}{2\pi C}\left[\frac{\pi}{2} - \arctan\,(\omega_{\text{unt}}RC)\right];\end{aligned}\right\} \tag{2.74}$$

nach Reihenentwicklung mit der üblicherweise erfüllten Bedingung $\omega_{\text{unt}}RC \gg 1$ (Integration der Ladung am Detektorausgang) wird

$$\overline{u_3^2} \approx \frac{\overline{i'^2} v^2}{2\pi\omega_{\text{unt}}C^2} = \frac{\overline{i'^2} v^2}{2\pi C^2}\, \tau_{\text{diff}}. \qquad (2.75)$$

Der Rauschbeitrag $\overline{u_S^2}$ hat zwar ebenfalls wie $\overline{i^2}$ eine frequenzunabhängige spektrale Dichte $\overline{u_S'^2}$, doch fehlt hier der Einfluß der Kapazität C. Deshalb ist das übertragene Rauschen direkt der Verstärkerbandbreite proportional, woraus die Forderung nach einer möglichst niedrigen oberen Grenzfrequenz $f_{\text{ob}} = 1/(2\pi\tau_{\text{int}})$ resultiert. Gillespie hat die Abhängigkeit des Rauschens von beiden Zeitkonstanten detailliert untersucht [8] und findet als optimalen Übertragungsfall

$$\tau_{\text{int}} \approx \tau_{\text{diff}} = \tau_V, \qquad (2.76)$$

also einen Verstärker mit gleicher oberer und unterer Grenzfrequenz. Die Übertragungsfunktion eines solchen Verstärkers ist nach Gl. (2.17)

$$G(p) = p\tau_V/(1 + p\tau_V)^2 \qquad (2.77)$$

bzw. in komplexer Schreibweise

$$G(j\omega) = j\omega\tau_V/(1 + j\omega\tau_V)^2 = \frac{\omega\tau_V}{1 + (\omega\tau_V)^2}\, e^{j\varphi}. \qquad (2.78)$$

Aus Abb. 52b läßt sich dann mit den 3 nichtkorrelierten Rauschquellen $\overline{i^2}$, $\overline{u_S^2}$ und $\overline{u_F^2}$ die Rauschspannung am Verstärkerausgang berechnen. Bezieht man die Rauschamplituden auf einen schmalen Frequenzbereich Δf, so wird mit

$$i' = i/\sqrt{\Delta f};\; u_S' = u_S/\sqrt{\Delta f},\; u_F' = u_F/\sqrt{\Delta f}; \qquad (2.79)$$

$$u_1' = \frac{i'}{j\omega C} + \frac{u_2' - u_1'}{j\omega C}\, j\omega C_r; \qquad (2.80)$$

$$-u_2'/v = u_1' + u_S' + u_F'; \qquad (2.81)$$

$$u_3' = G(j\omega) \cdot u_2'. \qquad (2.82)$$

Durch Einsetzen findet man sofort

$$-u_3' = \left[\frac{i'}{j\omega[C_r + (C + C_r)/v]} + \frac{(u_S' + u_F')\,(C + C_r)}{C_r + (C + C_r)/v}\right] \frac{j\omega\tau_V}{(1 + j\omega\tau_V)^2}. \quad (2.83)$$

Die spektrale Dichte der mittleren quadratischen Rauschspannung $\overline{u_3'^2}$ wird wegen fehlender Korrelationen über $\overline{u_3'^2} = \overline{u_3' \cdot (u_3')^*}$:

$$\overline{u_3'^2} = \frac{\overline{u_3^2}}{\Delta f} = \left\{\frac{\overline{i'^2}}{\omega^2[C_r + (C + C_r)/v]^2} + \frac{(\overline{u_S'^2} + \overline{u_F'^2})\,(C + C_r)^2}{[C_r + (C + C_r)/v]^2}\right\} \frac{(\omega\tau_V)^2}{[1 + (\omega\tau_V)^2]^2}. \quad (2.84)$$

Der Effektivwert der Rauschspannung am Ende des Verstärkertrakts wird nach Integration mit [8]

$$\overline{u_3^2} = \int_0^\infty \left(\frac{\overline{u_3^2}}{\Delta f}\right) \mathrm{d}f = \frac{1}{[C_r + (C + C_r)/v]^2} \left\{\overline{i'^2} \cdot \frac{\tau_V}{8} + \frac{\overline{u_S'^2}(C + C_r)^2}{8\tau_V} + \frac{A(C + C_r)^2}{2}\right\}. \quad (2.85)$$

Es ist zweckmäßiger, diesen Effektivwert in Form der äquivalenten Rauschladung Q_R anzugeben. Hierbei ist $Q_R = \int_{-\infty}^{+\infty} I(t)\,\delta(t)\mathrm{d}t$ als die Ladungsmenge definiert, die am Verstärkerausgang einen Impuls der Höhe $u_{3\max} = \sqrt{\overline{u_3^2}}$ erzeugt. Mit Gl. (2.62) und (2.77) wird zunächst

$$\mathrm{u}_3(p) = u_2(p)\,\frac{p\tau_V}{(1 + p\tau_V)^2} = \frac{Q_R}{[C_r + (C + C_r)/v]\,\tau_V} \cdot \frac{1}{(p + 1/\tau_V)^2} \quad (2.86)$$

und

$$u_3(t) = \frac{Q_R}{[C_r + (C + C_r)/v]} \cdot \frac{t}{\tau_v} e^{-t/\tau_v}, \tag{2.87}$$

$$u_{3\max} = \frac{Q_R}{[C_r + (C + C_r)/v]\,e}. \tag{2.88}$$

Aus dem Vergleich von Gl. (2.85) und (2.88) folgt mit $e^2 \approx 8$ unmittelbar

$$Q_R = \left\{\overline{i'^2}\tau_V + \overline{u_S'^2}(C + C_r)^2/\tau_V + 4A(C + C_r)^2\right\}^{1/2}. \tag{2.89}$$

Die Rauschladung entspricht einem äquivalenten Energieverlust im Detektor von

$$E_{\text{äq},R} = Q_R W/q = q_R W \tag{2.90}$$

mit q_R als Zahl der Elementarladungen des äquivalenten Rauschimpulses und W als Energiebedarf für die Erzeugung eines Ladungsträgerpaares (s. Tabelle 2). Mit Gl. (1.25) und (1.28) wird die Halbbreite gaußförmiger Linien

$$\Delta E = 2{,}35\sqrt{fEW + (WQ_R/q)^2}, \tag{2.91}$$

wobei der erste Summand die statistische Schwankung der Ladungsträgerzahl bei der absorbierten Energie E darstellt.

Ungeachtet der Tatsache, daß Gl. (2.89) die Rauscheigenschaften von Feldeffekttransistoren (FET) nur sehr grob beschreibt [64, 66], kann man eine Reihe sehr wichtiger Aussagen für den Entwurf rauscharmer ladungsgegengekoppelter Vorverstärker entnehmen.

1. Die Rückkopplungskapazität C_r trägt zum Rauschen bei und soll daher möglichst klein bleiben ($\leqq$ 1pF). In das Rauschen geht nur die „kalte" Kapazität $(C + C_r)$ und nicht die viel größere dynamische Kapazität vC_r ein.

2. Kleines Rauschen setzt kleinste Ströme I_D und I_E voraus. I_D beträgt bei hochwertigen, gekühlten Ge(Li)-

und Si(Li)-Detektoren 10^{-9} bis 10^{-12} A bzw. 10^{-12} bis $< 10^{-14}$ A. I_E liegt bei einem Junktion-FET für Raumtemperatur bei $10^{-11} \cdots 10^{-12}$ A und gekühlt bei 10^{-12} bis $< 10^{-14}$ A. Bipolare Transistoren sind wegen $I_E \gtrapprox 10^{-5}$ A als Eingangsstufen ungeeignet. Das thermische Rauschen des Arbeitswiderstandes $4kT/R$ kann gegenüber den Rauschbeiträgen von I_E und I_D vernachlässigt werden, wenn man

$$R \gg \frac{2kT}{q(I_D + I_E)} \tag{2.92}$$

wählt, doch ergibt sich mit den angegebenen Strömen $R \gg 1\ \mathrm{G\Omega}$, woraus eine Reihe weiterer Schwierigkeiten entsteht (siehe unten).

3. Das Minimum der quadratischen Rauschspannung ist gegeben, wenn die beiden ersten Summanden in Gl. (2.89) übereinstimmen. Daraus folgt die optimale Zeitkonstante zu

$$\begin{aligned} \tau_{\mathrm{opt}} &= \sqrt{\overline{u_S'^2}(C + C_r)^2/\overline{i'^2}} \\ &= (C + C_r)\sqrt{4kTR_{\mathrm{äq}}/\{4kT/R + 2q(I_E + I_D)\}}. \end{aligned} \tag{2.93}$$

Der äquivalente Rauschwiderstand $R_{\mathrm{äq}}$ ist bei Elektronenröhren näherungsweise $R_{\mathrm{äq}} = 2{,}5/S$ und bei FET $R_{\mathrm{äq}} = 0{,}7/S$. Die Steilheit S liegt bei Elektronenröhren zwischen 5 und 15 mA/V, bei FET etwas tiefer. Bemerkenswert ist, daß S von FET bei 100 K etwa doppelt so hoch wie bei Raumtemperatur ist. Das Funkelrauschen wird bei Elektronenröhren durch $A \approx 10^{-13}\ \mathrm{V^2}$ beschrieben. Bei FET ist A sehr stark von der Transistortype abhängig, in [64] wird $A \approx 10^{-14}\ \mathrm{V^2}$ angegeben. Wie allgemein bei den Rauschquellen eines FET, nimmt auch A mit fallender Temperatur ab. Setzt man die erwähnten Zahlenwerte in Gl. (2.93) ein, wird $\tau_{\mathrm{opt}} = 0{,}1 \cdots 100\ \mu\mathrm{s}$. Die Verkleinerung der Ströme I_D und I_E verschiebt τ_{opt} zu größeren Zeiten, doch wählt man τ_{opt} wegen der Forderung nach kurzen Impulsen (vergleiche Abschnitt 2.3) meist zwischen 1 und 2 µs. Bei Röntgenspektrometern für höchste Auflösung wird $\tau_{max} \approx 10\,\mu s$ verwendet. Oftmals wird die mit einem bestimmten Formungsnetzwerk erreichbare äquivalente Rauschladung mit dem theoretischen Minimum verglichen. Diese Angaben beziehen

Tabelle 6. Relative äquivalente Rauschladung für verschiedene Formungsnetzwerke

Impulsform	Netzwerk	$Q_{R,\text{real}}$
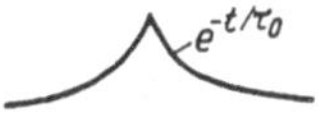 e^{-t/τ_0}		1,00
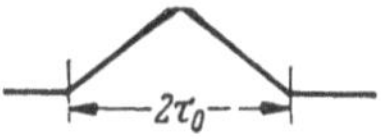 $2\tau_0$		1,08
 $\left(\frac{t}{\tau_0}\right)^n e^{-t/\tau_0}; (t>0)$	1 *RC*-Differenzierglied *n* *RC*-Integratoren $n = 1$ $n = 2$ $n = 5$ $n \to \infty$ (gaußförmig)	 1,36 1,22 1,16 1,12
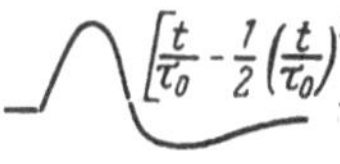 $\left[\frac{t}{\tau_0} - \frac{1}{2}\left(\frac{t}{\tau_0}\right)^2\right] e^{-t/\tau_0}; (t>0)$	2 *RC*-Differenzierglieder 1 *RC*-Integrator	1,88
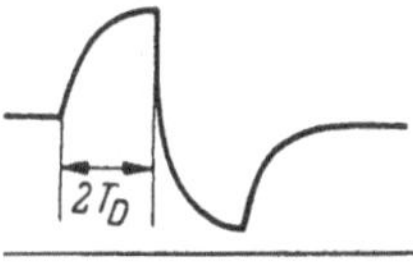 $2T_D$	2-fache Differentiation mit Kabel 1 *RC*-Integrator (τ_0) $2\,T_D = \tau_0$ $2\,T_D = 5\tau_0$	 1,38 2,15 (!)

sich auf die optimale Zeitkonstante, die nach Gl. (2.93) aus dem Verhältnis der Serien- und Parallelrauschquellen folgt. Tabelle 6 gibt einige Beispiele an, umfangreiche Literaturhinweise findet man in [20, 63]. Die Formung mit je einer *RC*-Differentiations- und Integrationszeitkonstante liefert demnach eine um 36% gegenüber dem theoretischen Minimum vergrößerte äquivalente Rauschladung. Günstig ist es, viele Integrationsglieder zu benutzen. Spektroskopische Verstärker werden daher oft mit mehreren Integrationsgliedern ausgerüstet oder enthalten ein Formungsnetzwerk für gaußförmige Impulse.

4. Näherungsweise kann man Gl. (2.89) und (2.90) in der Form

$$E_{\text{äq},R} = E_{\text{äq},R}(0) + a \cdot C_D \tag{2.94}$$

Kopplungsart		Auflösung
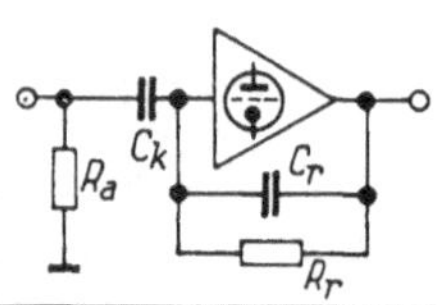	1960 – 1965 Det ungekühlt ($i_D \approx 1\,\mu A$), Det CO_2 - gekühlt ($i_D \approx 1\,nA$)	8 keV 2...3 keV
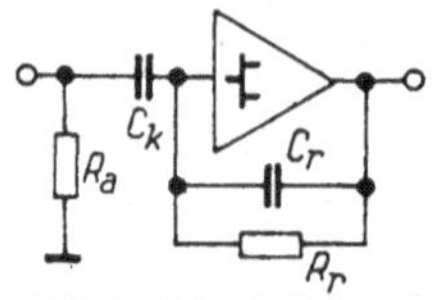	1966: Det CO_2-gekühlt, 1968 ohne R_a, C_k; Det u. FET N_2-gekühlt	0,7...1 keV 350 eV
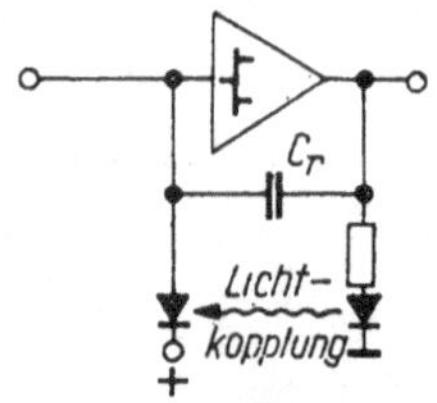	1970 Det. und FET N_2-gekühlt; $i_D \lesseqgtr 10^{-14}A$; opto-elektronische Rückkopplung	200 eV
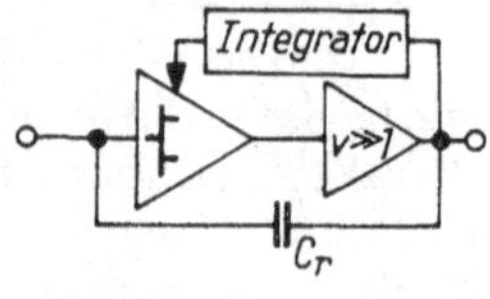	1972: Det und FET N_2-gekühlt; $i_D \lesseqgtr 10^{-14}A$; Drain-Rückkopplung	100 eV

Abb 53. Entwicklung der ladungsempfindlichen Vorverstärker (für pin-Detektoren)

darstellen. Hierbei ist $E_{\text{äq},R}(0)$ die Rauschspannung ohne angeschlossenen Detektor ($C_D = 0$); a gibt an, wie sich $E_{\text{äq},R}$ durch C_D erhöht („Slope"). Bei modernen FET-Vorverstärkern ist $E_{\text{äq},R}(0)$ etwa 100 bis 400 eV und a rund 10 bis 40 eV/pF.

Durch kontinuierliche Verbesserung der Halbleitertechnologie wurden die Sperrströme und infolge größerer Schichtdicken nach Einführung des Lithium-Driftprozesses auch die Detektorkapazitäten gesenkt. Das zwang zur Reduktion des Rauschens des Vorverstärkers und führte zu entsprechenden Änderungen der Schaltungskonzeption. Abb. 53 zeigt schematisch einen Überblick über die wichtigsten Etappen [74]. Seit 1964 werden Sperrschicht-Feldeffekttransistoren eingesetzt. Die besten Rauscheigenschaften werden mit n-Kanal-Si-FET bei Temperaturen um 100 bis 130 K und mit p-Kanal-Ge-FET bei 10 bis 20 K erhalten. Durch Einführung der Gleichstromkopplung zum Vorverstärker entfielen der Koppelkondensator und der Arbeitswiderstand R_a; außerdem wurde die parasitäre Kapazität verringert. Besitzt der Detektor eine relativ geringe Energieauflösung, braucht der FET des Vorverstärkereingangs nicht gekühlt zu werden. Man kann den Vorverstärker über einen Koppelkondensator anschließen, erhält einen einfacheren mechanischen Aufbau, läuft aber Gefahr, daß bei starken Schwankungen der Strahlungsintensität (Messungen an Teilchenbeschleunigern) dieser Kondensator aufgeladen wird und den Verstärker für Bruchteile von Sekunden blockiert. Bei einem gleichstrommäßig angekoppelten Vorverstärker ohne R_a leitet der Rückkopplungswiderstand R_r den Signalstrom ab. Bei einer Zeitkonstante $R_rC_r \approx 10^{-3}$ s übersteigt R_r den Wert von 1 GΩ. Solche hochohmigen Widerstände bringen jedoch wegen frequenz- und spannungsabhängiger Effekte des Widerstandsmaterials zusätzliche Störungen. Deshalb lag es nahe, R_r völlig zu eliminieren. Der Signalstrom würde dann allerdings die Torelektrode aufladen und den Arbeitspunkt völlig verschieben, falls nicht Signalstrom und Torstrom des FET übereinstimmen. Diese Anpassung beider Ströme wäre praktisch kaum durchführbar. Als Ausweg wurden mehrere Möglichkeiten erprobt:

- Optoelektronische Rückkopplung [67]. Eine GaP-Diode beleuchtet die lichtempfindliche Torelektrode des Eingangs-FET und verändert dessen Leckstrom so, daß im Zeitmittel der Arbeitspunkt erhalten bleibt. Nachteilig ist vor allem der schwierige mechanische Aufbau und das vom Entladestrom zusätzlich hervorgerufene Rauschen.
- Gepulste Rückstellung [68, 69]. Die vom Detektor gelieferte Ladung wird während eines kurzen Impulses abgeleitet, wenn sich die Torspannung um einen bestimmten Wert verschoben hat. Die Häufigkeit dieser Rückstellung ist daher vom mittleren Signalstrom abhängig. In den Pausen zwischen den Rückstellimpulsen wird kein zusätzliches Rauschen eingeführt. Die Ladungsrückstellung nach jedem Detektorsignal durch Beleuchtung des FET-Tors in einer Zeit, die praktisch gleich der Impulsdauer ist, ergibt bipolare Impulse und läßt Zählraten von mehr als $10^5\ s^{-1}$ zu [70].
- Rückkopplung über die Senke (Drain feedback, [71]). Bei Vergrößerung des Signalstroms wird die Spannung der Senke erhöht, so daß infolge Stoßionisation in Gebieten hoher Feldstärke der Torstrom ansteigt und die Aufladung durch den Signalstrom kompensiert. Das Rauschen des Torstroms, der gleich der Summe aus Detektorstrom und Signalstrom ist, steigt mit zuhnehmender Impulsrate an. Bei dieser Methode sind im Eingangskreis keinerlei zusätzliche Schaltelemente mit parasitärer Kapazität erforderlich.

In Abb. 54 ist als Beispiel die Schaltung eines ladungsempfindlichen Vorverstärkers mit einer Drain-Rückkopplung wiedergegeben [72]. Die Spannung der Senke wird über einen Operationsverstärker μA 709 und ein

Integrierglied nachgeführt. Mit einem Si(Li)-Detektor von 3,7 mm Durchmesser und 3 mm Dicke wurde bei $E_\gamma = 13$ keV eine Halbbreite von 370 eV gemessen.

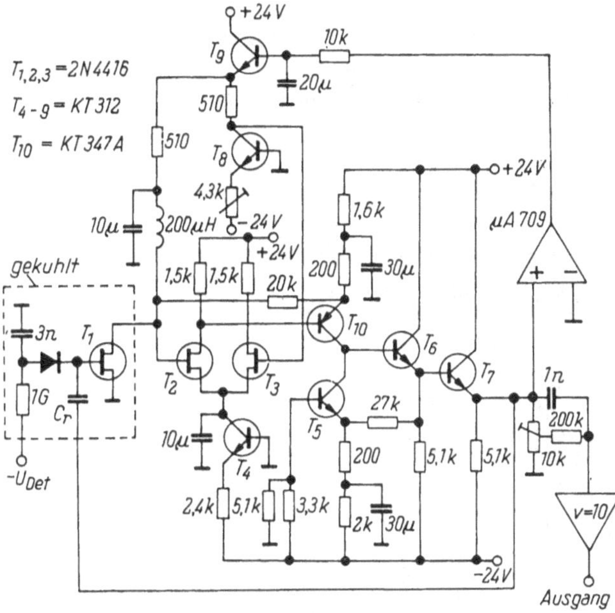

Abb. 54. Ladungsempfindlicher Vorverstärker mit Drain-Rückkopplung

3. Nichtlineare Impulsformung

3.1. Aufgaben

Strahlungsdetektoren geben Impulse ab, die wegen der statistischen Vorgänge bei der Umwandlung der Partikelenergie in ein elektrisches Signal keine einheitliche Größe und wie bei Halbleiterdetektoren auch keine einheitliche Form aufweisen. Unter nichtlinearer Impulsformung werden im folgenden Schaltungen und Methoden betrachtet, bei denen Impulse nach mindestens einem ihrer Bestimmungsstücke, z. B. Höhe oder Länge, standardisiert werden, um die weitere Verarbeitung zu erleichtern. Hierzu werden nichtlineare Schaltelemente verwendet: Dioden und Transistoren im Schalterbetrieb.

Es lassen sich im wesentlichen folgende Formungsarten und Anwendungsfälle unterscheiden (Abb. 55).

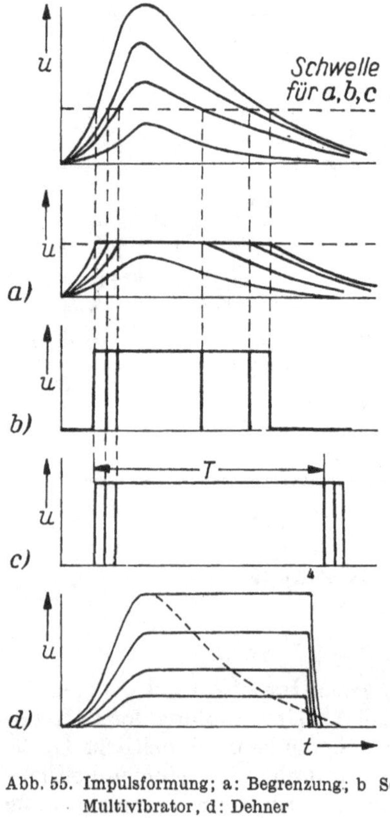

Abb. 55. Impulsformung; a: Begrenzung; b Schmitt-Trigger, c. monostabiler Multivibrator, d: Dehner

1. Begrenzung auf einheitliche (maximale) Impulshöhe, Abb. 55 a:

- Schutz vor unzulässig großen Impulsen, z. B. am Eingang von Verstärkern;
- Verhinderung von Übersteuerungen einzelner Stufen;
- Reduktion des Impulshöheneinflusses, beispielsweise bei Zeitmessungen im Nanosekundenbereich.

2. Erzeugung von Rechteckimpulsen einheitlicher Anstiegszeit und Höhe durch Triggerschaltungen, Abb. 55 b, c:

- Ansteuerung von Digitalschaltungen wie Zähler, Register und Steuerschaltungen verschiedenster Art;
- Impulshöhenbestimmung durch Überschreiten bzw. Nichtüberschreiten der Ansprechschwelle;
- Regenerierung verschliffener Impulse beispielsweise nach Übertragung durch längere Kabel.

3. Dehnung auf Rechteckimpulse gleicher Länge unter Beibehalt der ursprünglichen Impulshöhe, Abb. 55 d:

- zeitweilige Speicherung des Analogwertes Impulshöhe;
- Messung der Impulshöhe.

Schaltungen der kernphysikalischen Elektronik bestehen zu einem großen Teil aus Formungsstufen und zwar vorwiegend aus den ersten beiden der aufgeführten Gruppen. Zum Verständnis der Funktion eines elektronischen Geräts sind daher einige Kenntnisse über die Wirkungsweise der Formungsstufen erforderlich. In Monographien und Lehrbüchern der kernphysikalischen Elektronik werden Aufbau und Dimensionierung ausführlich behandelt und weitere Literaturhinweise angegeben, z. B. [9, 14, 17, 19, 20, 73].

In den letzten Jahren hat sich vor allem für den Aufbau von Triggerstufen (Multivibratoren) die Verwendung integrierter Digitalschaltkreise durchgesetzt. Der Schaltungsentwickler kann hierbei auf Bausteine zurückgreifen, die bei Beachtung einiger Vorschriften ohne Schwierigkeiten zu größeren Einheiten zusammengeschaltet werden können. Sie ersparen die zeitaufwendige Berechnung und Optimierung, wie sie in der Vergangenheit beispielsweise für den Aufbau eines bistabilen Multivibrators aus einzelnen Transistoren erforderlich war.

3.2. Begrenzer

Mit Dioden, die in Durchlaßrichtung einen kleinen und in Sperrichtung einen sehr großen Widerstand besitzen, lassen sich in einfacher Weise Begrenzerschaltungen realisieren.

Diodenbegrenzer für Spannungsimpulse

Das Schaltungsprinzip ist in Abb. 56 dargestellt. Bei der Parallelschaltung (Abb. 56a) bleibt bei positiver Signalspannung $u(t)$ die Diode so lange gesperrt, bis Vorspannung U_V und Kniespannung der Diode U_D (bei Si-Dioden $\approx 0{,}7$ V, bei Ge-Dioden $\approx 0{,}4$ V) erreicht wird. Bei $u(t) > (U_V + U_D)$ wächst wegen der Spannungsteilung über dem Vorwiderstand R und dem Innenwiderstand R_D

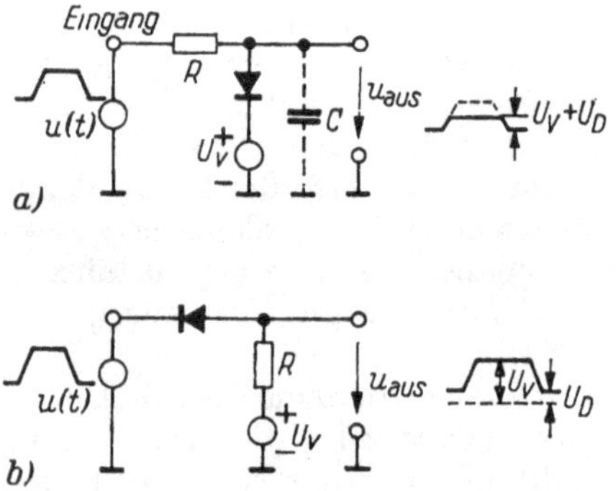

Abb. 56. Diodenbegrenzer; a Parallelschaltung; b Reihenschaltung

der Diode die Ausgangsspannung nur noch wenig an, sofern $R_D \ll R$ ist. Bei der Reihenschaltung (Abb. 56b) ist die Diode leitend. Der Ausgang liegt bei $u(t) = 0$ auf U_D. Erreicht $u(t)$ den Wert $(U_V - U_D)$, wird die Diode gesperrt und die Ausgangsspannung begrenzt. Der Widerstand R liegt gewöhnlich bei 1 bis 10 kΩ, R_D ist etwa eine Größenordnung kleiner.

Die beschriebenen Schaltungen arbeiten wegen der Nichtlinearität der Dioden vor allem im Gebiet kleiner Diodenspannungen nicht sehr gut; in der Nähe des Stromeinsatzpunktes ist außerdem R_D relativ hoch. In der Parallelschaltung kann die Anstiegszeit der übertragenen Impulse spürbar verschlechtert werden, da R zusammen mit der parasitären Kapazität C ein RC-Integrierglied bildet. Trägheitseffekte beim Ausschalten der Diode und die Sperrschichtkapazität der gesperrten Diode beeinträchtigen bei Impulsen mit $\ll 1$ µs Dauer die Begrenzerwirkung der Schaltung nach Abb. 56b sehr stark.

Ungeachtet der nicht exakten Begrenzungsfunktion hat die Parallelschaltung große praktische Bedeutung als Spannungsbegrenzer in Eingangsstufen. Die Anordnung Abb. 57a begrenzt positive Impulse je nach Diodentyp auf etwa 1 bis 1,5 V und negative auf $-0{,}5 \cdots -0{,}7$ V. Mit der zweiseitigen Diodenbegrenzung nach Abb. 57b kann der Eingang von TTL-Schaltkreisen vor Überspannungen geschützt werden. Das Überschreiten der Betriebsspannung von +5 V am Gattereingang läßt sich

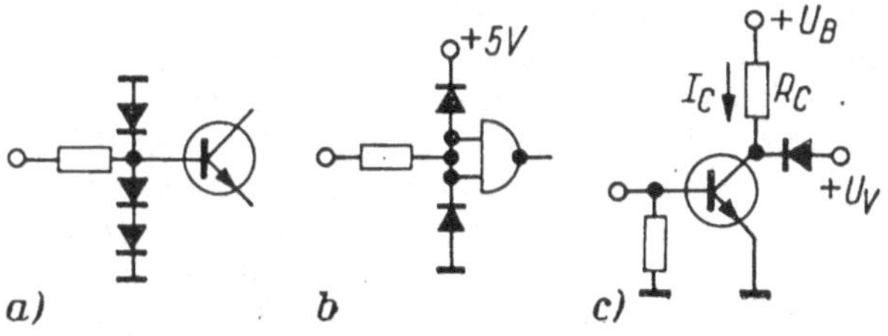

Abb. 57. Spannungsbegrenzung mit Dioden

ausschließen, wenn man die obere Diode an eine Spannung von $\approx + 4$ V legt. Statt der beiden Dioden ist auch die Verwendung von Zener-Dioden mit einer Durchbruchsspannung von 4 bis 5 V möglich.

Durch den Anschluß von Dioden ähnlich Abb. 57a und b an einem oder an beiden Eingängen eines integrierten Operationsverstärkers bzw. eines Komparators kann man sicherstellen, daß die maximal zulässige Spannungsdifferenz zwischen beiden Eingängen nicht überschritten wird.

Durch eine Diode im Kollektorkreis einer Emitterschaltung läßt sich die Sättigung des Transistors bei Aussteuerung mit großen positiven Impulsen vermeiden (Abb. 57c). Die Diode wird bei $I_C > (U_B - U_V)/R_C$ leitend und hält damit die Kollektorspannung ungefähr auf $(U_V - U_D)$ fest.

Man kann auch eine Emitterschaltung als Begrenzer verwenden, indem der npn-Transitor durch positive Impulse in die Sättigung getrieben oder durch negative Signale gesperrt wird. Hierbei wird jedoch die Polarität der Signale vertauscht (Inverter). Mitunter ist es auch nützlich, die Begrenzung nach Abb. 57a mit Transistoren durchzuführen, die als Diode geschaltet sind (Basis und Kollektor verbunden) und eine steilere Kennlinie ergeben, siehe Abb. 49.

Diodenbegrenzer für Stromimpulse

Bei hohem Generatorinnenwiderstand ist der Strom durch den Verbraucher nur wenig vom Spannungsabfall über dem Verbraucher abhängig. Davon macht die Schaltung Abb. 58 Gebrauch. Im Ruhezustand fließt durch die Diode D_1 der Strom I_V, D_2 ist stromlos. Der Eingangsstrom i_{ein} kann nur über die Stromquelle I_V abgeleitet werden — der Ausgangsstrom beträgt $(I_V - i_{ein})$. Übersteigt i_{ein} den Wert I_V, fließt über D_1 kein Strom mehr; die Differenz $(i_{ein} - I_V)$ übernimmt D_2. Infolge der Stromsteuerung von D_1 ist der Einsatz der Begrenzung recht scharf.

Begrenzerschaltungen haben große praktische Bedeutung bei der *Formung von Szintillationszählerimpulsen* für Zeitmessungen [9, 14, 17, 18, 19, 20, 22]. Solche Begrenzer müssen im Interesse hoher Zeitgenauigkeit bereits

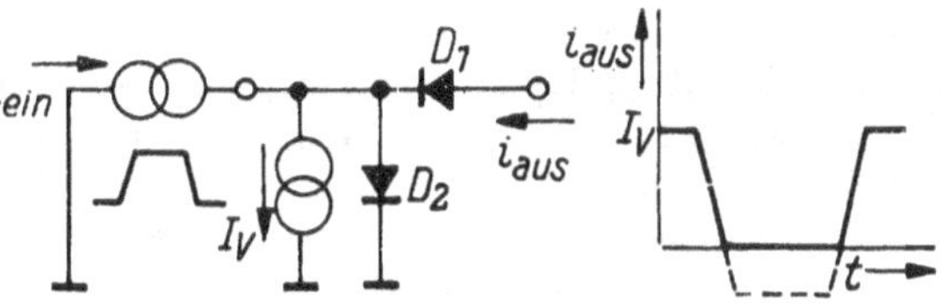

Abb. 58. Diodenbegrenzer für Stromimpulse

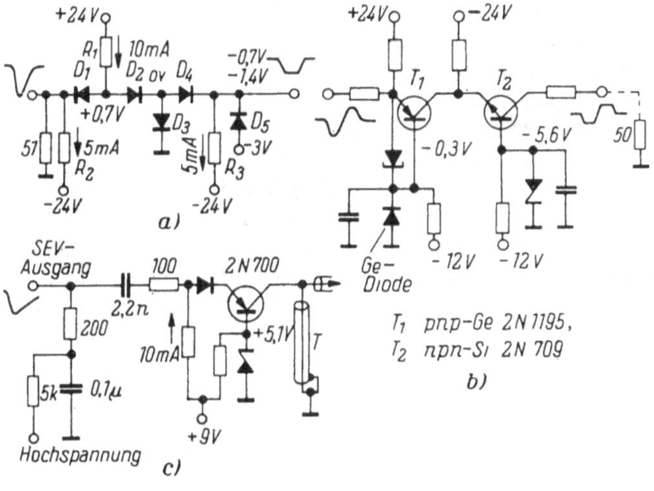

Abb. 59. Begrenzerschaltungen für Szintillationszählerimpulse, etwas vereinfachte Schaltungen

vom ersten Teil des Stromimpulses durchgesteuert werden und dürfen keine zusätzlichen Zeitschwankungen einführen. Einige Beispiele zeigt Abb. 59; die Schaltungen Abb. 59a und b werden in industriell gefertigten Geräten verwendet und sind in [22] beschrieben. Im Diodenbegrenzer Abb. 59a fließen im Ausgangszustand durch D_1 bzw. D_2 und D_4 je 5 mA. Negative Eingangsimpulse erhöhen den Strom durch D_1 zu Lasten des Diodenstroms durch D_2 und D_4. Die Ausgangsspannung sinkt ab, bis der Strom durch R_3 teilweise oder voll von D_5 übernommen wird. D_3 begrenzt positive Eingangsimpulse. Eine Besonderheit der Schaltung liegt in der Pegelverschiebung durch D_4; die Ausgangspegel sind für den unmittelbaren Anschluß von ECL-Digitalschaltkreisen geeignet. Im Begrenzer Abb. 59b, der bipolare Impulse ohne Beeinflussung des Nulldurchgangs begrenzt, werden statt der Dioden Transistoren in Basisschaltung eingesetzt. Große negative Signale sperren T_1 und öffnen T_2, große positive Signale wirken umgekehrt. Die Tunneldiode am Eingang verhindert die Überlastung von T_1 durch zu großen Emitterstrom. An den Ausgang der Schaltung kann beispielsweise eine Diskriminatorschaltung mit Tunneldiode angeschaltet werden. In der häufig abgewandelten und viel benutzten Schaltung Abb. 59c wird der Transistor durch den negativen Eingangsimpuls gesperrt [20, 76]. Mit dem kurzgeschlossenen Kabel am Kollektor werden die begrenzten Signale auf konstante Länge $2T$ geformt (siehe Abschnitt 3.5). Die Diode im Emitterkreis verhindert den Basis-Emitter-Durchbruch bei großen negativen Impulsen. Bei langsam abklingenden Szintillatoren (geringe Stromstärke!) sind emittergekoppelte Transistorpaare sehr vorteilhaft. Hierbei wird durch den Eingangsimpuls der eine Transistor voll gesperrt, während durch den anderen der gesamte Strom fließt.

3.3. Triggerschaltungen

3.3.1. Positiv rückgekoppelte Verstärker (Schmitt-Trigger)

Unter Trigger-, Auslöse- und Kippstufen versteht man Schaltungen, deren Ausgangssignale sich nur sprungförmig zwischen zwei Spannungs- oder Stromwerten ändern können [19, 20, 73, 75, 83]. Triggerstufen lassen sich realisieren, wenn die Strom-Spannungs-Kennlinie einen Teil mit negativem differentiellen Widerstand aufweist. Solch eine Kennlinie ergibt sich in einfacher Weise durch positive Rückkopplung eines Verstärkers. Je nach Art der Kopplung im Verstärker sind beide, nur einer oder keiner der zwei möglichen Ausgangszustände stabil (bistabile, monostabile oder astabile Kippschaltung). Mit Tunneldioden kann man auf Grund ihrer typischen N-förmigen Strom-Spannungs-Kennlinie auch ohne Rückkopplung Kippstufen aufbauen.

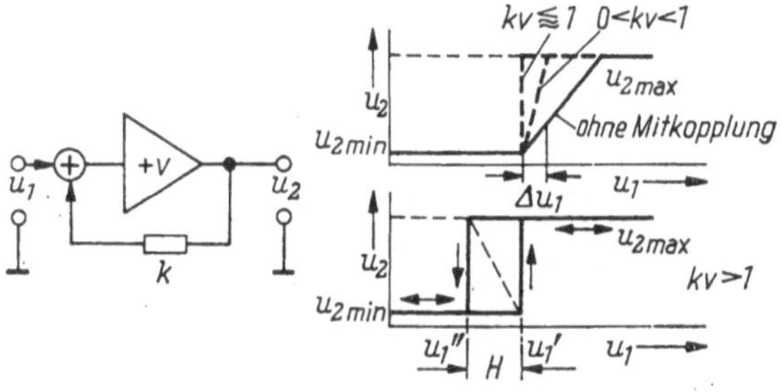

Abb. 60. Positiv rückgekoppelter Verstärker mit Übertragungskennlinie

Das Prinzip eines positiv rückgekoppelten Verstärkers und die Änderung der Übertragungscharakteristik mit zunehmender Schleifenverstärkung kv zeigt Abb. 60. Wegen

$$u_2 = \frac{v}{1 - kv} u_1 = v' u_1 \tag{2.24}$$

wird bei steigender positiver Rückkopplung $0 < kv < 1$ die Spannungsdifferenz Δu_1, die für das Durchlaufen des Aussteuerbereichs von u_2 erforderlich ist, immer kleiner, bis sie schließlich bei $kv \to 1$ verschwindet ($v' \to \infty$). Noch stärkere Mitkopplung $kv > 1$ liefert mit $v' < 0$ eine S-förmige Kennlinie $u_2 = f(u_1)$. Der negative Kennlinienteil wird in Abhängigkeit von der Änderungsrichtung der Eingangsspannung u_1 in der angedeuteten Weise übersprungen. Der Vorlauf der Kennlinie ähnelt damit der Hysteresekurve eines magnetischen Materials. Die Differenz der Eingangsspannungen u_1' und u_1'', bei denen die Schaltung in den anderen Zustand kippt, nennt man Hysterese H. Mit den Extremwerten der Ausgangsspannung $u_{2\min}$ und $u_{2\max}$ kann man schreiben

$$u_{2\min} = \frac{v}{1 - kv}\, u_1'; \qquad u_{2\max} = \frac{v}{1 - kv}\, u_1'' \tag{3.1}$$

und erhält daraus fur die Hysterese

$$H = u_1' - u_1'' = \frac{kv - 1}{v}\,(u_{2\max} - u_{2\min}). \tag{3.2}$$

Kleine Hysterese setzt kleines kv voraus; bei $kv \gg 1$ wird

$$H \approx k(u_{2\max} - u_{2\min}). \tag{3.3}$$

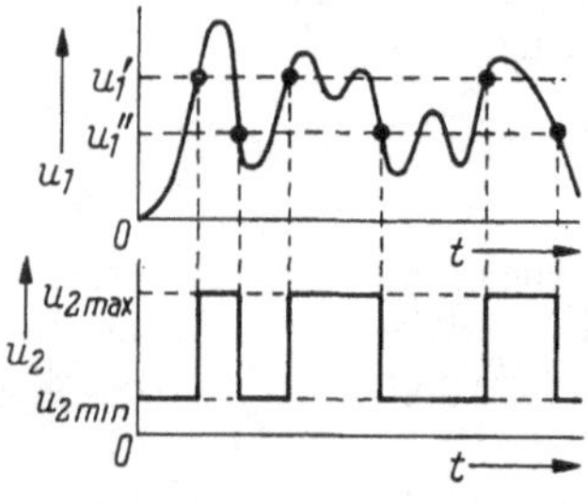

Abb. 61. Verhalten des SCHMITT-Triggers gegenüber Impulsen unterschiedlicher Form und Größe

Aus der Übertragungskennlinie folgt das in Abb. 61 dargestellte Verhalten der Schaltung gegenüber Impulsen unterschiedlicher Höhe. Man erkennt, daß die Zeitdauer für $u_{2\max}$ gleich der Zeitdifferenz zwischen den Schwellendurchgängen u_1' und u_1'' ist. Schaltungen, die solche Übertragungseigenschaften besitzen, werden als SCHMITT-

Trigger bezeichnet. Sie werden im wesentlichen für folgende Aufgaben eingesetzt:

- Formung von Impulsen beliebiger Form zu Rechteckimpulsen konstanter Höhe (u. a. Regeneration von Rechtecksignalen).
- Unterdrückung kleiner Impulse, die die Ansprechschwelle u_1' nicht übersteigen.
- Registrierung von Impulsen, die größer als die einstellbare Ansprechschwelle u_1' sind (Impulshöhendiskrimination).

Die Hysterese wird dem Anwendungszweck angepaßt. Ist die Hysterese zu klein, wird die Schaltung schon durch Störsignale (Rauschen), die dem Nutzimpuls überlagert sind, hin- und rückgekippt. Im folgenden werden einige praktische Beispiele von SCHMITT-Triggerschaltungen erläutert.

1. Verwendung von Transistoren

In der bekannten Grundschaltung besteht ein SCHMITT-Trigger aus zwei gleichstrommäßig gekoppelten Emitter-

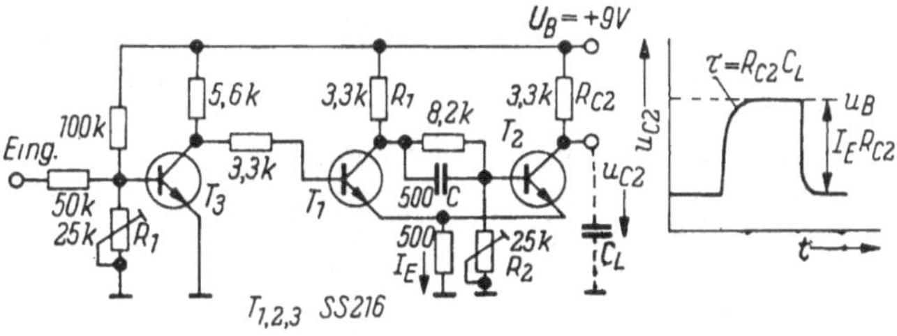

Abb. 62. Transistorisierter SCHMITT-Trigger mit vorgeschaltetem Verstärker

stufen mit einer positiven Rückkopplung über den gemeinsamen Emitterwiderstand. Abb. 62 zeigt eine dimensionierte Schaltung, die eine Sinusspannung von 100 kHz in eine Rechteckspannung mit einstellbarem

Tastverhältnis umwandelt [77]. T_1 und T_2 bilden den eigentlichen SCHMITT-Trigger, T_3 ist eine Verstärkerstufe. Mit dem Potentiometer R_2 wird die Basisspannung von T_2 so eingestellt ($U_{B2} = U_{B2,0}$), daß bei niedrigem Potential U_{B1} der Transistor T_1 gesperrt und T_2 leitend ist. Dieser stabile Zustand bleibt erhalten, bis $U_{B1} \approx U_{B2,0}$ wird und durch T_1 ein Strom zu fließen beginnt. Jetzt setzt ein Rückkopplungsmechanismus ein:

- Stromerhöhung durch T_1 senkt Kollektorspannung von T_1 und verringert über den Teiler R_1R_2 den Strom durch T_2;
- der Strom I_E bleibt nahezu konstant, so daß die Stromabnahme in T_2 eine Stromzunahme durch T_1 bewirkt (positive Rückkopplung);
- das Kollektorpotential von T_1 sinkt weiter, bis schließlich T_2 voll gesperrt und T_1 leitend ist.

Geht die Eingangsspannung wieder auf $U_{B2} \approx U_{B2,0}$ zurück, bleibt wegen der Spannungsteilung R_1R_2 der Transistor T_2 noch gesperrt. Erst wenn die Spannung $(U_{B2,0} - H)$ unterschritten wird, läuft der geschilderte Kippmechanismus in umgekehrter Richtung ab und stellt den Ausgangszustand wieder her. Trennt man die Schleife z. B. an der Basis von T_2 auf, kann man die Schleifenverstärkung kv berechnen [19, 20, 73]. Die Zeitdauer des Kippvorgangs hängt ab von der Grenzfrequenz der Transistoren, von der Dimensionierung der Schaltung und vom Betrag der Eingangsspannung, der während dieser Zeit die von R_2 festgelegte Ansprechschwelle übersteigt, und beträgt rund 10 bis 100 ns. Während des Kippens, wenn beide Transistoren leitend sind, soll kv möglichst groß sein; aus diesem Grunde darf T_2 nicht im gesättigten Zustand betrieben werden (kleine Stromverstärkung). Der Kondensator C bildet zusammen mit R_1, R_2 und der Eingangskapazität von T_2 einen meist überkompensierten Spannungsteiler, der die Spannungsänderungen am Kollektor von T_1 ohne erhebliche Teilung zur Basis T_2 überträgt und den Kippvorgang beschleunigt.

Die große Verbreitung von SCHMITT-Triggerschaltungen nach dem Schema in Abb. 62 beruht nicht zuletzt auch darauf, daß sowohl der Eingang als auch der Ausgang nicht in die Rückkopplungsschleife einbezogen sind, so daß der Kollektor von T_2 ohne Beeinträchtigung der Schaltgeschwindigkeit kapazitiv belastet werden kann. Allerdings verschlechtert sich dann insbesondere die positive Flanke, weil die Kollektorspannung wegen des gesperrten Transistors mit der Zeitkonstante $R_{C2}C_L$ ansteigt; die negative Flanke wird von der kleineren Zeitkonstante $(R_{C2}\|R_{i2})\,C_L$ mit R_{i2} als Ausgangswiderstand bestimmt.

2. Verwendung integrierter Digitalschaltkreise

Die Transistoren T_1 und T_2 in Abb. 62 werden als Negator betrieben, so daß der Aufbau von SCHMITT-Triggerschaltungen aus integrierten Logikgattern naheliegend ist. Die folgenden Beispiele [75, 78, 79, 80] beziehen sich auf die sehr verbreiteten TTL-Schaltkreise, gelten aber sinngemäß auch für die anderen Schaltkreisfamilien. Wegen der Stromsteuerung von TTL-Gattern hängt die Ansprechschwelle vom Generatorinnenwiderstand R_G ab. Abb. 63a zeigt einen SCHMITT-Trigger aus dem Erweiterungsgatter D 160 (SN 7460), dessen Funktion durch Vergleiche mit Abb. 62 sofort verständlich wird. Eine häufig benutzte Schaltung verwendet einen halben Baustein D 100 (SN 7400); in dieser Schaltung ist die Hysterese stark von $(R_V + R_G)$ abhängig (Abb. 63b). Die Diode schützt den Gattereingang gegen große negative Spannungen. Durch Vorschalten eines Transistors nach Abb. 63c wird der Eingang des SCHMITT-Triggers hochohmig. Bei kleinen Eingangsspannungen ist der Transistor gesperrt; am Eingang des Gatters G_1 und am Ausgang G_2 liegt der logische Zustand „Hoch“ vor.

Das Verhältnis der Widerstände R_1 und R_2 bestimmt die Hysterese der Schaltung [79].

3. Verwendung integrierter Analogschaltkreise

Durch positive Rückkopplung eines integrierten Operationsverstärkers, z. B. des Typs μA 702 (Abb. 45) oder des A 109 bzw. μA 709 [50, 81], erhält man ebenfalls

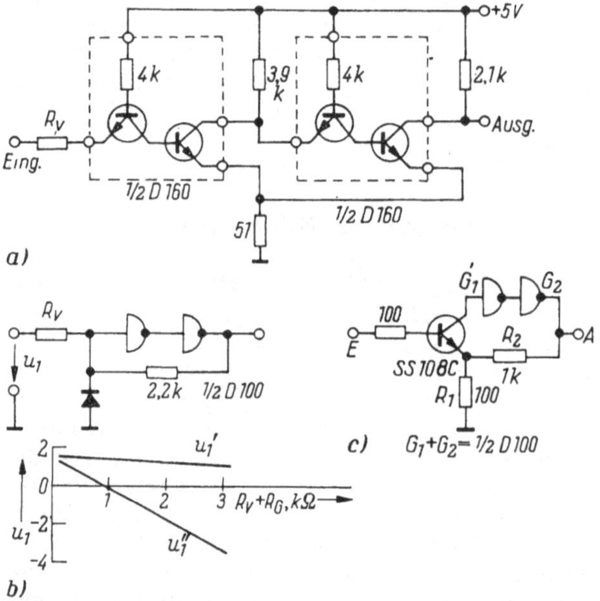

Abb. 63. SCHMITT-Trigger aus TTL-Gattern

einen SCHMITT-Trigger (Abb. 64a). Unter Berücksichtigung der hohen inneren Verstärkung des Bausteins lassen sich die Ansprechschwellen aus einer einfachen Überlegung ableiten. Der Verstärkerausgang kann wegen der angeschlossenen Dioden zur Anpassung an den TTL-Pegel nur die Werte $u_{2min} \approx -0{,}7$ V und $u_{2max} \approx 3{,}6$ V einnehmen. Ein Wechsel zwischen beiden Zuständen ist nur möglich, wenn die Differenzspannung zwischen beiden Verstärkereingängen den Wert 0 durchfährt. Folglich gilt für die Ansprechschwellen:

$$\left.\begin{aligned} u_1' &= \frac{R_2}{R_1 + R_2} u_{2\max} > 0, \\ u_1'' &= \frac{R_2}{R_1 + R_2} u_{2\min} < 0. \end{aligned}\right\} \tag{3.4}$$

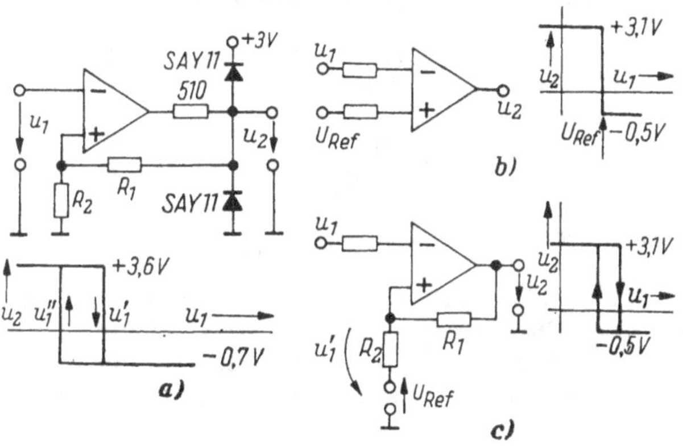

Abb. 64. SCHMITT-Trigger mit integriertem Operationsverstärker (a) und mit dem Komparator A 110 bzw. µA 710 (b, c)

Durch Zuführung einer Referenzspannung an den Fußpunkt von R_2 werden die Schwellen verschoben. Eine ausführliche Diskussion und weitere Schaltungen findet man in [82].

Der Komparator A 110 bzw. µA 710 [50, 51, 81] stellt einen zweistufigen Differenzverstärker mit hoher Gesamtverstärkung dar. Im Aufbau ähnelt er dem Verstärker µA 702, doch sind die Grenzwerte der Ausgangsspannung den TTL-Pegeln angeglichen (Abb. 64b). Die Übertragungskennlinien zeigen, daß eine Veränderung der Spannung zwischen beiden Eingängen um nur

2 mV in etwa 100 ns den Ausgang von einem in den anderen Grenzwert überführen kann; übersteigt das Eingangssignal die Referenzspannung um 20 mV, so ist die Umschaltzeit rund 30 ns. Durch positive Rückkopplung (Abb. 64c) ergibt sich wie bei den Operationsverstärkern eine Hysterese von

$$H = \frac{R_2}{R_1 + R_2}\,(u_{2\max} - u_{2\min})\,; \tag{3.5}$$

die Ansprechschwellen folgen ähnlich wie bei Gl. (3.4)

$$\left.\begin{aligned} u_1' &= U_{\mathrm{Ref}} + \frac{R_2}{R_1 + R_2}\,(u_{\max} - U_{\mathrm{Ref}})\,;\\ u_1'' &= U_{\mathrm{Ref}} + \frac{R_2}{R_1 + R_2}\,(u_{2\min} - U_{\mathrm{Ref}})\,. \end{aligned}\right\} \tag{3.6}$$

4. *Schmitt-Trigger mit Tunneldioden*

Das Prinzip eines SCHMITT-Triggers mit einer Tunneldiode ist in Abb. 65 dargestellt. Durch die Tunneldiode mit parallel liegendem Lastwiderstand R_L fließt ein Strom I, der den Arbeitspunkt A festlegt. Der Signal-

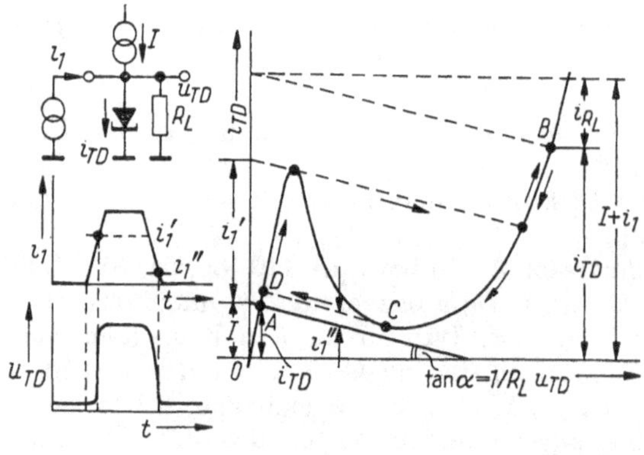

Abb. 65. Prinzip eines SCHMITT-Triggers mit Tunneldiode

strom i_1 vergrößert den Strom und schaltet die Tunneldiode nach B, wenn der Höckerstrom überschritten wird. Bei Stromabnahme überspringt die Tunneldiode wiederum den Bereich negativen differentiellen Widerstands und kehrt über C und D in den Ausgangszustand zurück. Beim Einspeisung einer Spannung u_1 ($R_G = 0$) muß der Tunneldiode ein Vorwiderstand R_V vorgeschaltet werden, woraus ein Strom $i_1 = (u_1 - u_{TD})/R_V$ resultiert. Mit der Abhängigkeit $u_{TD} = f(i_1)$ kann man die Ansprechfunktion $u_{TD} = f(u_1)$ berechnen.

Tunneldioden lassen sehr schnelle Übergänge in den Zustand hoher Spannung zu. Sie haben deshalb in Schaltungen für hohe Zählraten und für Messungen im ns-Gebiet weite Anwendung gefunden [12, 17, 18, 20, 22, 97]. Durch sehr schnelle ECL-Schaltkreise werden jedoch in der kernphysikalischen Elektronik die Tunneldioden immer mehr verdrängt. Deshalb wird hier und im folgenden nicht mehr auf Tunneldiodenschaltungen eingegangen.

3.3.2. Monostabile Triggerschaltungen

Eine monostabile Kippschaltung (Univibrator, Monoflop) besitzt nur einen stabilen Arbeitspunkt. Wird durch einen Eingangsimpuls die Schaltung in die instabile Lage gekippt, so kehrt sie nach einer bestimmten Zeit von

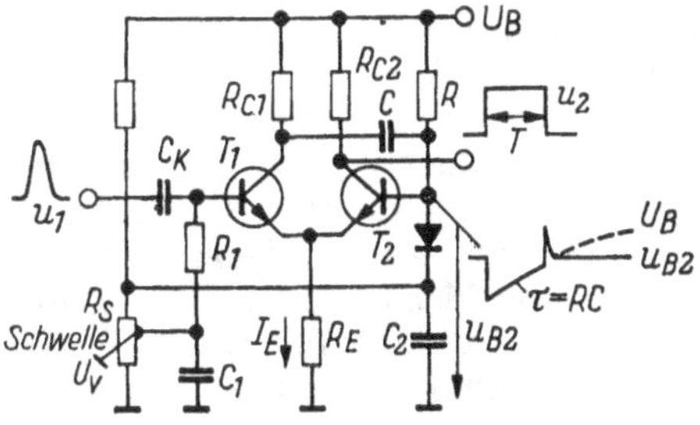

Abb. 66. Monostabiler Multivibrator (Univibrator)

selbst in den Ausgangszustand zurück und liefert damit Impulse konstanter Länge. Dies wird durch eine zeitabhängige Kopplung in der positiv rückgekoppelten Verstärkerschaltung erreicht, beispielsweise durch eine *RC*-Kopplung zwischen beiden Transistoren des SCHMITT-Triggers aus Abb. 62. Hieraus folgt das typische Schaltbild eines emittergekoppelten Univibrators, das in Abb. 66 dargestellt ist. Im Ruhezustand ist T_1 gesperrt, T_2 leitend. Übersteigt der positive Eingangsimpuls die Ansprechschwelle, läuft der bereits geschilderte Rückkopplungsmechanismus ab, der den Strom durch R_E von T_2 nach T_1 umschaltet. Der negative Spannungssprung $I_E R_{C1}$ am Kollektor von T_1 wird über C zur Basis von T_2 übertragen und sperrt die Basis-Emitterdiode von T_2. Der Kondensator C entlädt sich mit der Zeitkonstante RC in Richtung auf die Betriebsspannung $+U_B$. Wird hierbei die Vorspannung $u_{B2} \approx U_V$ erreicht, fließt von neuem Strom durch T_2, und die Schaltung kippt in den Ausgangszustand zurück. Die Kapazität C lädt sich über die Diode D und über die Basis des nunmehr leitenden T_2 wieder auf die Ruhespannung auf. Für die zuverlässige Funktion ist erforderlich, daß die Eingangsimpulslänge kürzer als die Zeitdauer T der instabilen Phase ist; deshalb verwendet man das Differenzierglied $C_K R_1$. Für die Impulslänge T ergibt sich aus Abb. 66 in grober Näherung

$$T \approx 0{,}7\,\mathrm{RC}. \tag{3.7}$$

Die Kondensatoren C_1 und C_2 wirken als Abblockkondensatoren. Mit dem Potentiometer R_S stellt man die Ansprechschwelle so ein, daß der Univibrator nur auf solche Impulse anspricht, die einen bestimmten Schwellwert übersteigen (Impulshöhendiskrimination). Im Unterschied zum SCHMITT-Trigger kippt die Schaltung in jedem Fall in den Ausgangszustand zurück; beim SCHMITT-Trigger können Signale, die kleiner als die Hysteresespannung sind, zwar zur Auslösung führen, doch verharrt die Schaltung im gekippten Zustand (Abb. 67). Ohne näher auf die zahlreichen Schaltungsvarianten transistorisierter Univibratoren einzugehen, soll nur erwähnt werden, daß statt der Emitterrückkopplung beider Transistoren auch eine Rückkopplung vom Kollektor T_2 zur Basis T_1 erfolgen kann; beide Emitter können dann auf Massepotential liegen.

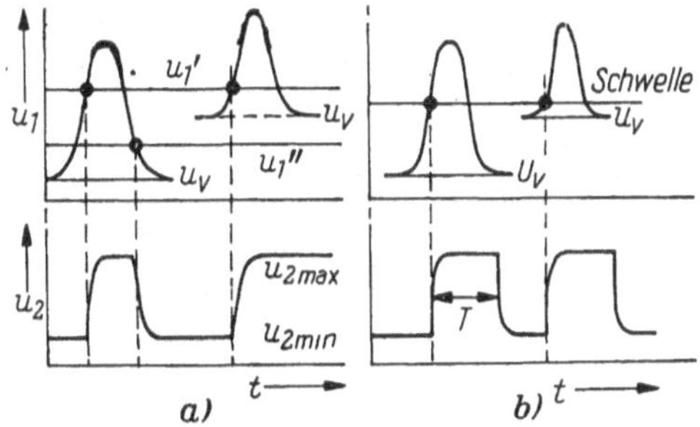

Abb. 67. Qualitativer Vergleich des Ansprechens eines SCHMITT-Triggers (a) und eines Univibrators (b) bei unterschiedlichem Abstand der Ansprechschwellen vom Nullpegel der Eingangsimpulse

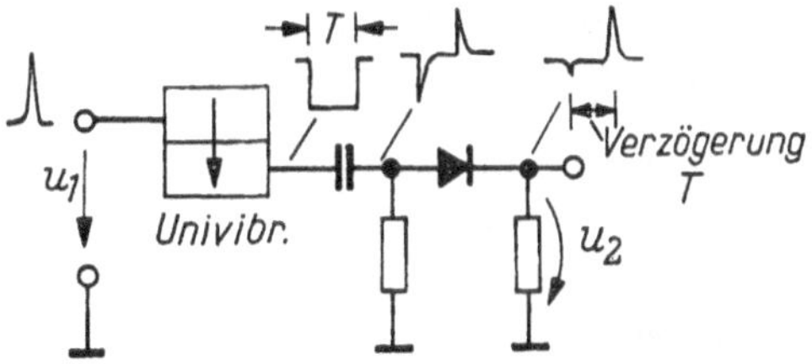

Abb. 68. Verzögerung von Impulsen mittels eines Univibrators

Univibratorschaltungen dienen hauptsächlich folgenden Aufgaben:

- Erzeugung von Standardsignalen aus beliebig geformten Impulsen und aus Sprungfunktionen;
- Impulshöhendiskrimination;
- Verzögerung von Auslöse- und Steuerimpulsen, z. B. mit der Anordnung Abb. 68.

Univibratorschaltungen lassen sich leicht mit Hilfe integrierter Analog- und Digitalschaltkreise realisieren [50, 75, 78, 83, 84]. Der Komparator A 110 bzw. μA 710 eignet sich sehr gut für diesen Zweck, weil die Triggerschwelle bis auf ±10 mV mit der Referenzspannung U_{Ref} übereinstimmt und der Übergang weniger als 100 ns erfordert. Die Schaltung Abb. 69a spricht wegen der negativen Referenzspannung auf negative Signale an

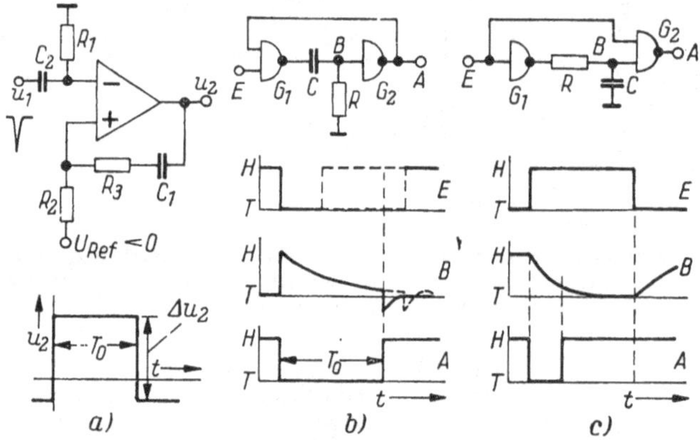

Abb. 69. Univibrator mit integriertem Komparator (a) und mit TTL-Gattern, 1/2 D 100 (b, c)

und liefert positive Ausgangsimpulse; bei $U_{Ref} > 0$ ist es umgekehrt. Die Impulslänge ist

$$T_0 = (R_2 + R_3)\, C_1 \cdot \ln\left[\Delta u_2 R_2 / \left(U_{Ref}(R_2 + R_3)\right)\right].$$

Univibratoren mit TTL-NAND-Gattern zeichnen sich durch einfachen Aufbau aus, besitzen allerdings keine scharfe Ansprechschwelle und im allgemeinen auch keine gute Stabilität der Ausgangsimpulslänge. Der Univibrator Abb. 69b wird von *HT*-Übergängen ausgelöst und kann deshalb zur Selektion von *HT*-Übergängen in Digitalschaltungen eingesetzt werden. Die Eingangsimpulslänge muß mindestens gleich der doppelten Gatterlaufzeit sein ($\approx$ 45 ns), damit die Rückführung den oberen Eingang des Gatters G_1 unabhängig vom Triggerimpuls im Zustand Tief festhalten kann. Die Ausgangsimpulslänge beträgt $T_0 \approx RC$, wobei R wegen der Stromsteuerung von G_2 zwischen 220 Ω und 1 kΩ liegen muß. Die Eingangsimpulslänge kann T_0 übersteigen. Die Einfügung einer Emitterstufe zwischen C und G_2 läßt einen erheblich größeren Variationsbereich von R zu. Eine häufig benutzte Schaltung zeigt Abb. 69c, die wegen der fehlenden Rückkopplung eigentlich keinen Univibrator darstellt. Das Eingangssignal wird einmal direkt und zum anderen nach Negation verzögert den beiden Eingängen des Gatters G_2 zugeführt. Während der Überlappung des Zustands H befindet sich der Ausgang im Logikzustand T („Überlappungsformer“). Die Verzögerung wird durch das RC-Integrierglied erreicht; man kann hierfür auch die Laufzeit durch G_1 verwenden und erhält dann sehr kurze Ausgangsimpulse von einigen 10 ns Fußbreite. Die Schaltung Abb. 69c läßt sich vorteilhaft zur Verkürzung von Digitalsignalen ausnutzen.

3.3.3. Bistabile Triggerschaltungen (Flip-Flop)

Der bistabile Multivibrator oder die Flip-Flop-Stufe kann man als einen symmetrisch aufgebauten Schmitt-Trigger auffassen, bei dem die Vorspannung innerhalb der Hysterese liegt (vergleiche Abb. 67a). Werden die Auslöseimpulse abwechselnd an beide Eingänge gegeben, so kippt die Schaltung nach jedem Auslösesignal in den anderen Zustand und erreicht nach dem 2. Signal wieder den Ausgangszustand. Die Schaltung einer symmetrisch aufgebauten Flip-Flop-Stufe zeigt Abb. 70 [77]. Beide Emitter liegen auf Massepotential. Die Kopplung und Rückkopplung erfolgten über die Spannungsteiler R_1R_2 mit den Kompensationskapazitäten C_1. Der Teiler muß so dimensioniert sein, daß ständig ein Transistor leitend und der andere gesperrt ist. Läßt man die Teilerwiderstände R_1 weg, besitzt die Schaltung keinen stabilen Zustand mehr: ***astabiler Multivibrator*** mit einer periodischen Rechteckspannung. Astabile Multivibratoren

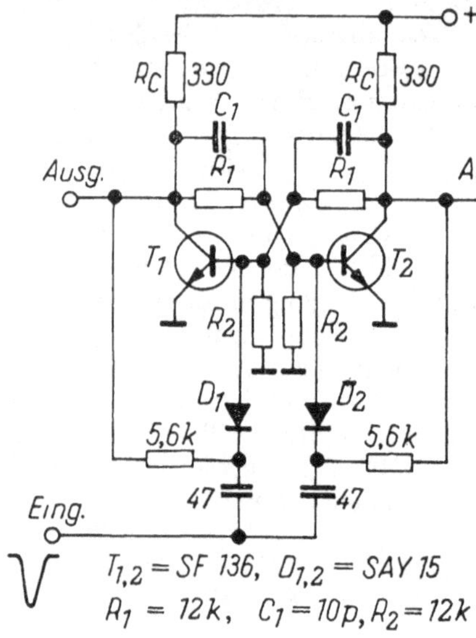

Abb. 70. Flip-Flop-Stufe

werden vor allem als Impulsgeneratoren benutzt, spielen ansonsten aber keine wesentliche Rolle in der kernphysikalischen Elektronik und werden im folgenden nicht weiter diskutiert.

Flip-Flop-Stufen gehören zu den wichtigsten Grundschaltungen der Digitaltechnik und werden in der Kernelektronik zum Aufbau von Zählschaltungen und zur Speicherung von logischen und Steuersignalen eingesetzt. Die Dimensionierung einer Flip-Flop-Stufe ist nicht ganz einfach, wenn sicheres Schalten erforderlich ist [73]. Die

Flip-Flop-Stufe in Abb. 70 kann Impulsfolgefrequenzen von mehr als 10 MHz verarbeiten. Über die Dioden D_1 und D_2, die über die Basis-Kollektorspannung der betreffenden Transistoren vorgespannt sind, wird der negative Triggerimpuls jeweils an den leitenden Transistor geführt.

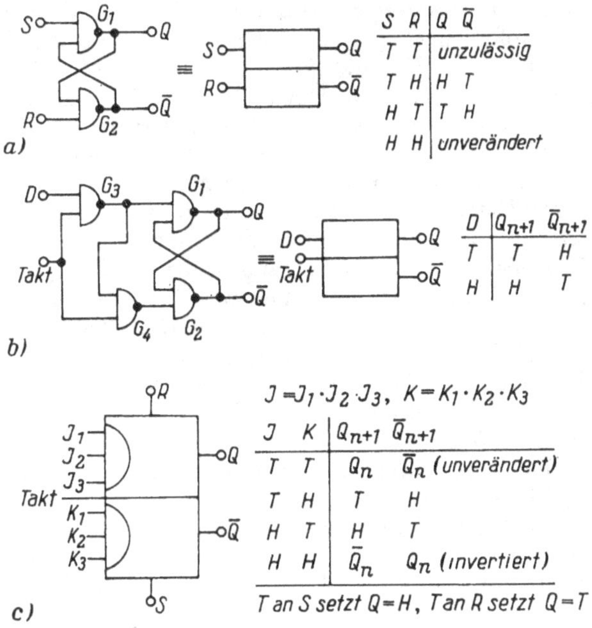

Abb 71 Flip-Flop-Stufen aus integrierten Schaltkreisen; a *RS*-Flipflop, b *D*-Flipflop, c *JK*-Master-Slave-Flipflop *D* 172 bzw. SN 7472

Flip-Flop-Stufen kann man in bequemer Weise ohne Berechnungen aus integrierten Logikgattern zusammenbauen, sofern man nicht von vornherein auf integrierte Flipflop-Bausteine zuruckgreift. Aus der Vielzahl der Flipflop-Typen sollen hier nur die wichtigsten Vertreter erläutert werden [75, 78, 83].

Das *RS-Speicherflipflop* (Abb. 71a) entsteht, wenn die Transistoren des Flip-Flops durch gekoppelte Negatoren ersetzt werden, beispielsweise durch NAND-Gatter mit 2 Eingängen zur Einkopplung der Triggerimpulse ($^1/_2$ D 100 bzw. SN 7400). Die Bezeichnung RS-Flipflop wird von *S*etzen (engl. set) und *R*ücksetzen (engl. reset) abgeleitet. Die Ausgänge integrierter Flip-Flop-Stufen heißen gewöhnlich Q und $\bar{Q}$, wobei Q dem Eingang S zugeordnet wird. Wie die Zustandstafel in Abb. 71a zeigt, bleibt bei $R = S =$ Hoch (H) der Zustand des Flipflops unverändert („Speicher"), während der gleichzeitige HT-Übergang von R und S zu einem unbestimmten Zustand führt und daher unzulässig ist.

Das *D-Flipflop* (Abb. 71b) überträgt während des Taktimpulses den Zustand am D-Eingang zum Ausgang Q. Änderungen am D-Eingang bleiben wirkungslos, solange der Takteingang im Zustand Tief (T) ist, da dann Gatter G_3 gesperrt ist. In der Zustandstabelle wird der Zustand nach dem Takt mit Q_{n+1}, $\bar{Q}_{n+1}$ angegeben. Der Baustein MH 7474 (SN 7474) enthält 2 D-Flip-Flops, die im Unterschied zu Abb. 71b die Information während des TH-Übergangs des Taktimpulses aufnehmen. Zusätzliche R- und S-Eingänge wirken wie in der Zustandstafel des RS-Flipflops (Abb. 71a.)

Das *JK-Master-Slave-Flipflop* (Abb. 71c) ist ein sehr komplexes Flipflop (D 172 bzw. SN 7472), das zusätzliche UND-Verknüpfungen für die Eingänge J_1, J_2, J_3 bzw. K_1, K_2, K_3 enthält. Die Information wird entsprechend der Zustandstafel von der Vorderflanke des Taktimpulses (TH-Übergang) aufgenommen und erscheint zur Zeit der Rückflanke des Taktimpulses (HT-Übergang) an den Ausgängen Q und $\bar{Q}$. Diese Eigenschaft ist für verschiedene Anwendungen, z. B. in speziellen Registern, von prinzipieller Bedeutung. Während des Taktimpulses darf sich die Information an den J- und K-Eingängen nicht ändern; anderenfalls sind Fehler möglich. Die Eingänge R und S sind vom Takt unabhängig und werden auch von der Zustandstafel Abb. 71a beschrieben; R und

S im Zustand *H* sind folglich wirkungslos. In diesem Zusammenhang wird daran erinnert, daß in TTL-Schaltkreisen unbeschaltete Eingänge dem Logikzustand *H* entsprechen. Für den praktischen Einsatz muß noch berücksichtigt werden, daß der taktzustandsgesteuerte Flipflop D 172 keine hohen Anforderungen an die Flankensteilheit der Taktimpulse stellt, während beim taktflankengesteuerten Flipflop MH 7474 der *TH*-Übergang des Taktimpulses eine Mindeststeilheit von $\leqq 250$ ns besitzen muß.

3.4. Impulsdehner

Mit Impulsdehnern werden aus kurzen, nadelförmigen Signalen Impulse mit einem flachen Dach oder mit einer großen Abklingzeitkonstante erzeugt, um entweder die

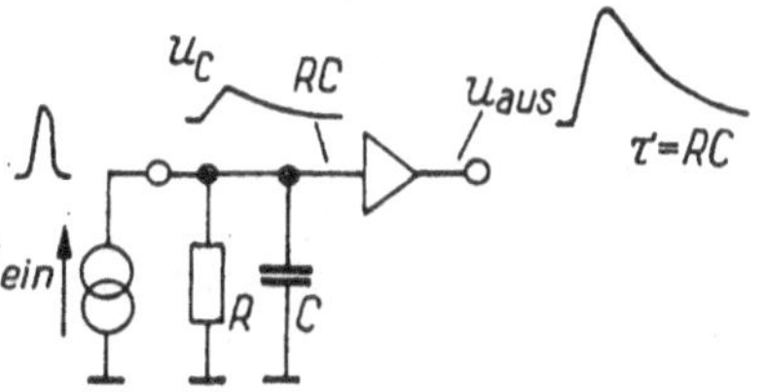

Abb. 72. Einfachster integrierender Impulsdehner

Impulshöhe für eine gewisse Zeit, etwa bis zum Vorliegen logischer Entscheidungen über die weitere Verarbeitung, speichern zu können oder die Verarbeitung mit Diskriminatoren oder ähnlichen Schaltungen zu erleichtern.

Bei *integrierenden* Dehnern ist die Ausgangsspannungshöhe der Ladung des Eingangsimpulses proportional. Solche Dehner bestehen aus einem *RC*-Integrierglied mit nachfolgender Spannungsverstärkung (Abb. 72). In diesem Sinn kann man die *RC*-Kombination am Ausgang eines Strahlungsdetektors als integrierenden Dehner ansehen, falls *RC* die Stromimpulslänge weit übersteigt.

Gewöhnlich versteht man unter einem Impulsdehner eine *nichtintegrierende* Schaltung, deren Ausgangsspannungshöhe der Höhe der Eingangssignale proportional ist. Das wird durch Aufladung eines Speicherkondensators über ein nichtlineares Schaltelement (Diode, Transistor) erreicht [19, 20]. In der Schaltung Abb. 73a wird der Speicherkondensator C über die Diode D auf den Spitzenwert der Eingangsspannung aufgeladen. Sinkt das Eingangssignal wieder ab, sperrt D und C entlädt sich über R exponentiell mit der Zeitkonstante RC. Entlädt man C mit einem konstanten Strom, so ist die Rückflanke linear

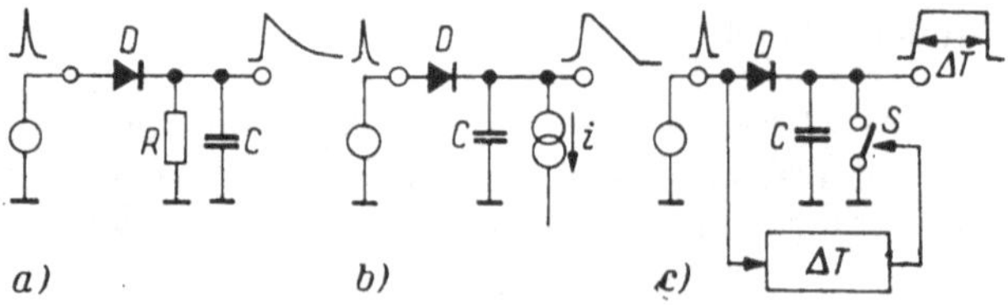

Abb. 73. Grundtypen nichtintegrierender Impulsdehner

(Abb. 73b). In der Anordnung nach Abb. 73c verbleibt der Kondensator im geladenen Zustand, bis nach Ablauf des Zeitintervalls ΔT der Schalter S geschlossen und C schnell entladen wird. Man erhält auf diese Weise Rechteckimpulse der Länge ΔT.

Die praktische Realisierung eines Impulsformers nach Abb. 73 bringt erhebliche Schwierigkeiten mit sich, wenn die Proportionalität zwischen Eingangs- und Ausgangsimpulshöhe über einen weiten Spannungsbereich mit weniger als einige Prozent Abweichung eingehalten werden muß. Für den Wert des Speicherkondensators muß ein Kompromiß getroffen werden. Ein kleiner Wert von C verringert die Nichtlinearitäten bei der Aufladung auf den Spitzenwert der Eingangsspannung, da die Diode wegen der kleinen Durchlaßspannung in der Nähe des Spannungsmaximums einen hohen Durchlaßwiderstand besitzt. Durch einen kleinen Wert von C wird die Ansprechgeschwindigkeit des Dehners erhöht,

d. h. die Nichtlinearität bei kurzen Eingangssignalen verringert. Andererseits begünstigt großes C die Formung langer Impulse und reduziert den Einfluß des Diodensperrstroms und des Eingangsstroms des angeschlossenen Verstärkers auf die Entladegeschwindigkeit. Das ist für Rechteckimpulse bei mehr als etwa 10 µs Dauer wichtig, weil diese unerwünschte Entladung von C zu einem Dachabfall führt. In solchen Fällen verwendet man daher für die Auskopplung der gedehnten Signale mehrstufige Emitterfolger oder Feldeffekttransistoren. Bei großen Werten von C kann der Einfluß der Spannungsteilung zwischen der Diodenkapazität und C vernachlässigt werden.

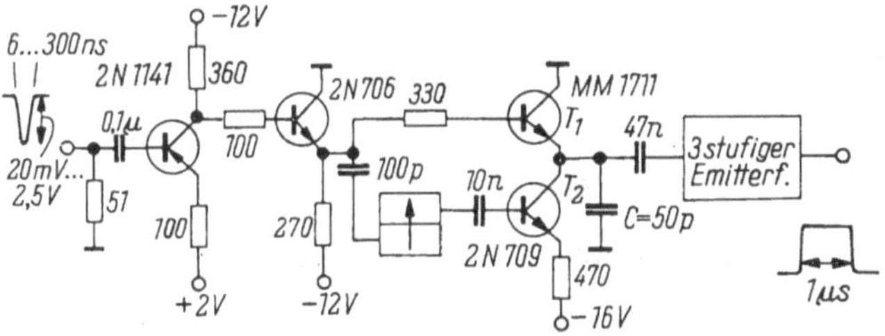

Abb. 74. Impulsdehner für kurze Impulse, vereinfacht

Eine praktische Dehnerschaltung ist in Abb. 74 dargestellt [85]. Beim Eintreffen eines Impulses kippt der Univibrator und sperrt Transistor T_2, so daß der Speicherkondensator C über T_1, der folglich der Aufladediode entspricht, auf den Spitzenwert der Eingangsspannung aufgeladen wird. Nach rund 1 µs kehrt der Univibrator in den Ausgangszustand zurück, öffnet T_2 und entlädt damit C. Die Schaltung funktioniert bei Eingangsimpulslängen von größer als 6 ns.

Durch Gegenkopplung kann man die Nichtlinearitäten bedeutend verringern. Das Prinzip eines solchen Dehners zeigt Abb. 75 [19, 86]. Das Eingangssignal lädt über den Differenzverstärker T_1T_2, der günstigerweise aus Feldeffekttransistoren aufgebaut wird, und über den Emitterverstärker so lange den Speicherkondensator C auf, bis dessen Spannung mit der Eingangsspannung übereinstimmt. Dies wird um so besser erreicht, je höher die Schleifenverstärkung ist. Nach Durchlaufen des Maximums wird die Basis von T_1 gegenüber T_2 negativ, T_3 ist gesperrt, und der Gegenkopplungszweig ist unterbrochen. In Reihe mit C wird mitunter ein kleiner Widerstand geschaltet, um zu verhindern, daß das Ausgangssignal vom Überschwingen verfälscht wird.

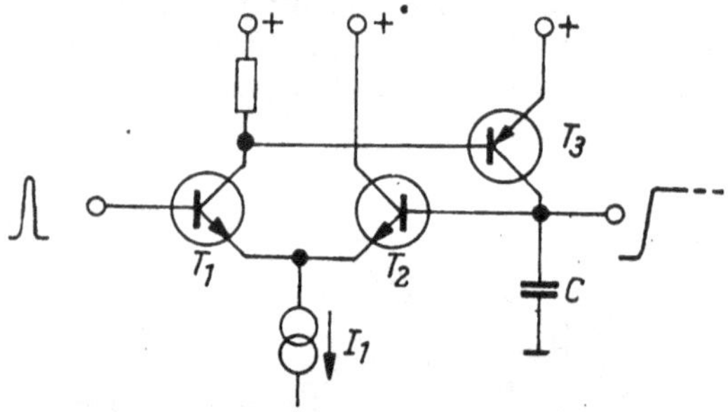

Abb. 75. Prinzip eines Impulsdehners mit Rückkopplung

3.5. Formung mit Kabeln

Für die Impulsübertragung zwischen dem Strahlungsdetektor und der Auswerteelektronik und auch zwischen den einzelnen elektronischen Geräten werden Doppelleitungen benutzt, die gewöhnlich als Koaxialkabel ausgeführt sind. Der Innenleiter als Volldraht oder Litze ist impulsführend, der Außenleiter besteht in den meisten Fällen aus einem Kupfergeflecht, das gleichzeitig als Abschirmung wirkt und geerdet wird. Sind die Anstiegszeiten der Impulse oder deren Länge vergleichbar mit der Laufzeit durch eine Doppelleitung, so können bei Nichtbeachten einiger wichtiger Regeln erhebliche Impulsverfälschungen auftreten. Umgekehrt kann man die Eigenschaften von Doppelleitungen zur Impulsformung ausnutzen. Für eine ausführliche Darstellung der verschiedenartigsten Eigenschaften von Leitungen muß auf die Spezialliteratur verwiesen werden, z. B. [1, Band IV, 9, 19].

Die in der kernphysikalischen Meßtechnik vorkommenden Impulse haben minimale Anstiegszeiten von etwa 1 ns, so daß bei Übertragungslängen von größenordnungsmäßig 100 m handelsübliche Kabel als verlustarm, in guter Näherung auch als verlustfrei betrachtet werden können. Dann folgt für die Ausbreitungsgeschwindigkeit

$$v = c\sqrt{\varepsilon_r \mu_r} \tag{3.8}$$

und für die Laufzeit je Längeneinheit

$$T' = \sqrt{L'C'} = \sqrt{\varepsilon_r \mu_r}/c, \tag{3.9}$$

c Lichtgeschwindigkeit, L' und C' Induktivitäts- und Kapazitätsbelag der Leitung je Längeneinheit. Bei $\mu_r = 1$ und ε_r des Isolierstoffs (Polystyrol) von 2 bis 3 wird daraus $v \approx (2/3)\,c$ und $T' \approx 5$ ns/m.

Das Verhältnis von Spannung und Strom eines unendlich langen Kabels bzw. der Eingangswiderstand eines unendlich langen Kabels wird als Wellenwiderstand Z_0 bezeichnet. Bei Vernachlässigung von Verlusten ist

$$Z_0 = \sqrt{L'/C'} \approx 60\,\sqrt{\mu_r/\varepsilon_r}\,\ln\,(r_a/r_i)\;[\Omega] \tag{3.10}$$

mit r_a, r_i als Radien des Außen- und Innenleiters. Dieser Wellenwiderstand ist bei verlustfreien Kabeln rein ohmisch und liegt für handelsübliche HF-Kabel zwischen 50 und 200 Ω. Bei Berücksichtigung geringer ohmscher Verluste ergibt sich mit $r_a/r_i = 3.6$ minimale Dämpfung. Dieser optimale Wellenwiderstand ist

$$Z_{\text{opt}} \approx 77\sqrt{\mu_r/\varepsilon_r}\;[\Omega], \tag{3.11}$$

für $\mu_r = 1$, $\varepsilon_r \approx 2{,}5$ wird $Z_{\text{opt}} \approx 50\;\Omega$. Aus diesem Grunde bevorzugt man 50 Ω-Kabel, obwohl in vielen Fällen ein höherer Wellenwiderstand günstig wäre, z. B. für große Spannungsamplituden oder für geringe Belastung der Ausgangsstufen von Schaltungen.

Die wesentlichen Effekte bei der Übertragung von Signalen eines Senders zu einem Empfänger sind in Abb. 76 dargestellt. Ein Spannungsgenerator mit Innenwiderstand

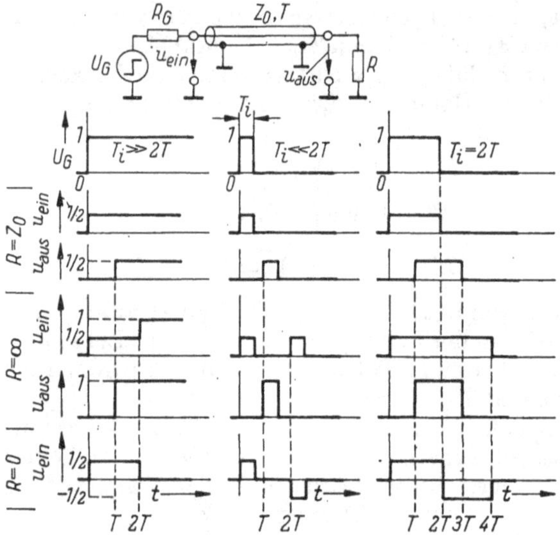

Abb. 76. Impulsformung mit einer Doppelleitung (Kabel); $R_G = Z_0$; bei Kurzschluß $R = 0$ ist $u_{aus}(t) = 0$

R_G sendet einen Spannungssprung der Höhe $U_0 = 1$ zum Empfänger R. Ist $R \neq Z_0$, dann wird ein Teil r der an R ankommenden Spannungswelle reflektiert. Für den Reflexionsfaktor r gilt:

$$r = \frac{R - Z_0}{R + Z_0}. \tag{3.12}$$

Im einzelnen lassen sich die in Abb. 76 wiedergegebenen Fälle unterscheiden, die für senderseitige Anpassung $R_G = Z_0$ gelten:

Anpassung des Verbrauchers an das Kabel: $R = Z_0$,

damit wird $r = 0$, d. h. es tritt keine reflektierte Welle auf. Anschaulich wird das verständlich, wenn man R als Eingangswiderstand eines unendlich langen Kabels ansieht. Mit $R_G = Z_0$ erhält man infolge der Spannungsteilung eine Spannungsamplitude

$$u = U_0 Z_0/(R_G + Z_0) = U_0/2,$$

die am Verbraucher nach der Laufzeit T eintrifft.

Kurzschluß am Empfänger: $R = 0$. Aus Gl. (3.12) erhält man $r = -1$. Die Spannungswelle wird in gleicher Größe, aber mit umgekehrtem Vorzeichen reflektiert, läuft zum Sender zurück und führt zum Verschwinden von u_{ein} für $t > 2\,T$ bei Stufenimpulsen bzw. für $t > 4T$ bei Rechteckimpulsen der Länge $2T$.

Leerlauf am Empfänger: $R = \infty$ und folglich $r = +1$. Hierbei besitzt die rücklaufende Welle das gleiche Vorzeichen, so daß $u_{ein} = U_0$ für $t > 2T$ wird, wie es auch erwartet wird.

In Abb. 76 sind zwei weitere Fälle eingetragen, die sich auf die Übertragung kurzer Rechteckimpulse $T_i \ll T$ und auf Rechteckimpulse $T_i = 2T$ beziehen und ohne weitere Erklärung verständlich sind. Sehr kompliziert werden die Impulsformen, wenn auch $R_G \neq Z_0$ ist, weil dann die vom Verbraucher reflektierte Welle an R_G abermals reflektiert wird und wieder zum Empfänger läuft. Wegen $|r| \leqq 1$ treten dann zahlreiche, in der Höhe abnehmende Reflexionen auf, bis der stationäre Fall mit $u_{ein} = u_{aus} = U_0 \cdot R/(R_G + R)$ erreicht ist; Abb. 77 zeigt zwei Beispiele.

Aus dem geschilderten Verhalten einer Übertragungsleitung lassen sich einige für praktische Messungen außerordentlich wichtige Schlußfolgerungen ableiten:

1. Reflexionsfreie Übertragung erfordert die Anpassung des Verbrauchers an den Wellenwiderstand der Leitung, so daß sich eine niederohmige Belastung des Generators ergibt. Für beispielsweise 5 V Spannung

sind bei 50 Ω Lastwiderstand 100 mA erforderlich; solch große Ströme lassen sich mit Transistorschaltungen wesentlich leichter als mit Elektronenröhren erzeugen.

2. Die senderseitige Anpassung an das Kabel reduziert die Spannung am angepaßten Verbraucher um 50%. Können durch gute Anpassung des Verbrauchers Reflexionen verhindert werden, kann man auf eine senderseitige Anpassung an das Kabel verzichten.

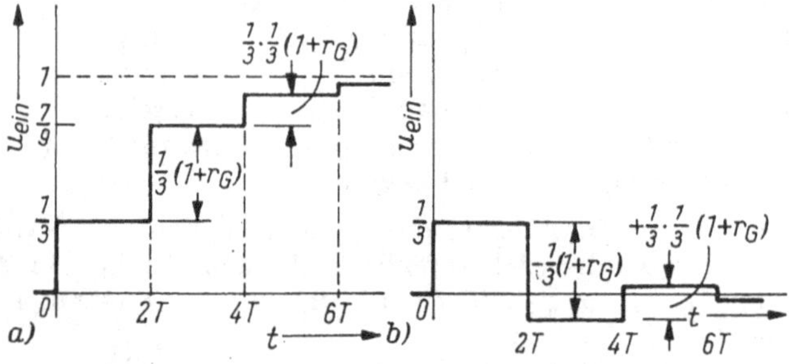

Abb. 77. Reflexionen bei sprungförmiger Generatorspannung und $R_G = 2 Z_0$ ($r_G = 1/3$); a: Leerlauf $R = \infty$; b: Kurzschluß $R = 0$

3. Die Übertragungsleitung wirkt am senderseitigen Ende während der doppelten Laufzeit $2T$ in jedem Fall als ohmscher Widerstand Z_0; das senderseitige Ende hat während des Zeitintervalls $0 < t < 2T$ „noch keine Kenntnis" von den Lastverhältnissen am Empfänger.

4. Bei R, $R_G \neq Z_0$ treten zahlreiche Reflexionen auf, die bei $R > Z_0$ einem kapazitiven Verhalten und bei $R < Z_0$ einem induktiven Verhalten des Kabels entsprechen (vgl. Abb. 77).

Es leuchtet ein, daß die Reflexionseigenschaften die Übertragung empfindlich stören können, insbesondere wenn die Impulsparameter im ns-Bereich liegen. Hier müssen dann die in den Gerätebeschreibungen gegebenen Hinweise über die Abschlußbedingungen des Geräteein- und

-ausgangs, meist 50 Ω Widerstand, präzise eingehalten werden.

Beispiele für die Ausnutzung von Reflexionen und Laufzeiten zur Impulsformung zeigt Abb. 78. Bipolare Impulse für Verstärker kann man erzeugen, wenn man zwei kurzgeschlossene und über eine Trennstufe gekoppelte Koaxialkabel gleicher Laufzeit T verwendet, z. B. [45], oder beide Enden einer leerlaufenden Leitung mit einem

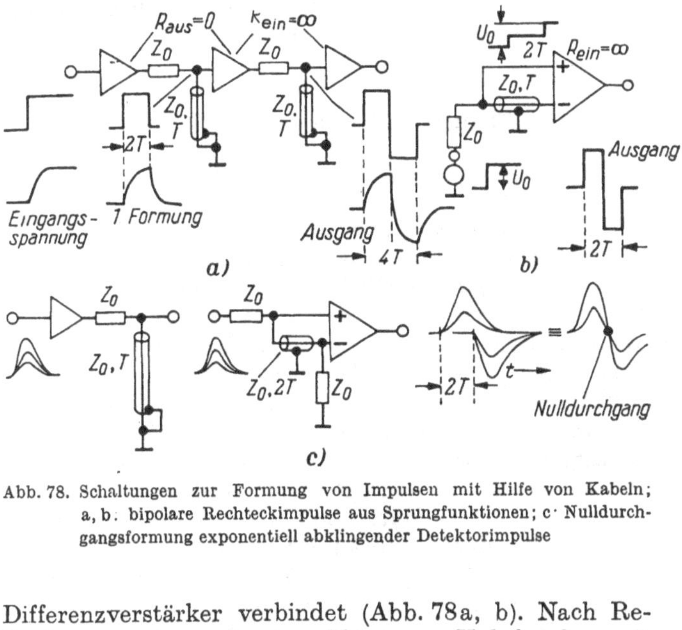

Abb. 78. Schaltungen zur Formung von Impulsen mit Hilfe von Kabeln; a, b: bipolare Rechteckimpulse aus Sprungfunktionen; c: Nulldurchgangsformung exponentiell abklingender Detektorimpulse

Differenzverstärker verbindet (Abb. 78a, b). Nach Reflexion an einem kurzgeschlossenen Kabel oder mit einem angepaßten Kabel und Differenzverstärker erhält man z. B. für Szintillationszählerimpulse einen Nulldurchgang, der nicht von der Impulshöhe abhängt und daher als Zeitmarke für Messungen von Zeitkorrelationen und -differenzen geeignet ist (Abb. 78c). Bei Veränderungen der Szintillatorzeitkonstanten infolge unterschiedlicher Strahlungspartikel verschiebt sich der Nulldurchgang; dieser Effekt kann zur Partikelunterscheidung ausgenutzt werden.

Kabel lassen sich auch zur Impulserzeugung verwenden [9, 17]. Lädt man ein leerlaufendes Kabel der Laufzeit T über einen sehr großen Widerstand $R_G \gg Z_0$ auf eine Gleichspannung U_0 auf, so erhält man nach Umschalten auf einen Widerstand $R = Z_0$ einen Rechteckimpuls mit der Höhe $U_0/2$ und der Länge $2T$. Als Schalter dienen mechanische Kontakte; bei koaxialem Aufbau sind die Impulsanstiegszeiten kleiner als 1 ns.

4. Impulszähler und Impulsdichtemessung

4.1. Allgemeine Eigenschaften und Zählverluste

Die Bestimmung der Strahlungsintensität ist eine der häufigsten Meßaufgaben bei kernphysikalischen Experimenten, in der Strahlenschutzphysik, beim Betrieb von Kernreaktoren und beim Einsatz radioaktiver Isotope in Medizin, Technik und Forschung. Man kann im wesentlichen zwei prinzipielle Meßanordnungen unterscheiden:

Zählgerät (Abb. 79a): Die auf einheitliche Größe geformten Detektorsignale werden in einer Zählschaltung in digitaler Form gespeichert. Der Zählerinhalt wird meist auf die Meßdauer T bezogen, d. h. auf das Zeitintervall zwischen Start und Stop des Zählers, und als Zählrate mit der Dimension s^{-1} angegeben. Die Zählrate ist in diesem Fall die über die gesamte Meßdauer T gemittelte Zahl der Impulse je Zeiteinheit.

Impulsdichtemesser (Abb. 79b): Die standardisierten Detektorsignale gelangen auf eine Integrierschaltung, deren Ausgangsspannung linear oder logarithmisch von der Zahl der pro Zeiteinheit eintreffenden Impulse (Impulsdichte) abhängt. Als Mittelungszeit kann man die Zeitkonstante der Integrierschaltung ansehen. Wird ein Bandschreiber oder eine ähnliche Registrierapparatur angeschlossen, lassen sich in einfacher Weise zeitliche Änderungen der Zählrate erkennen und in übersichtlicher Weise aufzeichnen.

Zählgeräte haben Vorteile, wenn die mittlere Zählrate nur wenig schwankt und mit hoher Präzision bestimmt werden muß. Die Digitalausgabe begünstigt die weitere Auswertung des Meßergebnisses. Dagegen bewähren sich Impulsdichtemesser mit Analogausgang, wenn die zeitlichen Änderungen der Zählrate registriert werden müssen. Durch Unterteilung der Meßzeit in kleine Teilbereiche und entsprechende Ausgabe und Speicherung der ein-

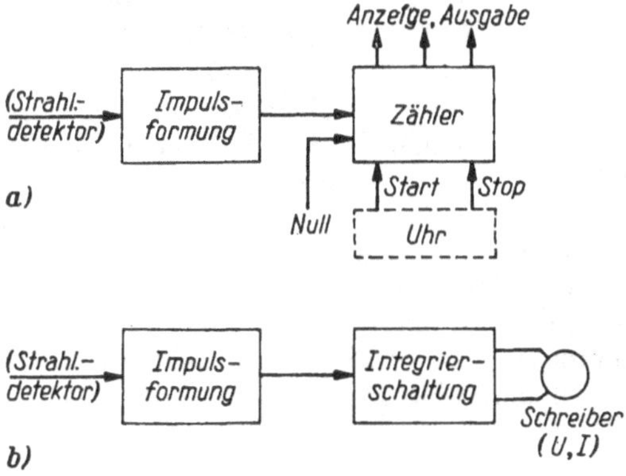

Abb. 79. Prinzipielle Meßanordnungen; a Impulszähler; b Impulsdichtemesser

zelnen Zählraten läßt sich das auch mit Zählgeräten durchführen, doch ist der elektronische Aufwand wesentlich höher. Impulsdichtemesser mit Integrierschaltungen haben deshalb vor allem in der Strahlenschutztechnik und bei der Reaktorkontrolle große Bedeutung erlangt. Läßt man in Abb. 79b den Impulsformer weg, so ist die Ausgangsspannung des Integrators der von den Strahlungsdetektoren abgegebenen Ladung proportional. Falls diese Ladung ein Maß für die im empfindlichen Detektorvolumen umgesetzte Strahlungsenergie ist, liefert der Entladestrom des Integrators bzw. dessen Ausgangsspannung sofort eine Aussage über die Dosisleistung. Messungen dieser Art spielen in der Dosimetrie eine große Rolle — auf die hiermit zusammenhängenden Probleme wird im folgenden nicht eingegangen.

Die Strahlungspartikel, wie sie beim radioaktiven Zerfall oder bei Kernprozessen in Reaktoren und an Teilchenbeschleunigern auftreten, sind bekanntlich zeitlich statistisch verteilt. Hieraus ergeben sich für die kernphysikalische Elektronik einige wichtige Konsequenzen:

— Fehler bei der Impulshöhenmessung durch Schwankungen des Nullpegels, falls die Detektorsignale durch *RC*-Differenzierglieder übertragen werden (siehe Abschnitt 2.3).

— Zählverluste, wenn der Zeitabstand zwischen einzelnen Ereignissen kleiner als die Auflösungszeit der Meßapparatur ist.

Unter der Auflösungszeit t_r oder der Totzeit einer Zählapparatur wird im folgenden der minimale Zeitabstand zwischen zwei aufeinanderfolgenden Ereignissen verstanden, die gerade noch als zwei Ereignisse registriert werden. Diese Auflösungszeit hängt von zahlreichen Faktoren ab:

— Länge der Detektorsignale und eventuelle Totzeiten des Detektors; Szintillationszähler mit Plastszintillatoren und kleiner Detektorzeitkonstante lassen Auflösungszeiten von größenordnungsmäßig 10 ns zu, während die Auflösungszeit von Auslösezählern bei 100 µs liegt.

— Länge der geformten Signale und Totzeit des Impulsformers; bei monostabilen Multivibratoren, die häufig zur Impulsformung benutzt werden, können Erholzeiten bis zu einem mehrfachen Wert der Impulslänge auftreten. Ohne große Schwierigkeiten sind Auflösungszeiten von weniger als 100 ns erreichbar.

– Umschaltgeschwindigkeit der ersten Stufen der Zählschaltung; moderne integrierte Schaltkreise lassen Umschaltfrequenzen von weit über 100 MHz zu.

Es lassen sich zwei Grenzfälle für die Totzeit unterscheiden:

– Konstante Totzeit nach einem Ereignis; in dieser Zeit eintreffende weitere Ereignisse haben keinen Einfluß auf diese Totzeit (Zähler 1. Art).
– Erweiterte Totzeit; während der Totzeit nach einem Ereignis eintreffende Signale verlängern die Totzeit entsprechend (Zähler 2. Art).

Elektronisch bedingte Totzeiten lassen sich weitgehend der 1. Art, Totzeiten von Auslösezählern der 2. Art zuordnen. Ausführliche Diskussionen des Einflusses der Totzeit sind in [12, 14 (Band 1), 15, 16, 19, 87] enthalten.

Die Verteilung der voneinander unabhängigen Kernstrahlungsereignisse wird durch die POISSON-Verteilung wiedergegeben:

$$P_n = \frac{N^n e^{-N}}{n!}, \tag{4.1}$$

hierin ist P_n die Wahrscheinlichkeit, während eines Zeitintervalls t gerade n Ereignisse zu beobachten, wenn N der „wahre" Mittelwert der Wahrscheinlichkeitsverteilung ist. Man kann N als Mittelwert aus unendlich vielen, jeweils die Zeit t dauernden Messungen bei Abwesenheit von Zählverlusten ansehen. Man kann weiterhin

$$N = M \cdot t \tag{4.2}$$

mit M als „wahre" mittlere Zählrate schreiben. Die Wahrscheinlichkeit, daß im Zeitraum t kein Ereignis eintrifft ($n = 0$), beträgt dann

$$P_0 = \mathrm{e}^{-N} = \mathrm{e}^{-Mt}; \tag{4.3}$$

die Wahrscheinlichkeit für ein Zählereignis im Zeitintervall $t \ldots (t + \mathrm{d}t)$ ist mit Gl. (4.2)

$$\mathrm{d}P = M\mathrm{d}t. \tag{4.4}$$

Folglich ist die Wahrscheinlichkeit, daß zwischen 0 und t kein und zwischen t und $t + \mathrm{d}t$ ein Ereignis eintrifft,

$$\mathrm{d}P_1 = P_0\mathrm{d}P = M\mathrm{e}^{-Mt}\mathrm{d}t. \tag{4.5}$$

Die Wahrscheinlichkeitsverteilung für die Zeitintervalle zwischen zwei aufeinanderfolgenden Impulsen ergibt sich daraus zu

$$w_1(t) = \mathrm{d}P_1/\mathrm{d}t = M\mathrm{e}^{-Mt} = (1/\theta)\,\mathrm{e}^{-t/\theta} \tag{4.6}$$

mit $\theta = 1/M$ als mittleren Zeitabstand zwischen zwei Ereignissen (Abb. 80). Dies besagt, daß bei voneinander unabhängigen, statistisch verteilten Ereignissen die

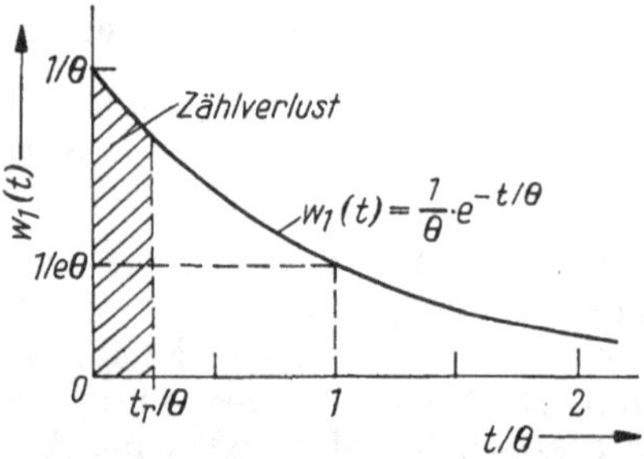

Abb. 80. Wahrscheinlichkeitsverteilung der Zeitintervalle zwischen aufeinanderfolgenden, zeitlich statistisch verteilten Impulsen

Wahrscheinlichkeit für kurze Zeitintervalle am größten ist und nicht für den mittleren Zeitabstand θ, wie man zunächst vermuten könnte (vergleiche die Redewendung: Ein Unglück kommt selten allein). Demnach wird bei einer Auflösungszeit t_r ein vom Verhältnis t_r/θ abhängiger Teil der Ereignisse nicht registriert. Bei Zählern 2. Art gehen daher alle Ereignisse verloren, die in einer Zeit $\Delta t < t_r$ nach einem vorherigen Signal eintreffen. Mit Gl. (4.6) ist also der Zählverlust

$$\frac{\Delta N}{N} = \frac{N - n}{N} = \int_0^{t_r} w_1(t)\,\mathrm{d}t = 1 - \mathrm{e}^{-t_r/\theta} \tag{4.7}$$

mit n als gemessener Impulszahl (in Abb. 80 schraffiert eingezeichnet). Bei $t_r/\theta \ll 1$ wird

$$\Delta N/N = \Delta M/M \approx t_r/\theta \tag{4.8}$$

und daraus als Korrektur des Meßwerts

$$M \approx \frac{m}{1 - t_r/\theta} = \frac{m}{1 - Mt_r} \approx \frac{m}{1 - mt_r}, \tag{4.9}$$

m ist die gemessene Impulsdichte.

Bei Zählern der 1. Art kann man die Zählverluste sofort angeben, wenn man die Totzeit $n \cdot t_r$ als Verringerung der Meßzeit T interpretiert und damit m auf $T(1 - mt_r)$ und M auf T bezieht:

$$M = \frac{m}{1 - mt_r}. \tag{4.10}$$

Bis zu $mt_r \approx 20\%$ stimmen die Zählverluste bei beiden Zählerarten überein. Für die Zählrate der registrierten Impulse m gilt im Grenzfall $M \to \infty$ bei Zählern 1. Art $m \to 1/t_r$ und bei Zählern 2. Art $m \to 0$.

Bei Annahme einer mittleren Zählrate von $M = 10^6\,\mathrm{s}^{-1}$ ($\theta = 1\,\mu\mathrm{s}$) würde ein Zähler mit einer Auflösungszeit von $t_r = 0{,}1\,\mu\mathrm{s}$ („10 MHz-Zähler") einen Zählverlust von etwa 10% bringen. Bei periodischen Signalen würde dagegen der Zählverlust bis zu 10^7 Impulsen/s gleich Null sein (Frequenzmesser). Man erkennt hieraus, daß die Auflösungszeit einer Zählanordnung um mindestens 1 bis 2 Größenordnungen besser als der mittlere Impulsabstand sein muß, wenn die Zählverluste vernachlässigbar klein sein sollen. Nach Gl. (4.7) bis (4.10) sind zwar Korrekturen möglich, doch ist deren Genauigkeit wegen der meist nicht hinreichend genau bekannten Werte von t_r begrenzt.

Bei der Dimensionierung von Zählschaltungen ist zu beachten, daß nur die ersten Zählerstufen eine kleine Totzeit besitzen müssen. Bei den nachfolgenden Stufen ist einerseits die Schalthäufigkeit reduziert, und andererseits verteilen sich die Zeitintervalle im Gegensatz zu Abb. 80 um einen Mittelwert.

Als Ausgang einer Zählschaltung mit der Kapazität k (z. B. nach einer Zähldekade mit $k = 10$) wird nach jedem k-ten Ereignis ein Impuls abgegeben. Die Wahrscheinlichkeit für $(k - 1)$-Ereignisse im Zeitraum t ist nach Gl. (4.1)

$$P_{k-1} = \frac{(Mt)^{k-1} e^{-Mt}}{(k-1)!} \tag{4.11}$$

und für das k-te Ereignis im Intervall $t \dots t + dt$:

$$dP_k = P_{k-1} dP, \tag{4.12}$$

d. h., die Intervallverteilung nach Untersetzung der Impulsfolge um den Faktor k ist

$$w_k(t) = dP_k/dt = M \frac{(Mt)^{k-1}}{(k-1)!} e^{-Mt} = \frac{1}{\theta} \frac{(t/\theta)^{k-1}}{(k-1)!} e^{-t/\theta}. \tag{4.13}$$

Wie Abb. 81 zeigt, gruppieren sich die Intervalle mit steigendem k zunehmend um das Häufigkeitsmaximum bei $t/\theta = (k - 1)$. Dadurch werden die Zählverluste durch Totzeiten drastisch gesenkt. Im obigen Beispiel mit $M = 10^6\,s^{-1}$ wird am Ausgang der ersten Zähldekade $\theta_{10} = 10\,\mu s$. Beträgt die Auflösungszeit der zweiten Zähldekade ebenfalls $0{,}1\,\mu s$, sind die Zählverluste dieser Dekade theoretisch gleich Null, weil die erste Dekade bei $t_r = 0{,}1\,\mu s$ überhaupt nicht zwei Ausgangssignale im

Zeitabstand 0,1 μs liefern kann. Auch mit $t_r = 2 \cdots 3$ μs der 2. Dekade bleiben deren Zählverluste noch weit unter 1%: der Anteil von w_{10} für $t_r/\theta < 2 \cdots 3$ ist bereits auf Grund der Gl. (4.13) klein und wird effektiv dadurch weiter verringert, daß die erste Dekade wegen der eigenen Auflösungszeit nicht alle Eingangsimpulse verarbeiten kann.

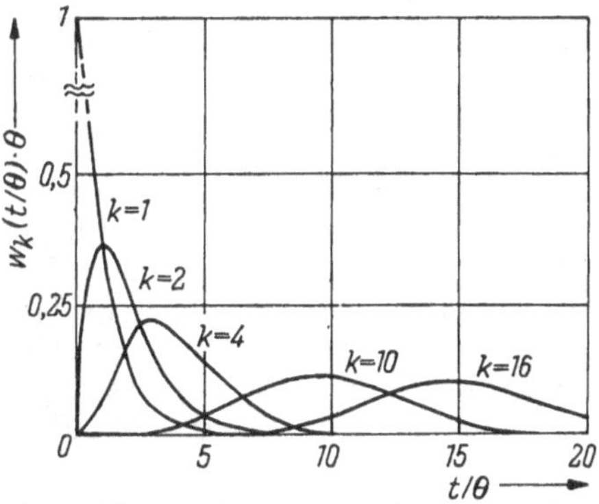

Abb. 81 Zeitintervallverteilung nach Untersetzung der Impulsfolge um den Faktor k ($k = 1$ ist identisch mit Abb. 80)

Die Berücksichtigung des Einflusses der Totzeit der einzelnen Zählerstufen ist sehr wesentlich, wenn mechanische Zähler mit elektronischen Zählschaltungen gekoppelt werden, spielt aber bei der Entwicklung von Zählschaltungen aus schnellen integrierten Schaltkreisen keine Rolle mehr, sofern die ersten Zählerstufen den Anforderungen gerecht werden.

4.2. Impulszähler

4.2.1. Grundschaltungen

Den beiden stabilen Zuständen einer Flip-Flop-Stufe (Abschnitt 3.3.3) kann man die Ziffernwerte 0 und 1 des Binärzahlensystems zuordnen. Schaltet man n Flip-

Flop-Stufen so in Reihe, daß eine Stufe beim Übergang von 1 nach 0 die nachfolgende Stufe kippt, erhält man einen Impulszähler, der nach genau 2^n Eingangssignalen wieder in den Ausgangszustand zurückkehrt (modulo 2^n-Zähler, 2^n-Untersetzer, Binärzähler 2^n). Der Zustand der einzelnen Flip-Flop-Stufen gibt jederzeit Auskunft über die Zahl der registrierten Impulse. Die überwiegende Zahl praktisch realisierter Zählschaltungen basiert auf kompletten Flip-Flop-Stufen, die durch geeignete Kopplung und Rückführung bei n Stufen beliebige Untersetzungsfaktoren bis 2^n zulassen.

Bis Ende der sechziger Jahre dominierten Zählschaltungen, die aus Transistor-Flip-Flops, etwa nach Art der Abb. 70 bestehen und Zählfrequenzen bis zu einigen 10 MHz erreichten [11, 12, 13, 14 (Band 2), 20, 73]. Für höhere Frequenzen wurden hochgezüchtete Flip-Flop-Stufen, Ringzähler und Tunneldiodenschaltungen verwendet [12, 17, 18, 20, 75]. Seit Anfang der siebziger Jahre überwiegen Zählschaltungen mit integrierten Flip-Flop-Stufen, aus denen in einfacher Weise bei geringem Schaltungsaufwand zuverlässige Zähler mit geringem Platz- und Strombedarf gebaut werden können. Durch zusätzliche Gatter sind Zusatzfunktionen wie beliebig einstellbarer Zählfaktor oder Vor- und Rückwärtszählung realisierbar. Mit normalen TTL-Schaltkreisen werden je nach Schaltungsart Zählfrequenzen bis etwa 20 MHz erreicht, mit schnellen ECL-Flip-Flop-Stufen mehr als 300 MHz. Eine Übersicht über die vielfältigen Zählervarianten findet man in [75, 78, 83] und in den Applikationsschriften der Hersteller integrierter Schaltkreise. Im folgenden werden Flip-Flop-Stufen wie diskrete Bauelemente angesehen; speziell handelt es sich um TTL-Gatter entsprechend Abb. 71, doch lassen sich auch die entsprechenden MOS- oder ECL-Schaltkreise verwenden.

Asynchronzähler (*Serienzähler*)

Bei einem Asynchronzähler gelangt der Zählimpuls nur an den Takteingang der ersten Zählerstufe. Die nachfolgenden Stufen werden im einfachsten Fall vom Ausgang Q oder $\bar{Q}$ der vorherigen Stufe gespeist. Abb. 82 zeigt einen vierstufigen Asynchronzähler („4bit-Zähler“,

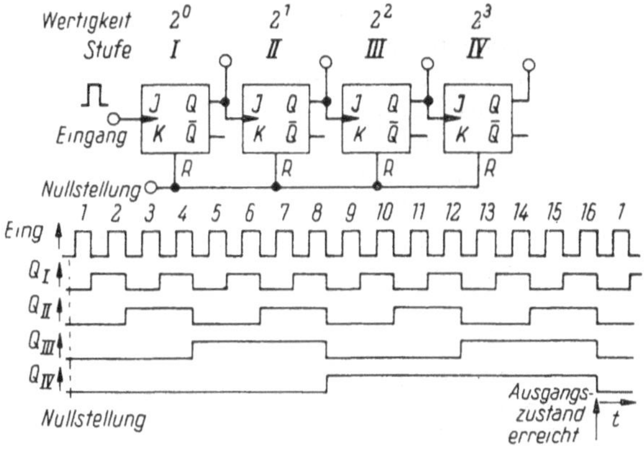

Zahlimpuls	Q_I	Q_{II}	Q_{III}	Q_{IV}	Zahlimpuls	Q_I	Q_{II}	Q_{III}	Q_{IV}
0	0	0	0	0	8	0	0	0	1
1	1	0	0	0	9	1	0	0	1
2	0	1	0	0	10	0	1	0	1
3	1	1	0	0	11	1	1	0	1
4	0	0	1	0	12	0	0	1	1
5	1	0	1	0	13	1	0	1	1
6	0	1	1	0	14	0	1	1	1
7	1	1	1	0	15	1	1	1	1
					16 ≡ Zählimpuls 0				

Abb. 82. Vierstufiger Asynchronzähler (16 : 1-Untersetzer) mit Impulsdiagramm und Zustandstabelle, 4 TTL-Bausteine D 172

16 : 1-Untersetzer) mit Angabe der Zustandstabelle, die dem Ausgang $Q = H$ den Binärwert 1 und $Q = T$ den Wert 0 zuordnet. Das Impulsdiagramm bezieht sich auf JK-Master-Slave-Flipflops D 172 (Abb. 71c). Vor dem ersten Eingangsimpuls wurden alle D 172 durch ein kurzzeitiges $R = T$ in den Zustand $Q = T$ überfuhrt.

Infolge der Verzögerungszeit der einzelnen Stufen (beim Flipflop D 172 maximal 40 ns, in Abb. 82 nicht berücksichtigt) schalten die einzelnen Stufen des Serienzählers nicht gleichzeitig („asynchron"). Bei langen Ketten kann es deshalb vorkommen, daß die letzten Stufen der Kette den Zählimpuls noch nicht verarbeitet haben, während am Eingang der Zählkette bereits der nächste Zählimpuls eintrifft. Diese Zeitverzögerung begrenzt die maximale Zählgeschwindigkeit nur, wenn innerhalb der Kette Rückführungen zur Einstellung eines von 2^n verschiedenen Untersetzungsfaktors vorhanden sind (z. B. Dekadenzähler). Die Verzögerungen können bei der Dekodierung der Zustände der Zählkette zu kurzen Störsi-

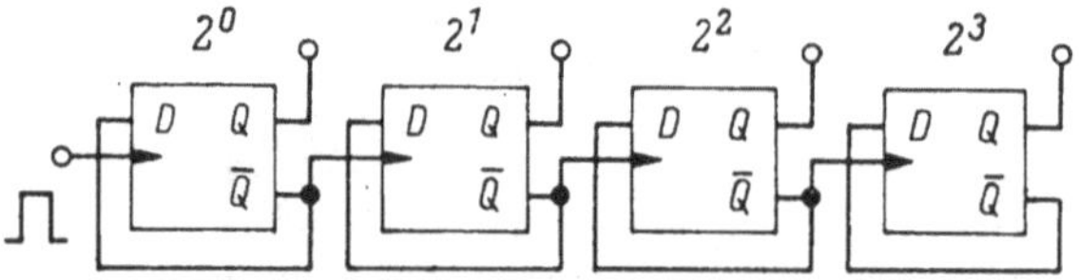

Abb. 83. Vierstufiger Asynchron-Binärzähler mit *D*-Flip-Flops (zwei Schaltkreise MH 7474)

gnalen an Dekoderausgängen führen, die nicht der gespeicherten Zahl entsprechen; auf diese Weise sind Fehlauslösungen angeschlossener Schaltungen möglich.

In Abb. 83 ist ein weiterer 16:1-Asynchronzähler dargestellt, der zwei Bausteine MH 7474 verwendet. Bei diesen *D*-Flip-Flops verbindet man den Ausgang $\bar{Q}$ mit dem Eingang *D*, so daß jeder 0/1-Übergang der Taktimpulse den Ausgang invertiert (vergleiche Zustandstabelle in Abb. 71b). Serienzähler mit den taktflankengesteuerten *D*-Flip-Flops MH 7474 sind im Vergleich zu Zählern mit D 172 weniger empfindlich gegenüber Störimpulsen. Bei Asynchronzählern mit D 172 liegt der Takteingang je nach Schaltung bis zu etwa 50% der Zeit auf *H*; während dieser Zeit an den Eingängen *J* und *K* erscheinende Störimpulse, z. B. aus den Rückführungsleitungen, können den Zustand der Flipflops verändern.

Synchronzähler (Parallelzähler)

Bei einem Synchronzähler wird der Zählimpuls gleichzeitig an den Takteingang aller Zählerstufen geführt. Zusätzliche Gatter an den *J*- und *K*-Eingängen der *JK*-Flipflops legen dabei in Abhängigkeit vom Zählerinhalt fest, welche Flipflopstufen vom Zählimpuls gekippt werden dürfen und welche nicht. Abb. 84 zeigt einen de-

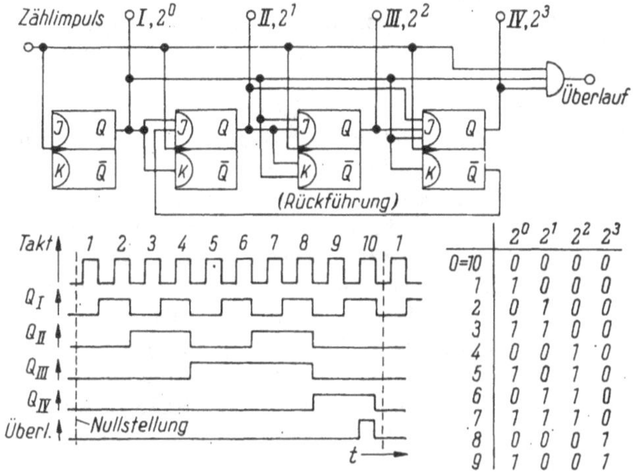

	2^0	2^1	2^2	2^3
0=10	0	0	0	0
1	1	0	0	0
2	0	1	0	0
3	1	1	0	0
4	0	0	1	0
5	1	0	1	0
6	0	1	1	0
7	1	1	1	0
8	0	0	0	1
9	1	0	0	1

Abb. 84. Synchrone Zähldekade im 1-2-4-8-Code mit Angabe der Zustände (BCD-Code)

kadischen Synchronzähler mit vier D 172 im 1-2-4-8-Code, der etwa 15 MHz Zählfrequenz erreicht. Durch die UND-Verknüpfung der drei *J*- bzw. der drei *K*-Eingänge sind keine weiteren Verknüpfungsgatter erforderlich. Die Funktion des Zählers wird aus dem Impulsschema voll verständlich, wenn man die Zustandstabelle aus Abb. 71c berücksichtigt. Bis zum Eintreffen des nächsten Taktimpulses müssen sich die Zustände an den Eingängen *J* und *K* eingestellt haben. Durch die interne Verknüpfung von *J* und *K* tritt keine zusätzliche Signallaufzeit auf, so daß die gesamte Dekade mit der Schaltfrequenz des Einzel-Flipflops arbeiten kann; das ist bei Asynchronzählern mit Rückführung nicht der Fall. Vorteilhaft ist weiterhin, daß der Zählerinhalt jeweils nach der Verzögerung durch eine Stufe an allen Ausgängen gleichzeitig verfügbar ist und daß auf diese Weise Störsignale bei der Dekodierung vermieden werden.

Zu den Synchronzählern gehören auch die sog. Ringzähler. Sie bestehen aus in Reihe geschalteten *JK*- oder *RS*-Master-Slave-Flipflops, deren Ausgänge $Q(\bar{Q})$ mit $J(K)$ bzw. $S(R)$ der folgenden Stufe verbunden sind; bei *D*-Flipflops wird *Q* mit *D* gekoppelt. Schaltungen dieser Art werden als Schieberegister bezeichnet, weil bei ihnen der Taktimpuls den Zustand „0" oder „1" um eine Stelle weiterschaltet. Man erhält hieraus einen Ringzähler, wenn die Ausgänge der letzten Stufe mit dem Eingang der ersten Stufe verknüpft werden. Eine „0" oder „1" läuft dann zyklisch um und erreicht bei *n* Stufen nach *n* Takten wieder den Ausgangszustand -- die Zählkapazität ist folglich *n*. Bei Vertauschung der Rückführungsleitungen (Verbindung *Q* mit *K* und $\bar{Q}$ mit *J*) wird, sofern sich alle Flip-Flop-Stufen durch die Nullstellung im Zustand $Q = T$ oder „0" befanden, von links beginnend in die Stufen die „1" eingetragen, bis nach *n* Takten alle Stufen den Zustand 1 einnehmen. Die am Ausgang erscheinende „1" wird wegen der Vertauschung vom nächsten Takt als „0" in die erste Stufe eingetragen, so daß nach insgesamt $2n$ Takten der Ausgangszustand wiederhergestellt ist. Die Zählkapazität solcher Ringzähler mit vertauschter Rückführung (JOHNSON-Zähler) ist bei *n* Stufen $2n$. Abb. 85 zeigt einen derartigen Ringzähler mit 5 Stufen, der damit eine Zähldekade darstellt. Ringzähler zeichnen sich durch einfache Schaltungstechnik aus. Bei den erstgenannten Ringzählern ist kein Dekodierungsnetzwerk erforderlich, weil der Zählerinhalt unmittelbar an den Flipflop-Ausgängen ablesbar ist. Für den Ringzähler nach Abb. 85 reicht je Stelle ein UND-Gatter bzw. ein NAND-Gatter mit 2 Eingängen aus. Deshalb ist auch der Bausteinaufwand mit den zuvor besprochenen Schaltungen vergleichbar. Während des Umschaltens ändert sich stets nur der Zustand einer einzigen Stufe, so daß an den Ausgängen im Gegensatz zum Dekodierungsnetzwerk eines Asynchronzählers keine Störimpulse auftreten können. Beispielsweise wird in [88] eine 100 MHz-Dekade mit Dekodierschaltung beschrieben, die aus einem fünfstufigen Ringzähler und einem Flip-Flop besteht; sie ist mit ECL-NOR-Gattern 1 ЛБ 371 (Serie 137) aufgebaut.

Hinweise zur Kopplung mehrerer Zähldekaden oder zur optimalen Schaltungsauslegung für minimalen Aufwand und hohe Zählgeschwindigkeit gibt [78]. Dort sind auch zwei- bis fünfstufige synchron arbeitende Frequenz-

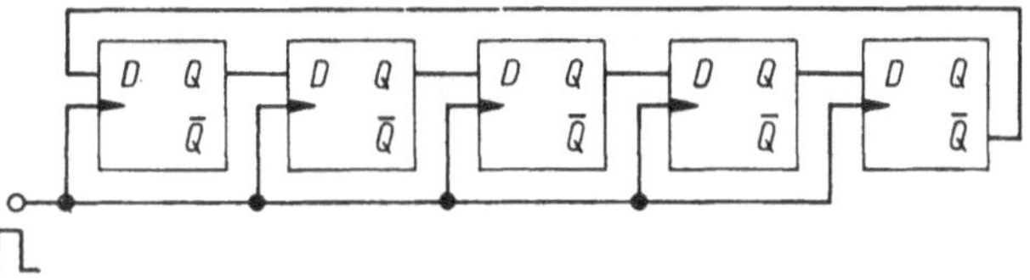

Abb. 85. Dekadischer Ringzähler

teiler mit *JK*-Master-Slave-Flipflops zusammengestellt, die Untersetzungsfaktoren von 3:1 bis 17:1 zulassen.

Mit n-stufigen synchron arbeitenden Binärzählern kann man in einfacher Weise Untersetzungsfaktoren $<2^n$ erhalten. Bei Erreichen des gewünschten Faktors muß ein entsprechend angeschlossenes Dekodiergatter den Zustand T abgeben, mit dessen Hilfe über die Rücksetzeingänge alle Flip-Flop-Stufen in den Nullzustand $Q = T$ zurückgesetzt werden. Dieses Verfahren ist auch bei Asynchronzählern möglich, wenn ein zusätzliches Speicherflipflop zum Ausgleich der unterschiedlichen Schaltzeiten benutzt wird [78].

Der Vollständigkeit wegen werden noch Vorwärts-Rückwärtszähler erwähnt, die zwischen den einzelnen Stufen Umschaltnetzwerke besitzen. Mit diesen Gattern werden die Kopplungen zwischen den einzelnen Flip-Flop-Stufen so geändert, daß in Abhängigkeit vom Zustand des Steuereingangs die Taktimpulse den Zählerinhalt erhöhen oder verringern. Solche Zähler werden auch als integrierte TTL-Schaltkreise hergestellt [89]: synchroner dekadischer Vorwärts/Rückwärtszähler D 192 und Vorwärts/Rückwärts-16:1-Binärzähler D 193.

4.2.2. *Universalzähler*

Das Blockschaltbild eines typischen Zählgeräts, wie es in der kernphysikalischen Meßtechnik verwendet wird, zeigt Abb. 86. Der Zähler enthält meist 6 Dekaden, so daß

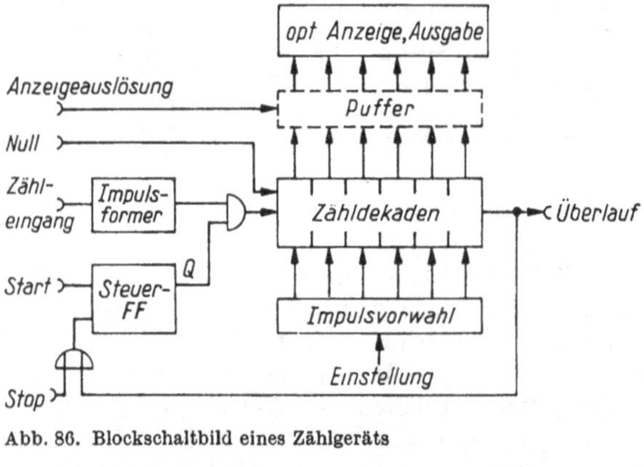

Abb. 86. Blockschaltbild eines Zählgeräts

der maximale Zählerinhalt $10^6 - 1$ beträgt (Zählung modulo 10^6). Die höchste Zählgeschwindigkeit liegt bei 10 MHz. Durch Betätigen der Start-Taste oder durch elektrische Auslösung wird das Steuer-Flipflop in den Zustand $Q = H$ gekippt. Erst dann können die beispielsweise mit einem monostabilen Multivibrator geformten Zählimpulse zur Zählschaltung gelangen. Der Zähler wird gestoppt, wenn man das Steuer-Flipflop nach $Q = T$

rücksetzt. Vor Beginn der Zählung kann der Zählerinhalt gelöscht werden, beispielsweise durch kurzzeitiges $R = T$ bei Zählern mit D 172. Nach 10^6 Impulsen gibt der Zähler einen Überlaufimpuls ab und beginnt mit der Zählung von vorn. Der Überlaufimpuls kann in einem weiteren Zählgerät registriert oder für Steuerzwecke herangezogen werden (Impulsvorwahl).

Für die Angabe des Zählerinhalts bestehen verschiedene Möglichkeiten:

— Bei einer Zähldekade mit der Stellenwertigkeit 1-2-4-8 stellen die Zustände Dezimalzahlen in binär verschlüsselter Form dar (BCD-Code). Ein Beispiel für einen solchen Zähler zeigt Abb. 84. Verknüpft man die Ausgänge Q so mit Anzeigelämpchen, daß sie bei

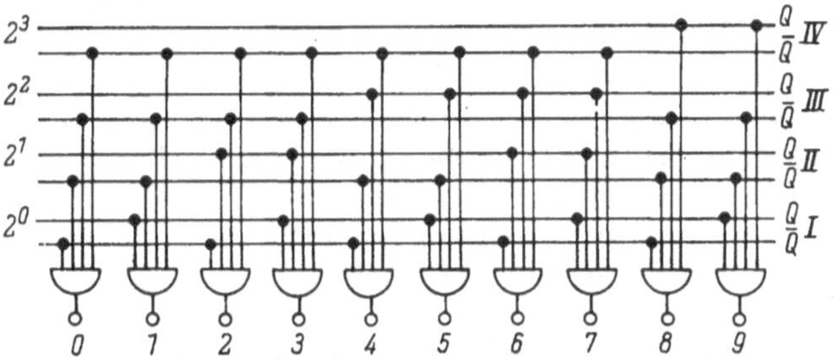

Abb. 87. Dekodiernetzwerk für 1-2-4-8-Zähler (BCD), im Aufwand nicht minimalisiert

$Q = H$ leuchten, ist der Zählerinhalt in BCD-Darstellung ablesbar. Diese Methode ist einfach realisierbar, allerdings ist die Ablesung der $6 \cdot 4 = 24$ Lampen bei 6 Dekaden wenig übersichtlich.

— Verwendung von Dekodierungsnetzwerken. Mit einem „1 aus n"-Dekoder gemäß Abb. 87 wird der Zählerstand des Zählers Abb. 84 entschlüsselt. Nur der Dekoderausgang, dessen Eingänge auf H liegen, kann den Zustand *H* einnehmen. Dadurch wird jedem Zählerstand ein einziger Dekoderausgang zugeordnet, wie man leicht nachprüfen kann. Mit dem Dekoder läßt sich dann z. B. eine Ziffernanzeigeröhre ansteuern, die den Inhalt der Dekade in Ziffernform darstellt. Berücksichtigt man, daß 6 von den 16 möglichen Einstellungen eines 4 bit-Zählers bei einer Zähldekade nicht vorkommen können, läßt sich der Aufwand des Dekoders Abb. 87 von 10 Gattern mit je 4 Eingängen auf 2 Gatter mit 4 Eingängen, 6 mit 3 und 2 mit 2 Eingängen reduzieren. Mit entsprechenden Dekodern kann man auch optoelektronische Anzeigeelemente, z. B. 7-Segment-Lumineszenzdioden-Tableaus, speisen.

Für praktische Anwendungen ist die Impulsvorwahl oft sehr wichtig. Über einen oder mehrere Schalter kann eine bestimmte Impulszahl vorgegeben werden. Erreicht der Zählerinhalt diesen Wert, erscheint ein Steuersignal für externe Geräte (in Abb. 86 Überlaufimpuls), das gleichzeitig den Zähler stoppt. Diese Impulsvorwahl kann man realisieren, wenn der Zähler auf das Komplement der gewünschten Impulszahl voreingestellt und dann bis zum Überlauf voll gezählt wird oder wenn man den Zählerinhalt ständig mit der Vorwahl vergleicht, bis Gleichheit erreicht ist (Digitalkomparator). Soll der Zählerstand zu einem bestimmten Zeitpunkt optisch angezeigt oder ausgedruckt werden, ohne daß der Zähler gestoppt wird, ist ein Pufferspeicher erforderlich. Durch einen Auslöseimpuls übernimmt der Speicher den momentanen Zählerstand ohne Störung der Zählfunktion.

Zählgeräte der Hochenergie- und Elementarteilchenphysik können Zählfrequenzen von mehr als 50 MHz verarbeiten. Sie sind gewöhnlich als reine Binärzähler aufgebaut mit einer Kapazität von beispielsweise 16 bit, entsprechend einem Fassungsvermögen für $2^{16} - 1 = 65535$ Impulse. Sie besitzen meist keine optische Anzeige für den Inhalt. Der Zählerstand kann wie üblich durch

Drucker oder Lochstreifenstanzer ausgegeben werden. Moderne Zähler mit dem Interface CAMAC können den Zählerinhalt auf elektrischem Wege zu einem Rechner übertragen und können auch von diesem Rechner gesteuert werden.

Wird an das Zählgerät in Abb. 86 ein Impulsgenerator mit einer konstanten Folgefrequenz angeschlossen, z. B. ein quarzstabilisierter 1 MHz-Generator, erhält man eine elektronische Stoppuhr mit einer Einstellgenauigkeit der Zeitdifferenz von 1 μs. Die Länge des Zeitintervalls wird mit der Impulsvorwahl des Zählers eingestellt. Besitzt der Zähler einen Pufferspeicher, so kann man „Zwischenzeiten" auf den Anzeigeelementen darstellen, ohne die Uhr anzuhalten. Anordnungen dieser Art werden z. B. bei Sportwettkämpfen benutzt. Die Kombination einer elektronischen Stoppuhr mit einem schnellen Zählgerät erlaubt es, genaue Frequenzmessungen durchzuführen, indem einfach während eines bestimmten Zeitintervalls die einzelnen Perioden ausgezählt werden.

4.3. Impulsdichtemesser

Bei den analog arbeitenden Impulsdichtemessern (Ratemeter) wird der zeitliche Mittelwert mit Hilfe einer Integrierschaltung bestimmt. Jeder Detektorimpuls lädt nach entsprechender Formung einen Integrator mit einer konstanten Ladungsmenge auf (vgl. Abb. 79b).

Meist verwendet man Ladeschaltungen, die auf dem Prinzip der sogenannten Diodenpumpe beruhen (Abb. 88). Die Detektorsignale werden z. B. mit einem Schmitt-Trigger und einem monostabilen Multivibrator zu Rechteckimpulsen geformt. Der positive Spannungssprung der Höhe U_1 lädt über die Diode D_1 den Speicherkondensator C mit der Ladung $Q = U_1 C_1$ auf, sofern $C_1 \ll C$ und die Spannung U_2 über C klein gegen U_1 ist. Die Impulslänge T muß mindestens $5\,R_{D1}C_1$ betragen (R_{D1} = Generatorinnenwiderstand und Durchlaßwiderstand von

D_1), um C_1 voll aufzuladen. Der negative Spannungssprung an der Rückflanke der Eingangsimpulse sperrt D_1 und stellt über die nunmehr leitende Diode D_2 den ursprünglichen Ladungszustand von C_1 wieder her; hierfür muß gelten: mittlerer Impulsabstand $\gg R_{D2}C_1$.

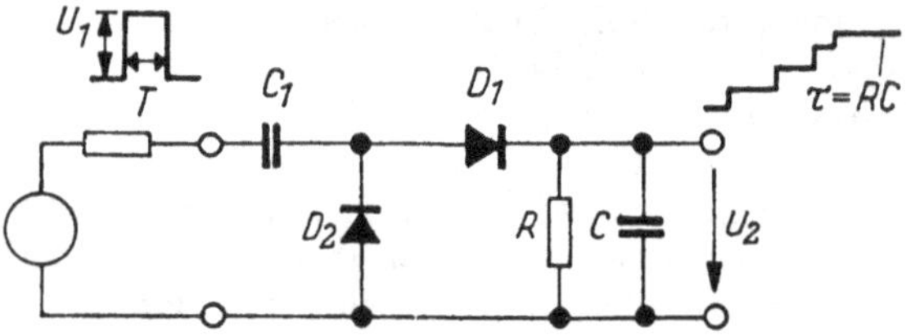

Abb. 88. Dioden„pumpe" eines Impulsdichtemessers

Bei einer Impulsdichte M wird dem Speicherkondensator der mittlere Strom

$$MQ = MC_1(U_1 - U_2), \tag{4.14}$$

$$MQ \approx MC_1U_1,\ U_2 \ll U_1 \tag{4.15}$$

zugeführt, der gleich dem über R fließenden Entladestrom sein muß. Deshalb ist die Ausgangsspannung

$$U_2 = MC_1U_1R \tag{4.16}$$

proportional zu M, aber nicht abhängig von C. Die Impulsdichte läßt sich auch mit dem Strom durch R messen:

$$I_R = MC_1U_1. \tag{4.17}$$

Wegen der statistischen Verteilung der Detektorimpulse schwankt U_2 bzw. I_R um einen Mittelwert. Wie in Abschnitt 1.3 ergibt sich mit $U_2(t) = (C_1U_1/C)\,e^{-t/RC}$ für einen Einzelimpuls als relative Schwankung der Ausgangsspannung

$$\sigma_u/U_2 = 1/\sqrt{2MRC}. \tag{4.18}$$

Somit liefert eine große Integrationszeitkonstante im Vergleich zum mittleren Impulsabstand ($RC \gtrsim 10^2/M$) Schwankungen von einigen %. Allerdings ist die Einschwingzeit des RC-Integrators entsprechend groß. Da U_2 proportional zu R ist, stellt man zweckmäßigerweise den Meßbereich für M über die Größe von R und die Schwankung bzw. Einschwingzeit über C ein.

Aus Gl. (4.14) ist ersichtlich, daß mit steigendem U_2 die zufließende Ladung verringert wird und daß auf diese Weise Meßfehler entstehen. Deshalb führt man die Span-

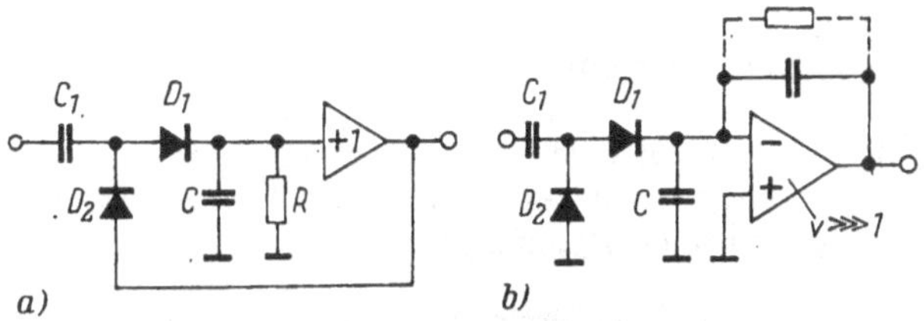

Abb. 89. Verbesserung der Linearität eines Impulsdichtemessers durch Spannungsnachführung (a) oder durch virtuelle Erdung (b)

nung der Diode D_2 über einen Trennverstärker nach (Abb. 89a) oder verwendet einen aktiven Integrator, dessen Eingangsspannung wegen der hohen Verstärkung des Operationsverstärkers „virtuell auf Erde" bleibt (Abb. 89b). Dieser Integrator hat den weiteren Vorteil, sehr große Zeitkonstanten zu ermöglichen, wie sie für die Messung kleinster Impulsdichten erforderlich sind.

Die Genauigkeit von Impulsdichtemessern wird durch die Stabilität der Impulshöhe U_1 und durch die Spannungsmessung auf etwa 1% begrenzt. Wegen der Umladezeitkonstanten für C_1 beträgt die Totzeit der Meßanordnung mehr als 1 μs. Die hieraus bei hohen Zählraten resultierenden großen Zählverluste lassen sich wesentlich reduzieren, wenn man vor der Formerstufe eine Untersetzerschaltung, z. B. einen 16:1-Binärzähler mit einer kleinen Auflösungszeit vorsieht.

Für die Messung stark veränderlicher Impulsdichten verwendet man• Ratemeter mit logarithmischer Abhängigkeit $U_2 = f(\log M)$, die einen Meßbereich M von 4 bis 5 Dekaden ohne Umschaltung aufweisen. In [11, 14 (Band I), 20] sind zahlreiche Schaltungsvarianten und die Genauigkeit von Impulsdichtemessern behandelt.

5. Messung von Zeitdifferenzen und Zeitkorrelationen

5.1. Koinzidenzprinzip

In der kernphysikalischen Meßtechnik kann man bei der Untersuchung des zeitlichen Ablaufs zwei wesentliche Verfahren unterscheiden:

- Messung von Zeitkorrelationen zwischen zwei oder mehreren Impulsen mit Hilfe von Koinzidenzschaltungen im Zeitbereich von etwa 10^{-10} bis 10^{-5} s. Die Impulse z. B. zweier Strahlungsdetektoren werden auf bestimmte zeitabhängige logische Bedingungen geprüft, so daß Ereignisse, die nicht dieser gewünschten Koinzidenz entsprechen, von der weiteren Verarbeitung ausgeschlossen werden können.
- Messung der Verteilung der Zeitintervalle zwischen Impulspaaren im Zeitbereich von etwa 10^{-11} bis 10^{-3} s. Man verwendet hierfür spezielle Zeitanalysatoren und Koinzidenzanordnungen. Auf diesem Meßverfahren beruhen die meisten Lebensdauer- und Flugzeitmessungen.

Für eine zusammenfassende Darstellung der Zeitmeß- und Koinzidenztechnik, vor allem für den Nanosekundenbereich (10^{-11} bis 10^{-7} s), kann man eine große Zahl von Veröffentlichungen empfehlen, z. B. [9, 17, 18, 20, 22, 90, 91, 92, 93].

Unter einer *Koinzidenz* versteht man die Gleichzeitigkeit zweier oder mehrerer Ereignisse, wobei „gleichzeitig“ bedeutet, daß die Zeitabstände der koinzidierenden Ereignisse kleiner als die Auflösungszeit 2τ der Koinzidenzanordnung sind. Die wesentlichen Zusammenhänge lassen sich ohne Verlust an Allgemeingültigkeit am einfachsten verdeutlichen, wenn man wie in Abb. 90 von zwei Strahlungsdetektoren ausgeht. Die zu Rechteckimpulsen der Länge T_I bzw. T_{II} geformten Detektor-

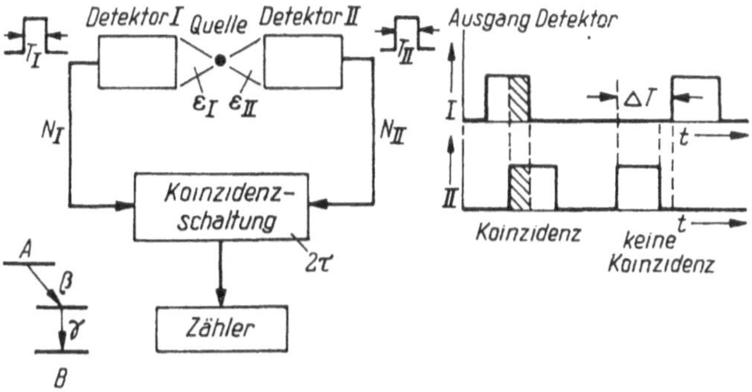

Abb. 90. Prinzip einer zweifach-Koinzidenzanordnung

signale werden zu einer Koinzidenzschaltung übertragen. Sie gibt einen Standardimpuls ab, wenn sich beide Eingangssignale wenigstens teilweise überlappen. Daher ist die Auflösungszeit dieser Meßapparatur $2\tau = T_I + T_{II}$ oder bei $T_I = T_{II} = T_0$ auch $2\tau = 2T_0$.

Als Strahlungsquelle wird ein radioaktives Präparat mit N-Zerfallsakten je Zeiteinheit (absolute Quellstärke) benutzt. Bei jedem Zerfallsakt wird ein β-Teilchen und unmittelbar darauf, d. h. in einem Zeitabstand $\Delta t \ll 2\tau$, ein γ-Quant emittiert. Vom Standpunkt der Koinzidenzanordnung erscheinen beide Partikel gleichzeitig („prompt“). Berücksichtigt man die statistische Zeitverteilung der Zerfallsakte, muß man zwei Arten von Koinzidenzen unterscheiden:

— *Echte Koinzidenzen* N_k: Die beiden Impulse I und II am Eingang der Koinzidenzschaltung entstammen ein und demselben Zerfallsakt, sind also echt korreliert.

— *Zufällige Koinzidenzen* N_{zuf}: Werden von den Detektoren I und II zwei Strahlungspartikel registriert, die beim Zerfall zweier voneinander unabhängiger Kerne emittiert wurden, und zwar rein zufällig in einem Zeitintervall $\Delta t < 2\tau$, so erhält man eine zufällige Koinzidenz.

Ein radioaktives Präparat, das je Zerfallsakt nur 1 Partikel aussenden würde, ermöglicht folglich keine echten, wohl aber zufällige Koinzidenzen. Die Zahl der zufälligen Koinzidenzen stellt bei der Messung echter Koinzidenzen eine Störgröße dar und muß demnach möglichst klein sein. Die folgende Überlegung ergibt hierfür einige wichtige Aussagen und Hinweise. Die Zahl der Detektorimpulse je Zeiteinheit beträgt $N_I = \varepsilon_I \cdot N$ und $N_{II} = \varepsilon_{II} N$ mit ε_I, ε_{II} als Ansprechwahrscheinlichkeit der Detektoren. Somit ist die Rate der echten Koinzidenzen

$$N_k = N_I \varepsilon_{II} = N_{II} \varepsilon_I = \varepsilon_I \varepsilon_{II} N. \tag{5.1}$$

Ordnet man die Überlappungszeit $(T_I + T_{II})$ dem Detektor I zu, ist $N_I \cdot (T_I + T_{II})$ die Wahrscheinlichkeit dafür, den Detektor I „besetzt" vorzufinden. Jeder am Ausgang II ankommende Impuls wird dann mit der Wahrscheinlichkeit $N_I(T_I + T_{II})$ eine zufällige Koinzidenz darstellen. Folglich beträgt mit N_{II} die Rate der zufälligen Koinzidenzen

$$N_{\text{zuf}} = N_I N_{II} (T_I + T_{II}) \tag{5.2}$$

und mit $T_I = T_{II} = \tau$:

$$N_{\text{zuf}} = 2\tau \cdot N_I N_{II}. \tag{5.3}$$

Aus Gl. (5.1) und (5.3) ergibt sich:

— Große Koinzidenzeffektivität, also eine große Zahl echter Koinzidenzen, setzt bei gegebener Quellstärke N hohe Ansprechwahrscheinlichkeit der Detektoren voraus. In der Anordnung Abb. 90 müssen daher die Abstände Strahlungsquelle — Detektor klein sein bei möglichst großen Detektorabmessungen.

— Ein hohes Verhältnis zwischen echten und zufälligen Koinzidenzen erfordert wegen

$$\frac{N_k}{N_{\text{zuf}}} = \frac{\varepsilon_I \varepsilon_{II} N}{\varepsilon_I N \varepsilon_{II} N 2\tau} = \frac{1}{2\tau N}. \tag{5.4}$$

eine möglichst kleine Quellstärke und eine entsprechend gute Zeitauflösung 2τ, d. h. Auflösungszeiten im ns-Bereich.

— Aus der Messung der Einzelzählraten und der Rate der echten Koinzidenzen ist gemäß

$$\frac{N_I N_{II}}{N_k} = \frac{N^2 \varepsilon_I \varepsilon_{II}}{N \varepsilon_I \varepsilon_{II}} = N \tag{5.5}$$

die absolute Präparatstärke bestimmbar. Diese Methode ist bei solch einfachen Niveauschemata wie in Abb. 90 unmittelbar anwendbar. Bei umfangreicheren Schemata mit Berücksichtigung konvertierter Übergänge ergeben sich dagegen wesentlich kompliziertere Gleichungen, siehe z. B. [94].

Vom Standpunkt der Logikschaltungen stellt die Koinzidenzschaltung eine UND-Verknüpfung dar, die nur während der Dauer des „1“-Zustands an allen Eingängen eine logische „1“ abgibt. In Schaltungen beispielsweise zur Impulszählung oder Impulshöhenmessung sind oftmals Koinzidenzschaltungen vorhanden, die in Abhängigkeit von der Anwesenheit von Standardsignalen bestimmte Steueroperationen auslösen oder unterdrücken.

Diese Funktionen, die gewöhnlich keine bessere Zeitgenauigkeit als einige 10^{-7} s erfordern, werden in modernen Geräten praktisch nur noch mit integrierten Logikgattern durchgeführt. Auch bei der Realisierung von Koinzidenzschaltungen und Zeitanalysatoren für den Nanosekunden- und Subnanosekundenbereich werden in zunehmendem Maße integrierte Schaltkreise eingesetzt [117]. Dadurch verlagert sich der Entwicklungsaufwand mehr in Richtung auf die Gewinnung präziser Standardsignale, die eine „Zeitnahme" ohne Störung durch Impulshöhenänderungen und Schwankungen der Impulsvorderflanke der Detektorsignale ermöglichen. Das gilt für die Verwendung von Halbleiterdetektoren ebenso wie für Szintillationszähler, wenn ein breites Impulshöhenspektrum zu verarbeiten ist.

5.2. Koinzidenzschaltungen

Die überwiegende Zahl der Koinzidenzschaltungen kann man als Schaltungen mit additiver oder multiplikativer Mischung (Verknüpfung) der Eingangssignale ansehen. Bei einem kleinen Verhältnis der Ausgangsimpulshöhen Koinzidenz zu Einzelereignis wird der Mischstufe noch ein Diskriminator nachgeschaltet.

Trägt man z. B. für eine linear arbeitende additive Mischstufe die Ausgangsimpulshöhe U_2 als Funktion der Zeitdifferenz Δt zwischen beiden Eingangsimpulsen I und II auf, so erhält man für rechteckige Eingangsimpulse der Länge T_0 die Charakteristik Abb. 91a. Unabhängig von der Lage der Diskriminatorschwelle, sofern sie nur die Einzelimpulshöhe am Ausgang übersteigt, beträgt die Koinzidenzauflösung $2\tau = 2T_0$. Dieses idealisierte Verhalten ist in sehr guter Näherung zu realisieren, wenn τ und T_0 nicht kürzer als etwa 0,2 bis 0,5 µs sind („langsame" Koinzidenzen).

Rechteckige Eingangsimpulse mit T_0 in der Größenordnung 1 bis 10 ns wirken durch die nicht mehr vernachlässigbaren Anstiegs- und Abfallzeiten eher trapezförmig oder bei kurzen Signalen auch glockenförmig. Hieraus resultiert die in Abb. 91b skizzierte Abhängigkeit $U_2 = f(\Delta t)$. Je höher die Diskriminatorschwelle liegt, um so kleiner wird 2τ. Man kann damit $2\tau < 2T_0$ erreichen, sofern eine gute Stabilität der Schwellenlage sowie konstante Form und Höhe der Eingangsimpulse gesichert ist. Diese Effekte sind in Koinzidenzanordnungen mit pn-Dioden gewöhnlich bedeutend stärker ausgeprägt als in Koinzidenzschaltungen mit Tunneldioden.

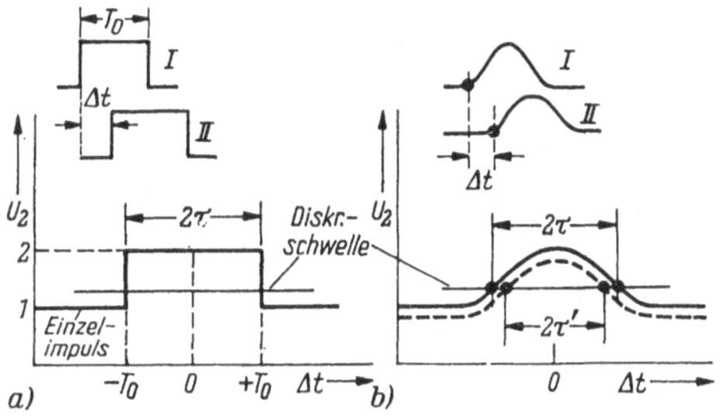

Abb. 91. Abhängigkeit der Ausgangsspannung U_2 einer linearen Mischstufe vom Zeitabstand Δt rechteckförmiger (a) bzw. abgerundeter Impulse (b)

Multiplikative Mischung

Das Prinzip einer Koinzidenzschaltung vom BOTHE-Typ ist für eine Transistorschaltung in Abb. 92 dargestellt. Die beiden Transistoren sind im Ruhezustand gesperrt. Nur während der Überlappungszeit der beiden positiven Eingangsimpulse kann durch den Kollektorwiderstand R_C Strom fließen und ein Ausgangssignal entstehen. Schaltungen dieses Typs wurden vorwiegend mit Mehrgitter-Elektronenröhren aufgebaut. Auch mit Transistoren haben sie heute praktisch keine Bedeutung mehr.

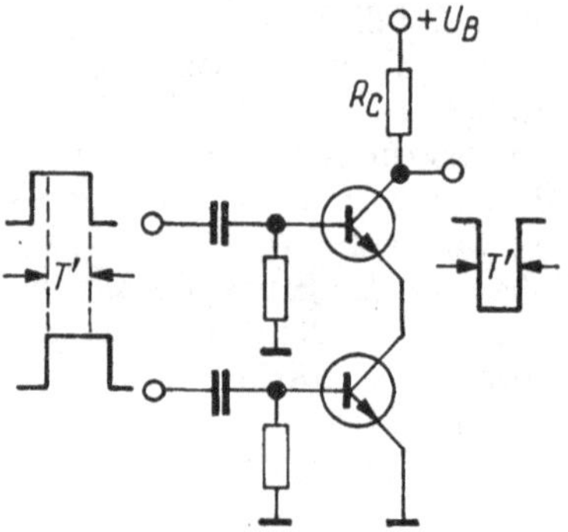

Abb. 92. Prinzip einer Koinzidenzschaltung mit multiplikativer Verknüpfung der Eingangssignale

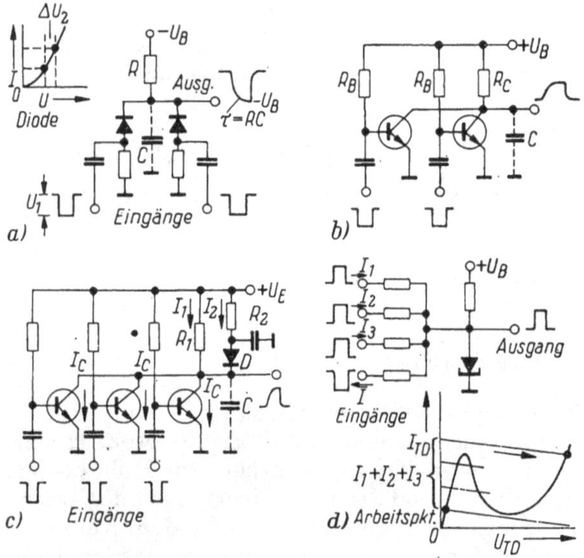

Abb. 93. Koinzidenzschaltungen mit additiver Verknüpfung der Eingangssignale, schematisch; a: mit Dioden; b: gesättigte Transistoren; c: nichtgesättigte Transistoren mit nichtlinearem Kollektorwiderstand; d: Tunneldiode mit 3 Koinzidenz- und 1 Antikoinzidenzeingang

Additive Mischung

In Koinzidenzschaltungen mit additiver Mischung (Rossi-Typ) sind die einzelnen Schalter parallel angeordnet. Das Prinzip einer 2fach-Koinzidenzschaltung mit Dioden zeigt Abb. 93a. Im Ruhezustand fließt durch beide Dioden ein Strom. Durch einen negativen Eingangsimpuls wird eine Diode gesperrt; ihr Strom wird von der noch leitenden Diode übernommen. Wegen des kleinen Diodeninnenwiderstands r_D erhöht sich die Ausgangsspannung nur um den kleinen Betrag ΔU_2. Durch koinzidierende Eingangsimpulse mit der Höhe $|U_1| > |U_B|$ werden beide Dioden gesperrt — die Ausgangsspannung geht mit der Zeitkonstanten RC zur Betriebsspannung U_B und ergibt bei hinreichend langer Überlappung der Eingangssignale Ausgangsimpulse $U_2 \approx U_B$, die also erheblich größer als ΔU_2 sind. Die Schaltung arbeitet nichtlinear, so daß in vielen Fällen auf einen Diskriminator verzichtet werden kann. Bei Eingangsimpulshöhen $|U_1| < |U_B|$ werden die Dioden bei Koinzidenz nicht gesperrt; die Ausgangsimpulshöhe ist folglich $U_2 \approx U_1$, d. h. die Unterdrückung von Einzelimpulsen ist weniger gut als im ersten Fall.

Mit kürzer werdenden Eingangsimpulsen weicht die Funktion der Schaltung immer mehr vom beschriebenen Verhalten ab. Infolge der Zeitkonstante RC und durch die Sperrträgheit der Dioden erreicht die Ausgangsspannung bei Koinzidenz nicht den Wert U_B. Bei Einzelimpulsen steigt die Ausgangsspannung wegen der kleineren Zeitkonstante $(R \| r_D) \cdot C$ relativ schneller um den Wert ΔU_2 an. Berücksichtigt man noch den kapazitiv übertragenen Teil der Eingangsspannung, so wird klar, daß sich das günstige nichtlineare Verhalten für µs-Impulse in Richtung zu einer linearen Addition bei kürzeren Impulsen verschlechtert, bis sich schließlich bei Impulslängen von weniger als einige ns die Ausgangsspannungen für Koinzidenz- und Einzelsignale kaum noch unterscheiden. Eine detaillierte Analyse für Schaltungen mit $n \geqq 2$ Eingängen gibt [18].

In Abb. 93b ist eine additive Mischstufe mit Transistoren wiedergegeben. Infolge des kleines Werts von R_B sind die Transistoren im Ruhezustand gesättigt. Die Funktion entspricht der Diodenschaltung in Abb. 93a. Das Verhalten gegenüber ns-Impulsen kann verbessert werden, wenn die Transistoren nicht gesättigt sind und ein nichtlinearer Kollektorwiderstand benutzt wird (Abb. 93c). In der Schaltung nach GARWIN [20, 95, 96] wird der Gesamtkollektorstrom $3I_C$ so aufgeteilt, daß $I_2 \gtrapprox 2I_C$ und $I_1 \lessapprox I_C$ ist. Wird ein Transistor gesperrt, bleibt wegen $R_1 \gg r_D$ der Strom I_1 ungefähr konstant, während sich der Diodenstrom auf I_C verringert. Es entsteht ein kleiner Spannungsimpuls $r_D I_C$. Erst bei gleichzeitiger Sperrung aller Transistoren wird die Diode stromlos, wobei ein großer Ausgangsimpuls $I_1 R_1$ entsteht, vom Einfluß der Umladezeitkonstante $R_1 C$ abgesehen. Für kurze Auflösungszeiten muß die Diode eine möglichst kleine Kapazität und Sperrträgheit besitzen.

Koinzidenzschaltungen für das ns-Gebiet werden sehr häufig mit Tunneldioden als additive Mischstufe aufgebaut. Die Tunneldiode wird so vorgespannt, daß erst bei der gleichzeitigen Anwesenheit aller Eingangssignale der Peak der Kennlinie überschritten wird und die Tunneldiode auf den Diffusionsast umschaltet (Abb. 93d). In Abhängigkeit vom Arbeitspunkt und vom Strom je Eingang lassen sich „schnelle" Koinzidenzschaltungen mit variabler Zahl von Eingängen (meist $n \leqq 4 \cdots 6$) realisieren. In der Prinzipschaltung Abb. 93d ist noch ein Antikoinzidenzeingang vorhanden, der im Gegensatz zu den Koinzidenzeingängen einen entgegengesetzt gerichteten Strom I in die Tunneldiode einspeist. Bei Anwesenheit eines Antikoinzidenzsignals werden somit Koinzidenzen unterdrückt.

Zahlreiche Schaltungen, vor allem mit Tunneldioden und auch für Auflösungszeiten unter 1 ns, sind in [17, 18, 20, 22, 97, 98] besprochen bzw. zitiert. Industriell gefertigte Koinzidenzgeräte werden meist mit 4 Eingängen für Koinzidenzen und 1 Eingang für Antikoinzidenz ausgerüstet. Wie bereits erwähnt wurde, werden mit diskreten Bauelementen aufgebaute Koinzidenzschaltungen mehr und mehr von integrierten Logikschaltkreisen verdrängt, und zwar langsame Koinzidenzschaltungen im µs-Gebiet durch TTL-Gatter und ns-Koinzidenzen durch schnell schaltende ECL-Kreise. Koinzidenzanordnungen spielen auch zukünftig noch eine entscheidende Rolle zur Ermittlung von Korrelationen in den umfangreichen Zählersystemen an Teilchenbeschleunigern der Hochenergie- und Elementarteilchenphysik. Bei der Messung von Zeitverteilungen, etwa nach dem Schema in Abb. 90, bieten gegenüber ns-Koinzidenzen entsprechende Zeit-Impulshöhen-Konverter entscheidende Vorteile, wie in Abschnitt 5.5 noch näher erläutert wird.

5.3. Zeitimpulshöhenkonverter

Ein Zeit-Impulshöhen-Konverter (ZIK) ist eine Schaltung, deren Ausgangsspannung linear vom Zeitintervall zwischen den beiden Eingangsimpulsen abhängt. Mit Hilfe eines Vielkanal-Impulshöhenanalysators kann man dann nach entsprechender Eichung aus dem Spektrum der Ausgangsimpulse unmittelbar die Zeitintervallverteilung ermitteln. Es wurde eine sehr große Zahl von Konverterschaltungen für einen Konversionsbereich von weniger als 100 ns bis zu mehr als 100 µs entwickelt; für zusammenfassende Darstellungen sei auf [15, 17, 18, 20, 22, 92, 99, 100] verwiesen.

Zeitimpulshöhenkonverter kann man nach dem Funktionsprinzip in zwei Gruppen einteilen, die sich jedoch in ihrer Leistungsfähigkeit und im Anwendungsbereich nicht wesentlich unterscheiden.

Überlappungskonverter

Die Überlappungszeit zweier Eingangssignale *I* und *II* des Konverters ist eine lineare Funktion ihres Zeitabstands Δt, konstante Impulslänge T_I, T_{II} vorausgesetzt (Abb. 94). Folglich liefert die Integration des Überlappungsimpulses Ausgangssignale mit der Höhe U_H, die ein Maß für Δt ist. Die Charakteristik $U_H = f(\Delta t)$ hat ein Maximum bei $\Delta t = 0$ und ist für einen bestimmten Wert von U_H doppeldeutig: für die Überlappung ist es belanglos, ob Impuls I zeitlich vor Impuls II erscheint oder umgekehrt.

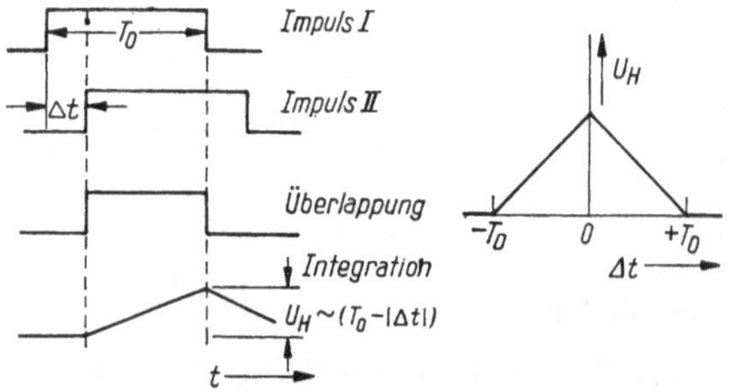

Abb. 94. Überlappungsprinzip und Charakteristik eines Überlappungskonverters

Ein Überlappungskonverter stellt im Prinzip ein UND-Gatter mit angeschlossenem Integrator dar. Deshalb kann man die Koinzidenzschaltungen nach Abb. 92 und 93 benutzen und die Ausgangsspannung während der Überlappungszeit integrieren. Bei einer linearen additiven Mischstufe ist noch ein Diskriminator erforderlich, der die Einzelimpulsanteile der Ausgangsspannung der Mischstufe vom Integrator fernhält.

In Abb. 95 sind zwei Schaltbeispiele wiedergegeben. Der Konverter nach Abb. 95a [101] stellt eine Modifikation der klassischen Koinzidenzschaltung nach Bell, Graham und Petch [102] dar und nutzt eine kurzgeschlossene Leitung zur Impulsformung aus. Auf konstante Höhe begrenzte Stromimpulse I, erhalten z. B.

durch Sperrung eines leitenden Transistors, laufen durch Kabel mit gleicher Länge T_1 und mit dem Wellenwiderstand Z zu einem Verzweigungspunkt A, an dem zwei

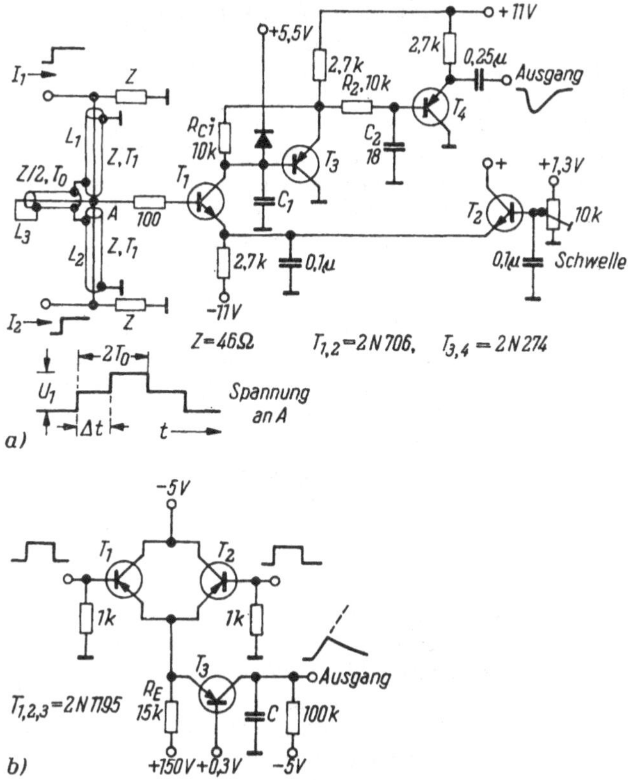

Abb. 95. Zeitimpulshöhenkonverter nach dem Überlappungsprinzip

kurzgeschlossene Leitungen (Z, einfache Laufzeit T_0) angeschlossen sind, die wie ein Kabel L_3 mit $Z/2$ wirken. Einzelimpulse haben die Impulshöhe $U_1 = IZ/2$; sie finden am Punkt A wegen $Z \| (Z/2) = Z/3$ eine Fehlanpassung vor und werden nach Gl. (3.12) mit $r = -1/2$ reflektiert. Ein Teil $U_1/2$ läuft in L_3 hinein und trifft nach $2T_0$ als $-U_1/2$ wieder am Punkt A ein. Auf diese Weise entsteht am Punkt A ein Impuls mit der Höhe $U_1/2$ und der Länge $2T_0$. Kommen an A von beiden Eingängen gleichzeitig Impulsfronten an, kann man die Leitungen L_1 und L_2 als eine einzige Leitung mit $Z/2$ auffassen. Demzufolge verschwindet bei A der Reflexionsfaktor und man erhält auf diese Weise Spannungsimpulse mit der Höhe U_1 und der Länge $2T_0$. Bei $\Delta t \neq 0$ entsteht die in Abb. 95a skizzierte Impulsform. Die Anteile der Einzelimpulse kann man durch eine Diode oder wie in der abgebildeten Schaltung auch durch einen vorgespannten Transistor (T_1) diskriminieren. Der Kollektorstrom von T_1 lädt C_1 auf; die Entladezeitkonstante ist wegen der Nachführung des oberen Endes von R_{C1} über T_3 sehr groß (Bootstrap). R_2 und C_2 stellen ein weiteres RC-Integrierglied dar, das die Ausgangsimpulsform erzeugt. T_2 und T_4 sind Emitterfolger für die Vorspannung von T_1 bzw. zur Auskopplung der Konvertersignale. Die beschriebene Schaltung läßt sich abwandeln, indem man L_1 und L_2 wegläßt und die Eingangssignale direkt auf einen Abschlußwiderstand Z und ein Kurzschlußkabel mit Z und T_0 gibt.

Die Schaltung in Abb. 95b [103] besteht aus zwei emittergekoppelten Transistoren T_1 und T_2 und dem Diskriminator T_3. Nur während der Überlappung der auf konstante Länge geformten Eingangssignale wird die Emitterspannung so weit erhöht, daß T_3 den Strom von R_E übernehmen kann und C auflädt. Durch die Stromumschaltung werden T_1 und T_2 gesperrt.

Ein Vorzug von Überlappungskonvertern besteht darin, daß Einzelimpulse die Schaltung nicht auslösen. Die Doppeldeutigkeit der Charakteristik wird mitunter als Nachteil empfunden; beispielsweise durch Parallelschaltung mit einer Koinzidenzschaltung, bei der ein Eingang um T_0 verzögert ist, läßt sich diese Doppeldeutigkeit ausschließen.

Start-Stop-Konverter

Das Grundprinzip ist aus Abb. 96 ersichtlich. Der Impuls START schaltet zur Zeit t_1 die Aufladung des Kondensators C ein, dessen Spannung wegen des konstanten Stroms linear anwächst. Der Impuls STOP beendet die Aufladung — somit ist U_C proportional zu Δt. Im Gegensatz zu den Überlappungskonvertern sind die Eingänge nicht gleichwertig. In der angegebenen Prinzipschaltung bestimmt die Länge T_K des START-Impulses den Konversionsbereich. Jeder START-Impuls lädt C

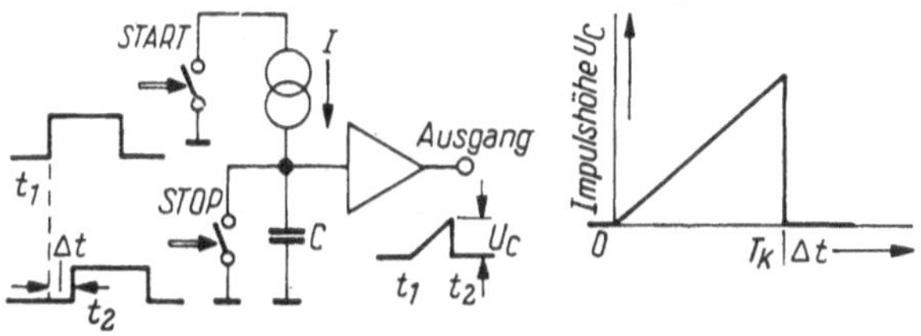

Abb. 96. Funktionsprinzip eines Start-Stop-Konverters

bis zur Maximalspannung auf, wenn während T_K kein STOP-Impuls erscheint. Einzelne STOP-Impulse, deren Länge unkritisch ist, haben keine Wirkung.

Beispiele einfacher Start-Stop-Konverter sind in Abb. 97 dargestellt. Die Schaltung Abb. 97a [104] ist vom Aufbau her eine additive Mischstufe, die so betrieben wird, daß im Ruhezustand T_1 leitend und T_2 gesperrt ist. Der Speicherkondensator C im Kollektorkreis wird daher in Richtung auf U_B aufgeladen, wenn durch den START-Impuls auch T_1 gesperrt wird. Die Aufladung wird beendet, sobald der STOP-Impuls einen Strom durch T_2 einschaltet.

Im Konverter nach Abb. 97b [105] ist die Länge der START- und STOP-Signale belanglos. Die Tunneldiode besitzt zwei stabile Arbeitspunkte. Der negative Impuls nach Differentiation des START-Signals schaltet die Tunneldiode auf den Diffusionsast, der positive Impuls, erhalten durch Differentiation des STOP-Signals, schaltet sie zurück. Die Dioden blockieren Impulse unerwünschter Polarität. Mit dem *RC*-Integrierglied wird die Tunneldiodenspannung integriert.

Das Blockschaltbild Abb. 97c zeigt einen Konverter, bei dem der START-Impuls eine sägezahnförmig ansteigende Spannung einschaltet, dessen Zeitdauer gleich dem Konversionsbereich ist [106]. Jeder eintreffende

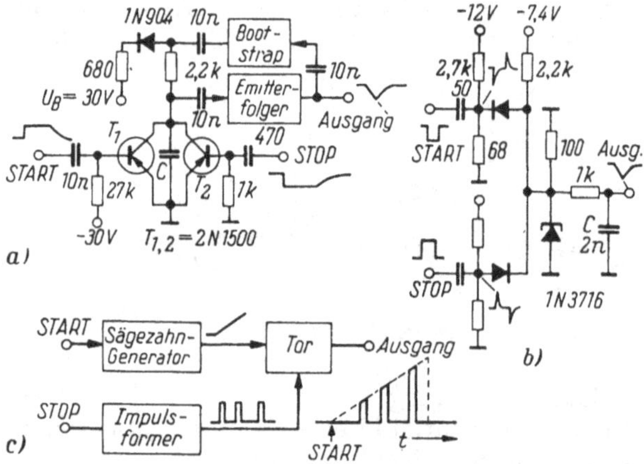

Abb. 97 Beispiele für Start-Stop-Zeitimpulshöhenkonverter

STOP-Impuls blendet den Momentanwert dieser Rampenspannung aus. Nach Auslösung durch einen START-Impuls als Referenzsignal können daher mehrere STOP-Impulse gemessen werden. Schaltungen dieser Art werden vor allem für Flugzeitmessungen an gepulsten Beschleunigern oder Kernreaktoren eingesetzt. Der Meßbereich kann bis etwa 10^{-3} s betragen. In diesen Fällen ist es oftmals einfacher, die Flugzeit digital zu messen. Man kann hierzu im Prinzip einen Zähler nach Abb. 86 verwenden, der mit einem Impulsgenerator, z. B. für 1 MHz Folgefrequenz, gekoppelt ist. Das Referenzsignal startet die Zählung. Jedes eintreffende Ereignis veranlaßt über den

Eingang „Anzeigeauslösung“ die Übernahme des augenblicklichen Zählerstands in den Pufferspeicher. Damit steht die Zeitdifferenz, angegeben in μs, für die weitere Speicherung und Verarbeitung zur Verfügung. Es wurden auch sogenannte Chronotrons entwickelt, die ähnlich wie in der beschriebenen Anordnung Zeitdifferenzen digital messen, ohne daß eine Analoggröße wie die Ausgangsspannung von Zeit-Impulshöhen-Konvertern ausgewertet werden muß [17, 18, 20, 92, 100, 107]. Allerdings haben solche Schaltungen keine allzu große Verbreitung gefunden.

5.4. Zeitnahme-Methoden

5.4.1. Anforderungen für hohe Zeitauflösung

Koinzidenzschaltungen registrieren nach Abschnitt 5.2 alle Impulspaare als Koinzidenz, wenn deren Partner einen Zeitabstand $\Delta t < 2\tau$ besitzen. Folglich hat die Zeitabhängigkeit der Überlappungswahrscheinlichkeit oder der Ansprechwahrscheinlichkeit $w(\Delta t)$ der Schaltung den in Abb. 98a dargestellten rechteckförmigen Verlauf. Die Breite 2τ dieser Charakteristik wird von der Länge der rechteckförmigen Eingangsimpulse oder bei abgerundeten Impulsen zusätzlich noch von der Lage der Diskriminatorschwelle bestimmt (vergleiche Abb. 91b). Führt man die Impulse eines Impulsgenerators über unterschiedlich lange Leitungen L_1 und L_2 beiden Eingängen der Koinzidenzschaltung zu, kann man mit $\Delta t = L_1 - L_2$ durch sukzessive Änderung der Leitungslängen die Ansprechfunktion punktweise messen. Bei $\Delta t = \pm \tau$ geht $w(\Delta t)$ im Idealfall abrupt von 1 nach 0. Praktisch erfolgt dieser Übergang bei Impulslängen von größenordnungsmäßig 1 ns innerhalb von $\Delta(\Delta t) = 10$ bis 100 ps (1 Pikosekunde ps $= 10^{-12}$ s). Dieser Wert hängt von der Einheitlichkeit der Impulse, von Brumm- und Rauschspannungen und vom Ansprechen des Diskriminators auf kurze, die Schwelle nur wenig übersteigende Impulse ab. Die Auflösungszeit 2τ bezieht sich auf die Breite der Ansprechfunktion bei 50%. Wählt man als Zeitdifferenz der Eingangssignale den Wert $\Delta t = (L_1 - L_2) \approx \pm \tau$, genügen wegen der steilen Flanken der Ansprechfunktion beispielsweise $\Delta(\Delta t) = 10$ ps, um das Ansprechen auf Koinzidenzen von 100% auf 0 zu senken; 10 ps entsprechen der Laufzeit einer elektrischen Welle durch eine nur 2 mm lange Leitung.

Bei kernphysikalischen Messungen mit Strahlungsdetektoren als Impulsquelle ist die erreichbare Zeitauflösung

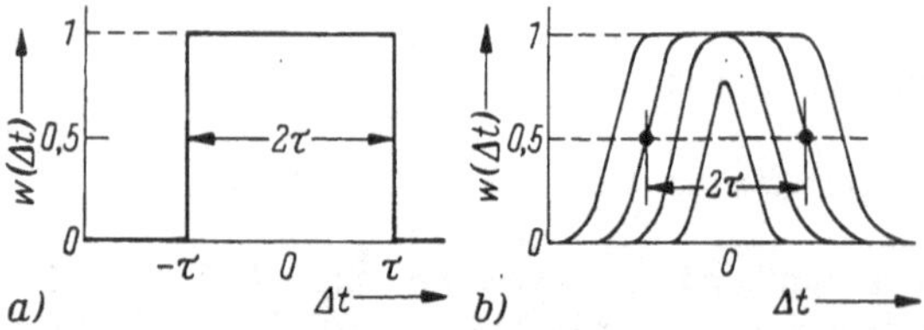

Abb. 98. Ansprechwahrscheinlichkeit einer Koinzidenzschaltung für Generatorimpulse ohne Laufzeitschwankungen (a) und für Detektorimpulse bei unterschiedlich eingestellter Auflösungszeit 2τ (b), qualitativ

erheblich schlechter. Die Zeitdifferenzen zwischen den koinzidierenden Strahlungspartikeln werden im folgenden mit ΔT bezeichnet. Statistische Schwankungen beim Strahlungsnachweis und bei der Impulsformung bewirken, daß selbst bei $\Delta T = 0$ die Verteilung der Zeitintervalle Δt am Eingang der Koinzidenzschaltung eine endliche Breite aufweist. Diese Verteilung kann meist durch eine symmetrische Funktion, z. B. Gauß-Verteilung, genähert dargestellt werden. Die Breite dieser Verteilung liegt je nach Detektorart und Partikelenergie zwischen 0,1 und 10 ns, so daß die Flanken der Ansprechfunktion gegenüber der Messung mit Generatorimpulsen abgeflacht werden (Abb. 98b). Die Auflösungszeit der Koinzidenzschaltung kann nur so weit verkleinert werden, wie es der Verteilung der Laufzeitschwankungen entspricht, anderenfalls sinkt die Nachweiswahrscheinlichkeit unter 100%.

Bei Zeit-Impulshöhen-Konvertern ist die Ausgangsspannung U_2 linear von Δt abhängig. Aus der Messung mit Generatorimpulsen ähnlich zu Abb. 98a muß dann eine statistische Schwankung der Impulshöhen von U_2 erwartet werden, die den Wert $\Delta(\Delta t)$ widerspiegelt. Somit ergibt sich eine Ansprechfunktion, deren Halbbreite in der Größenordnung 10 bis 100 ps liegt; sie stellt die Eigenauflösung der Schaltung dar. Bei der Messung mit

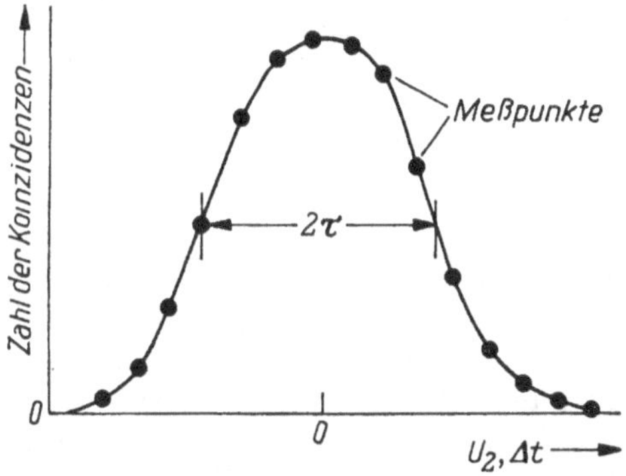

Abb. 99. Zahl der Koinzidenzen in Abhängigkeit von der Zeitdifferenz am Eingang eines Zeit-Impulshöhen-Konverters, gemessen mit einem Vielkanal-Impulshöhenanalysator

Strahlungsdetektoren wird die Breite der Ansprechfunktion vergrößert; sie wird praktisch nur von den statistischen Schwankungen der Detektorsignale bestimmt, weil die Eigenauflösung der Schaltung um mindestens 1 Größenordnung besser ist. Das Impulshöhenspektrum wird am zweckmäßigsten mit einem Vielkanal-Impulshöhen-Analysator registriert, wobei 5 bis 8 Kanäle (Meßpunkte) oberhalb der 50%-Höhe der Verteilung gewöhnlich voll ausreichen (Abb. 99).

Aus dem Gesagten geht hervor, daß Zeit-Impulshöhen-Konverter bei Messungen mit höchster Zeitauflösung einen eindeutigen Vorteil besitzen. Bei ihnen ist die Zeitauflösung durch die Schwankungen der Detektorimpulse vorgegeben. Es werden alle Koinzidenzen erfaßt, sofern sich die einzelnen Kanäle des Vielkanalanalysators lückenlos einander anschließen; das ist gewöhnlich gewährleistet. Dagegen muß bei Koinzidenzschaltungen die eingestellte Auflösungszeit sehr sorgfältig an die Schwankungen der Detektorsignale angepaßt werden, wenn höchste Zeitauflösung ohne Zählverluste angestrebt wird. Über weitere für den praktischen Einsatz bedeutungsvolle Unterschiede siehe Abschnitt 5.5.

Die Art der Zeitnahme, d. h. die Erzeugung standardisierter Impulse („Zeitmarken") aus den Detektorsignalen, ist für die erreichbare Auflösungszeit von großer Bedeutung. Qualitativ lassen sich hierbei drei Effekte unterscheiden:

— Einfluß unterschiedlicher Impulshöhen (Abb. 100a, „time-slewing"). Die Schwelle, die für die Auslösung einer Zeitmarke verantwortlich ist, wird in Abhängigkeit von der Impulshöhe zu verschiedenen Zeitpunkten durchlaufen. Streng genommen muß man den Zeitpunkt berücksichtigen, in dem eine bestimmte Ladungsmenge zur Auslösung der Zeitmarke gesammelt wurde (t', t'').
— Einfluß unterschiedlicher Anstiegszeiten (Abb. 100b). Dieser Effekt ist bei Messungen mit Halbleiterdetektoren zu beachten.
— Einfluß statistischer Schwankungen bei der Ladungsträgererzeugung und -sammlung im Detektor („time-jitter"). Für Szintillationszähler wird eine optimale Zeitauflösung erreicht, wenn die ersten 10 bis 20% der Gesamtladung eines Impulses ($F \approx 0{,}1 \cdots 0{,}2$) zur Zeitnahme verwendet werden; bei NaJ(Tl) liegt der optimale Anteil bei $F \approx 0{,}01 \cdots 0{,}05$. Auch bei Halbleiterdetektoren wird man gemäß Abb. 15 kleinste Zeitschwankungen erwarten, wenn der erste Teil des Detektorsignals zur Zeitnahme herangezogen wird; allerdings muß hierbei der Einfluß des Rauschens berücksichtigt werden.

In der Vergangenheit wurde eine Reihe von Methoden entwickelt, um den Einfluß der genannten Effekte auf die Zeitmarke möglichst klein zu lassen und bestmögliche Zeitauflösung zu erreichen. Für die Reduktion

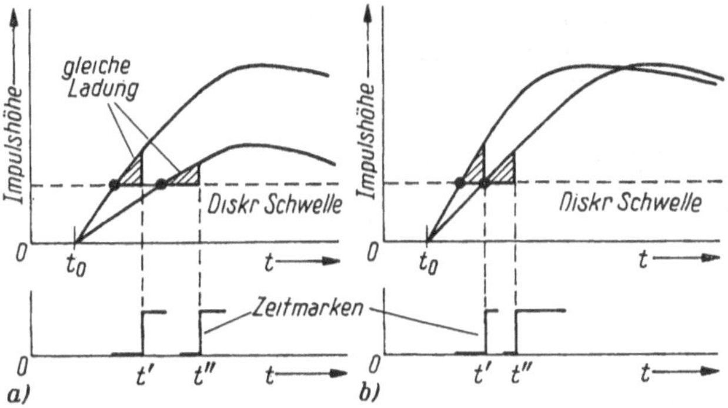

Abb. 100. Wandern der Zeitmarken bei feststehender Diskriminatorschwelle; a: in Abhängigkeit von der Impulshöhe bei gleicher Anstiegszeit; b: für unterschiedliche Impulsanstiegszeiten

des Einflusses von Impulshöhenschwankungen kann man aufzählen:

— Flankentriggerung bei möglichst tiefliegender Schwelle. Diesem Verfahren sind durch Rauschimpulse, durch einen langsam einsetzenden Impulsfuß bei Anwesenheit von Integrationszeitkonstanten und durch die Forderung nach einem optimalen Teil der Gesamtladung Grenzen gesetzt.

— Verwendung einer „schnell-langsam"-Anordnung (fast-slow-assembly) [102]. Parallel zur „schnellen" Zeitmessung wird in den „langsamen" Zweigen der Meßanordnung die Impulshöhe untersucht (Abb. 101). Die Einkanalanalysatoren geben nur Signale ab, wenn die Impulshöhen innerhalb des eingestellten Kanals liegen, also beispielsweise innerhalb $\pm 10\%$ um einen Mittelwert. Mit Hilfe einer langsamen Koinzidenzschaltung ($2\tau \approx 1\,\mu s$) wird die Registrierung der Ausgangssignale des Zeitanalysators nur erlaubt, wenn beide Detektorsignale im ausgewählten Bereich gelegen haben. Damit ist auch die Zuordnung der gemessenen Koinzidenzen zu Ereignissen bestimmter Energie möglich. Nachteilig ist, daß durch die Ausblendung eines schmalen Impulshöhenintervalls die Nachweiseffektivität sinkt.

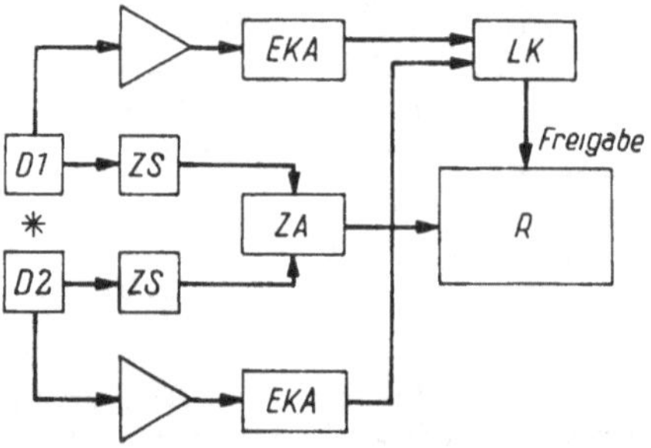

Abb 101. Blockschaltung einer „schnell-langsam"-Anordnung, *D* Detektor, *ZS* Zeitnahmeschaltung, *ZA* Zeitanalysator (schnelle Koinzidenzschaltung oder Zeitimpulshöhenkonverter), *EKA* Einkanalanalysator, *LK* langsame Koinzidenz, *R* Registriergerät (Zähler oder Vielkanal-Impulshöhenanalysator)

— Korrektur der Ausgangsspannung des Zeit-Impulshöhenkonverters. Nach Abb. 100a besteht zwischen der Detektorimpulshöhe und dem Wandern der Zeitmarke ein einfacher Zusammenhang. Durch Addition einer Spannung, die in geeigneter Weise von der Impulshöhe abhängt, zur Konverterausgangsspannung kann man diese Zeitverschiebung über einen Impulshöhenbereich bis zu etwa 10:1 kompensieren, siehe [17, 18, 20].
— Nulldurchgangsformung (zero crossing timing). Durch zweifache Differentiation mit kurzgeschlossenen Kabeln oder mit den anderen im Abschnitt 3.5 erwähnten Methoden erhält man Impulse mit Nulldurchgang. Da der Zeitpunkt des Nulldurchgangs von der Impulshöhe

unabhängig ist, empfiehlt sich die Ausnutzung des Nulldurchgangs als Zeitmarke. Praktische Ausführungsformen und einzelne Probleme werden im Anschluß besprochen.

5.4.2. Zeitnahme bei Szintillationszählern

In Abhängigkeit von der Szintillationsabklingzeitkonstante und von der Aufgabenstellung, also höchste Zeitauflösung bei begrenztem Impulshöhenbereich oder sehr großer Impulshöhenbereich bei nichtoptimaler Zeitauflösung, bieten sich mehrere Zeitnahme-Methoden an [17, 18, 20, 22, 108, 109]:

1. Vorderflanken-Triggerung

Die Szintillationszählerimpulse werden mit Begrenzern auf gleiche Höhe und oftmals auch auf gleiche Länge geformt (vergleiche Abschnitt 3.2, Abb. 59). Sie lösen Triggerstufen als Eingangsschaltungen von Koinzidenzgeräten und Zeit-Impulshöhen-Konvertern aus oder werden wie in Abb. 93 und Abb. 95 unmittelbar überlagert. Obwohl die Lage der Auslöseschwelle im Sinne der Abb. 100 von der benutzten Schaltung abhängt (s. [35]), findet man experimentell, daß bei Ausnutzung eines Teils $F \approx 0{,}1 \cdots 0{,}2$ Plastszintillatoren die beste Auflösung ergeben. Bei großem dynamischen Bereich D der Szintillatorimpulse, definiert als Verhältnis der größten zur kleinsten für die Registrierung zugelassenen Impulshöhe, wird die Zeitauflösung erheblich verschlechtert, und zwar infolge der impulshöhenabhängigen Zeitwanderung und wegen des nicht mehr für alle Impulshöhen optimalen Werts von F.

2. „Langsamer“ Nulldurchgang

Wird der integrierte Detektorimpuls $A \cdot f(t)$ mit zwei kurzgeschlossenen Leitungen (Laufzeit T_L) zu einem bipolaren Impuls geformt (Abb. 78), dann gilt nach Abb. 102a für den Nulldurchgang

$$A[f(t) - 2f(t - 2T_L)] = 0. \quad (5.6)$$

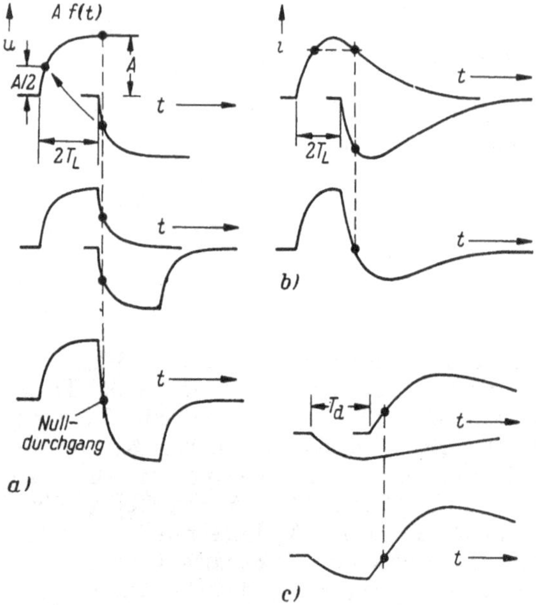

Abb. 102. Nulldurchgangsformung bei Szintillationszählerimpulsen, a „langsam"; b: „schnell"; c. Triggerung bei konstantem Impulshöhenanteil

Bei $T_L > t_{\text{an}}$ wird zur Zeit des Nulldurchgangs $f(t) \approx 1$, d. h., der Nulldurchgang entspricht einer Zeitnahme bei $F = 0{,}5$ und ist folglich weit entfernt vom Optimalwert. Für NaJ(Tl) ist deshalb die erreichbare Zeitauflösung etwa 1 Größenordnung schlechter als der Bestwert bei Vorderflankentriggerung mit kleinem dynamischen Bereich $D \approx 1{,}2:1$; für $D = 10:1$ wurde eine Verschlechterung der Auflösung um einen Faktor 1,5 bis 2 bei einer Zeitverschiebung von $\pm$ 2 ns gemessen [20, 109].

3. „Schneller“ Nulldurchgang

Mit einem kurzgeschlossenen Kabel wird der Stromimpuls des Detektors geformt (Abb. 102b, [110]). Um beispielsweise mit den ersten 10% eines Impulses zu triggern, muß man die Verzögerung $2T_L$ so wählen, daß die 10%-Höhen der Vorderflanke des verzögerten Impulses und der Rückflanke des Originalsignals gleichzeitig erreicht werden. Störspannungen auf der Impulsrückflanke und eine sehr schlechte statistische Genauigkeit dieses Punkts beeinträchtigen die Zeitauflösung. Die besten Resultate erhält man daher bei der Triggerung mit 50 bis 60%, allerdings ist dann die Auflösungszeit schlechter als bei der Vorderflankentriggerung mit kleinem D. Mit Plastszintillatoren und maximal 340 keV Anregungsenergie werden bei $D = 1{,}2:1$ Auflösungszeiten von etwa 400 ps und bei $D = 100:1$ von etwa 600 ps erhalten; die Lage des Peaks der Koinzidenzkurve veränderte sich im Impulshöhenbereich 100:1 um weniger als 100 ps [108, 109].

4. Triggerung bei konstantem Impulshöhenanteil
(Constant fraction of pulse height trigger)

Der Detektorimpuls wird invertiert, abgeschächt und danach mit dem um T_d verzögerten Originalimpuls überlagert (Abb. 102c). Schwächungsfaktor und Verzögerung werden so gewählt, daß der Nulldurchgang der Zeitnahme bei optimalem F entspricht. Mit dieser Methode wurde mit Plastszintillatoren eine noch etwas bessere Auflösungszeit als durch Vorderflanken-Triggerung bei gleichem dynamischen Bereich erreicht: mit ^{60}Co-Strahlung $2\tau = 250$ ps; bei einem Impulshöhenbereich $D = 100:1$ vergrößerte sich 2τ nur auf 360 ps bei noch relativ steilem Abfall der Koinzidenzkurven [108, 109].

Der Zeitpunkt des Nulldurchgangs wird mit speziellen Triggerschaltungen ermittelt. Hierzu kann man Tunneldioden benutzen, deren Arbeitspunkt wenig unterhalb des Peakstroms [108] oder auf dem Diffusionsast liegt [110]. Im zweiten Fall schaltet der bipolare Impuls die Tunneldiode zunächst auf den Tunnelast; beim Nulldurchgang kehrt die Tunneldiode mit kleiner Schaltzeit auf den Diffusionsast zurück. Man kann den Zeitpunkt des Nulldurchgangs auch messen, wenn man mehrere schnelle ECL-Gatter mit OR/NOR-Ausgängen in Reihe schaltet (Differenzverstärker) und bei Gleichheit des verzögerten und unverzögerten Impulses einen 0/1-Übergang erzeugt [60, 61]. Eine nähere Besprechung dieser Schaltungstechnik sprengt den vorliegenden Rahmen.

5.4.3. Zeitnahme bei Halbleiterdetektoren

Die Zeitnahme bei Halbleiterdetektoren bringt im Vergleich zu Szintillationszählern eine ganze Reihe zusätzlicher Schwierigkeiten, wenn höchstmögliche Zeitauflösung angestrebt wird:

— Kleinheit der Signale,
— Schwankungen der Impulsanstiegszeit in Abhängigkeit vom Ort der Partikelabsorption,
— Einfluß von Rauschimpulsen auf die Zeitnahme,
— mögliche Verschlechterung der Energieauflösung, vor allem bei Ge(Li)-Detektoren, durch Anschluß eines schnellen Verstärkers für die Gewinnung eines Signals mit kleiner Anstiegszeit.

In [18, 24, 111, 112] sind einige praktisch erprobte Anordnungen für die gleichzeitige Messung von Zeit und Energie beschrieben und untereinander verglichen. Für Detektoren mit kleiner Sammelzeitkonstante (Oberflächenbarriere- und pn-Sperrschichtdetektoren) empfiehlt sich bei Strahlungsenergien $E \geqq 1$ MeV die Anordnung nach Abb. 103a. Der Detektorstrom lädt die Streukapazität, den Gegenkopplungskondensator C_r und die sich aufbauende große dynamische Eingangskapazität des ladungsempfindlichen Vorverstärkers auf und erzeugt gleichzeitig über den Transformator einen Stromimpuls für den schnellen Stromverstärker. Der verstärkte Stromimpuls hat wegen der größenordnungsmäßig 1 ns betragenden Sammelzeitkonstante eine kurze Anstiegszeit, die eine Vorderflankentriggerung als Zeitnahme ermöglicht. Mit stark ionisierenden Teilchen und einem Szintillationszähler als zweiten Detektor wurden bereits in den sechziger Jahren Auflösungszeiten zwischen 200 und 500 ps

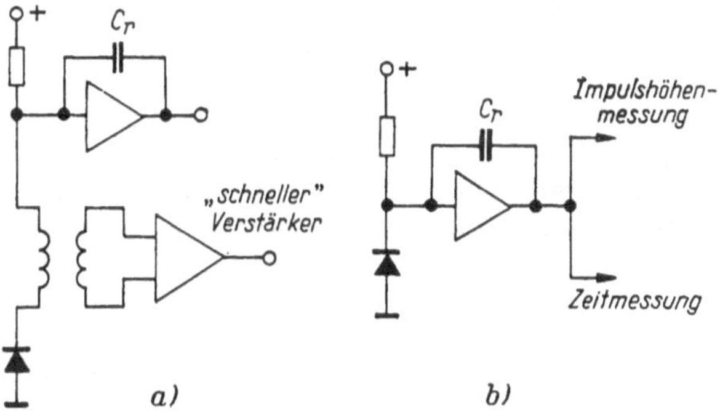

Abb. 103. Zeitmessungen mit Halbleiterdetektoren, a. Anschluß eines schnellen Stromverstärkers über einen Transformator; b: Abgriff am Ausgang des ladungsempfindlichen Vorverstärkers bei Ge(Li)-Detektoren

erreicht [24]. Die Energieauflösung, die schon wegen der großen Detektorkapazität nur mäßig gut ist (>10 keV), wird durch den Transformator kaum beeinflußt.

Bei Ge(Li)-Detektoren kommt es in der Mehrzahl der Anwendungsfälle darauf an, die hohe Energieauflösung durch den angeschlossenen Zeitmeßkanal nicht zu verschlechtern. Als einfachste Methode bietet sich an, den Ausgangsimpuls des ladungsempfindlichen Vorverstärkers für Energie- und Zeitmessung zu verwenden (Abb. 103b). Der große praktische Vorteil besteht darin, die auf optimales Signal-Rausch-Verhältnis gezüchtete

Detektor-Vorverstärker-Kombination ohne irgendwelche Eingriffe verwenden zu können. Durch geeignete Zeitnahme-Methoden lassen sich bei Anstiegszeitkonstanten des ladungsempfindlichen Vorverstärkers von einigen 10 ns Auflösungszeiten von größenordnungsmäßig 1 bis 10 ns erzielen. Als Alternative kann man auch einen Vorverstärker benutzen, der in der Gegenkopplungsschleife nach der Eingangsstufe zunächst einen schnellen Stromverstärker besitzt [60, 112]; ohne Verschlechterung der Energieauflösung sind Ansstiegszeiten des schnellen Ausgangs von einigen ns möglich, so daß der Einsatzpunkt des Detektorsignals gut wiedergegeben wird.

Parallel mit der Verbesserung der mit Ge(Li)- und Si(Li)-Detektoren erreichbaren Energieauflösung wurden seit Ende der sechziger Jahre auch erhebliche Fortschritte bei der Zeitnahme für solche Detektoren erzielt; diese Ergebnisse sind auch für echt eigenleitende Detektoren anwendbar. Im folgenden werden die wesentlichen Methoden dargestellt, die alle für eine Anordnung nach Abb. 103b gelten [113, 114]:

1. *Vorderflankentriggerung* (leading-edge timing, LET)

Wie bei den Szintillationszählern wird die Zeitmarke durch einen hinreichend schnellen Diskriminator erzeugt. Die impulshöhenabhängigen Zeitverschiebungen der Koinzidenzkurven sind um so kleiner, je tiefer die Diskriminatorschwelle eingestellt ist. Das Herabsetzen der Triggerschwelle kann nur bis zum Erreichen des Rauschpegels erfolgen.

Mit Triggerschwellen unterhalb des Rauschpegels kann man arbeiten, wenn man zwei Diskriminatoren D_1 und D_2 benutzt. D_1 mit sehr tiefliegender Schwelle dient der Zeitnahme; er wird durch D_2 nur dann eingeschaltet, wenn ein Detektorsignal die oberhalb des Rauschens eingestellte Schwelle von D_2 übersteigt. Mit dieser „low-level-Triggerung“ LLT wurde gegenüber LET eine Verbesserung der Auflösungszeit um den Faktor 3 gemessen [114]

2. Extrapolierte Flankentriggerung
(extrapolated leading edge timing, ELET).

Startet der Halbleiterdetektor beim Durchgang durch die Schwelle U_1 den Zeit-Impulshöhen-Konverter, so wird die Zeitdifferenz bis zum Stop-Impuls in Abhängigkeit von Impulshöhe und -anstiegszeit verfälscht (Abb. 104). Zur Korrektur dieser Zeitverschiebung verwendet man zwei Schwellen U_1 und U_2 und erzeugt mit einem zusätzlichen Zeit-Impulshöhen-Konverter ein Kompensationssignal, das dem Zeitintervall zwischen den Schwellendurchgängen U_1 und U_2 proportional ist. Durch Addition dieses Korrektursignals zum Ausgangsimpuls des Zeit-

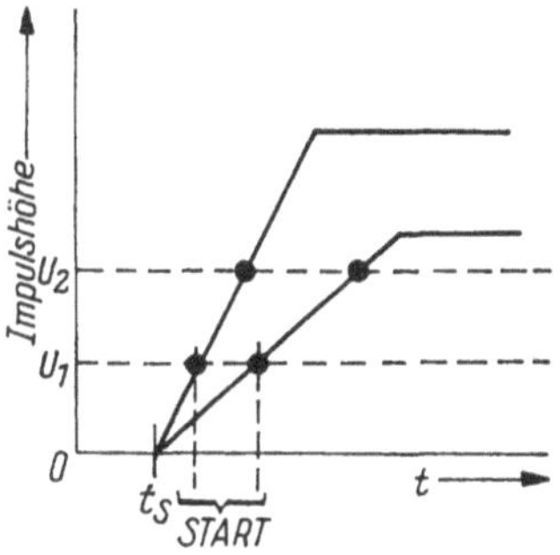

Abb. 104. Zur Methode der extrapolierten Flankentriggerung

Impulshöhen-Konverters wird auf den Impulseinsatzpunkt t_S extrapoliert. Unter der Voraussetzung linearer Flanken bis zum Erreichen der oberen Schwelle U_2 erreicht man auf diese Weise beträchtlich bessere Werte der Zeitauflösung im Vergleich zu LET und LLT [113, 114].

3. Amplituden- und Anstiegszeitkompensation
(amplitude and risetime compensation, ARC)

Diese Methode geht von der Triggerung bei konstantem Impulshöhenanteil aus und legt durch eine sehr kleine Verzögerungszeit den Nulldurchgang so zeitig, daß er vor dem Erreichen der maximalen Impulshöhe liegt [116]. Der Nulldurchgang t_0 ist dann von Impulshöhe und -anstiegszeit unabhängig (Abb. 105); ändert sich die Anstiegszeit vor t_0, dann erfolgt der Durchgang etwas früher als t_0. Die praktische Realisierung verlangt einen empfindlichen Nulldurchgangstrigger, der wegen der Rauschimpulse ähnlich zum LLT erst kurz vor t_0 eingeschaltet wird. Die experimentellen Resultate zeigen

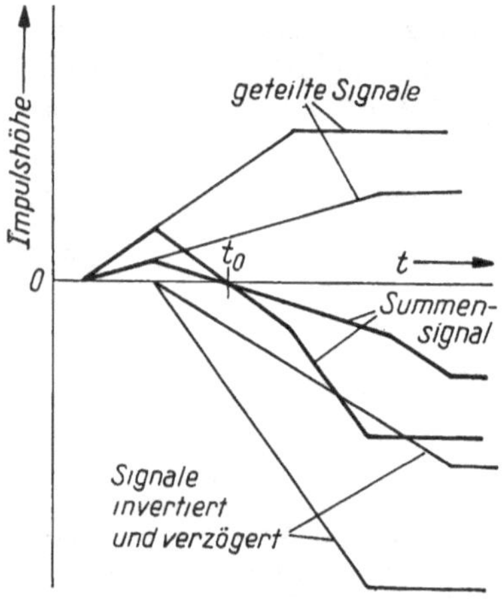

Abb. 105. Schematische Darstellung der Amplituden- und Anstiegszeitkompensation (ARC)

die Überlegenheit der ARC-Methode gegenüber LET und ELET. Mit ARC wird auch für einen großen dynamischen Bereich (100:1) eine gute Zeitauflösung und nur etwa ± 1 ns Zeitverschiebung des Peaks der Koinzidenzkurve erhalten [60]; die kleinsten zugelassenen Impulshöhen entsprachen hierbei 10 bis 20 keV.

Von den zahlreichen Verfeinerungen der beschriebenen Methoden soll nur die Impulsformauswahl erwähnt werden [113, 114]. Man mißt die Zeitdifferenz des Durchgangs der Impulsvorderflanke durch zwei Schwellen und unterdrückt solche Ereignisse, bei denen diese Zeitdifferenz einen oberen Grenzwert übersteigt. Auf diese Art werden Ereignisse aus den Randzonen des Detektors, die wegen ihrer großen Sammelzeit die Flanken der Koinzidenzkurven abflachen, von der Registrierung ausgeschlossen.

Mit einem 4,5 cm^3 Ge(Li)-Planardetektor erreichten die Autoren [114] mit monoenergetischen γ-Quanten (511 keV) und mit einem Szintillationszähler (Stilben) als zweiten Detektor folgende Bestwerte der Zeitauflösung 2τ und des Abfalls der Koinzidenzkurve, angegeben als $T_{1/2\text{instr}}$:

ARC ohne Impulsformauswahl:
$2\tau = 2{,}66$ ns; $T_{1/2\text{instr}} = 0{,}45$ ns
ARC mit Impulsformauswahl:
$2\tau = 1{,}25$ ns; $T_{1/2\text{instr}} = 0{,}20$ bzw. 0,33 ns
LET mit Impulsformauswahl:
$2\tau = 0{,}88$ ns; $T_{1/2\text{instr}} = 0{,}20$ ns.

Diese Werte entsprechen praktisch der Zeitauflösung, die mit NaJ(Tl)-Szintillatoren erreicht wird.

5.5. Einige Anwendungsbeispiele

Für die Messung der Verteilung von Zeitintervallen zwischen korrelierten Ereignissen (Impulspaare) kann man ein- oder vielkanalige Verfahren benutzen, die sich in Aufwand, Zuverlässigkeit und Handhabung beträchtlich unterscheiden.

Einkanalige Meßmethode

Als Zeitmesser dient eine Koinzidenzschaltung mit der Auflösungszeit 2τ (Abb. 106a). Die Koinzidenzschaltung „pickt" aus den Impulspaaren alle diejenigen heraus, deren Partner am Eingang der Schaltung einen Zeitabstand $-\tau < \Delta t < +\tau$ aufweisen. Verzögert man die

Ereignisse eines Detektors, z. B. Detektor I, durch eine zusätzliche Zeitverzögerung, beispielsweise durch ein Koaxialkabel mit der Laufzeit T_I, dann werden dementsprechend nur Paare mit einem Zeitintervall $(T_I - \tau) < \Delta T < (T_I + \tau)$ registriert, d. h. nur solche Ereignisse, bei denen das Signal des Detektors II um $(T_I \pm \tau)$ verspätet gegenüber Detektor I erscheint. Durch sukzessive Änderung von T_I und T_{II} unter Verwendung verschieden langer Kabel erhält man auf diese Weise nacheinander die einzelnen Meßpunkte der Koinzidenzkurve, die dann die gesuchte Zeitverteilung, gefaltet mit der Ansprechfunktion der Koinzidenzschaltung, darstellt (Abb. 98). Die Koinzidenzkurve sitzt auf einem konstanten Untergrund zufälliger Koinzidenzen, Gl. (5.3).

Die geschilderte „Methode der verzögerten Koinzidenzen" hat den Vorteil eines relativ bescheidenen apparativen Aufwands. Zur Registrierung reicht ein Zählgerät aus. Als bedeutende Nachteile muß man ansehen:

— Durch das nacheinander erfolgende Messen der einzelnen Punkte wird nur ein Teil der auftretenden Ereignisse registriert, so daß lange Meßzeiten erforderlich sind.
— Die Auflösungszeit 2τ der Koinzidenzschaltung muß kleiner als die Breite der interessierenden Zeitverteilung sein: zu großes 2τ verschlechtert infolge der Faltung die Wiedergabegenauigkeit der Zeitverteilung, zu kleines 2τ im Vergleich zu den Laufzeitschwankungen der Detektoren bringt zusätzliche Zählverluste.
— Bei Änderung der Bestrahlungsintensität müssen die betreffenden Meßpunkte einzeln korrigiert werden.
— Systematische Fehler und Driften können sich auf die einzelnen Meßpunkte unterschiedlich auswirken und sind im allgemeinen sehr schlecht erkennbar.

Mit der Entwicklung der Vielkanal-Impulshöhenanalysatoren wurde bei Messungen von Zeitverteilungen die einkanalige Meßmethode praktisch völlig durch die vielkanalige Methode verdrängt. Die einkanalige Methode wird in bedeutendem Umfang für Zählerteleskope und Hodoskope der Elementarteilchenphysik zur Entscheidung über Koinzidenz und Nichtkoinzidenz benutzt; durch Verzögerungen T_I, T_{II} wird die Anordnung so justiert, daß die Ansprechfunktion der Koinzidenzschaltung die interessierenden Korrelationen erfaßt.

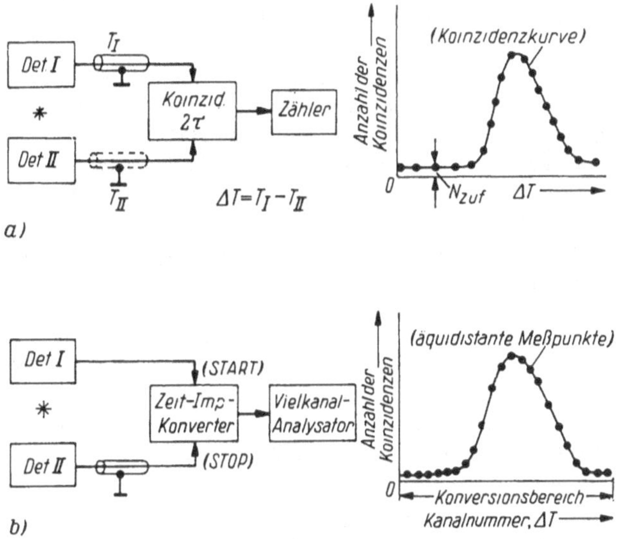

Abb. 106. Einkanalige (a) und vielkanalige Messung (b) von Zeitverteilungen, registriert als Anzahl der Koinzidenzen in Abhängigkeit vom Zeitintervall zwischen den korrelierten Impulsen

Vielkanalige Meßmethode

Die Zeitintervallverteilung korrelierter Ereignisse wird mit einem Zeit-Impulshöhen-Konverter in ein Impulshöhenspektrum transformiert, das ähnlich wie bei der Energiespektroskopie in einem Vielkanal-Impulshöhenanalysator digitalisiert und gespeichert wird (Abb. 106b). Weniger gebräuchlich sind Zeit-Digital-Konverter (Chronotrons), die den Zeitabstand eines Impulspaares unmittelbar als Digitalwert angeben. Durch eine Zusatzverzögerung in einem der Detektorzweige verschiebt man die Zeitverteilung an eine geeignete Stelle der Konverter-Charakteristik, um auch die „Schwänze" der Koinzidenzkurve zu registrieren oder Doppeldeutigkeiten der Konverter-Kennlinie (siehe Abb. 94) auszuschließen.

Die Vorzüge der vielkanaligen Messung von Zeitverteilungen bestehen in folgendem:

— Bei lückenlos angrenzenden Analysatorkanälen und ausreichend großem Konversionsbereich werden alle auftretenden Koinzidenzereignisse erfaßt.
— Die Verbreiterung der gemessenen Zeitverteilung infolge der Faltung mit der Kanalbreite des Vielkanal-Analysators ist vernachlässigbar, wenn man die Kanalbreite so wählt, daß die Auflösungsfunktion der Meßanordnung mit 5 bis 8 Punkten oberhalb der 50% Höhe abgebildet wird (siehe Abb. 99).
— Systematische Fehler durch Änderungen der Strahlungsintensität treten nicht auf; Driften und andere Instabilitäten wirken sich auf alle Punkte der Koinzidenzkurve aus und sind im Vergleich zur einkanaligen Meßmethode leichter zu bemerken und einzuschätzen.

Die Zeiteichung der gesamten Meßapparatur läßt sich in bequemer Weise mit einer Strahlungsquelle durchführen, die koinzidierende Impulspaare mit $\Delta T \ll 2\tau$ emittiert: man registriert mit verschieden langen Koaxialkabeln als Zusatzverzögerung, deren Wert bekannt sein muß, mehrere Auflösungskurven und erhält aus der Lage dieser Kurven den Konversionsfaktor K_t in ns je Kanal. In gleicher Weise kann man unter den tatsächlichen Meßbedingungen auch die *integrale Linearität* des Zeit-Impulshöhen-Konverters überprüfen:

$$U_{\text{aus}} = K_t \Delta t [1 + \varepsilon_i(\Delta t)]; \tag{5.7}$$

die Größe $\varepsilon_i(\Delta t)$ gibt an, wie genau der lineare Zusammenhang zwischen der Impulshöhe des Konverters und der Zeitdifferenz Δt erfüllt ist. Die Abweichungen von der integralen Linearität liegen bei guten Konverterschaltungen in der Größenordnung 0,1 bis 1%. Die *differentielle Linearität* beschreibt die Abhängigkeit der Ausgangsspannungsänderung von der Änderung des Zeitintervalls in der Form

$$\Delta U_{\text{aus}}/\Delta(\Delta t) = K_t[1 + \varepsilon_d(\Delta t)]. \qquad (5.8)$$

Im mittleren Bereich der Konvertercharakteristik ist $\varepsilon_d(\Delta t)$ meist vernachlässigbar, während an den Enden der Charakteristik ε_d Werte bis zu 10% annehmen kann. Die differentielle Linearität läßt sich untersuchen, wenn man eine „weiße" Zeitintervallverteilung benutzt, die alle Zeitintervalle mit gleicher Häufigkeit enthält, z. B. zufällige Koinzidenzen nach Gl. (5.3) oder spezielle Doppelimpulsgeneratoren. In diesem Fall müssen für $\varepsilon_d(\Delta t) = 0$ alle Meßpunkte in der Anordnung Abb. 106b im statistischen Mittel die gleiche Zahl von Ereignissen aufweisen.

Isomeriemessungen

Die Entwicklung der kernphysikalischen Elektronik wurde wesentlich durch die Forderung der Kernphysiker stimuliert, mittlere Lebensdauern angeregter Zustände des Atomkerns (Isomere) im ns-Bereich messen zu können. Die ersten Messungen dieser Art wurden mit der einkanaligen Methode in den Jahren 1948 und 1949 durchgeführt.

Das Meßprinzip ist aus Abb. 107 ersichtlich. Der Kern A zerfällt über den isomeren Zustand B^*, dessen mittlere Lebensdauer $\theta = 1/\lambda$ gesucht ist, zum Endzustand B. Die Emission des β-Teilchens stellt die „Geburt" von B^* zur Zeit $t = T_1$ dar. Der Impuls des β-Detektors startet den Zeit-Impulshöhen-Konverter. Der „Tod" von B^* zur Zeit $t = T_2$ ist mit der Emission eines γ-Quants verknüpft; der γ-Detektor stoppt die Zeitmessung. Das Zeitintervall $\Delta T = T_2 - T_1$ wird in eine Impulshöhe umgewandelt und registriert. Aus der Messung sehr vieler solcher individueller Lebensdauern erhält man schließlich die Koinzidenzkurve $N(\Delta T)$. Für die Zerfallswahrscheinlichkeit $w(t)$ im Zeitintervall $t \ldots (t + \Delta t)$ gilt mit dem radioaktiven Zerfallsgesetz

$$w(t) = (1/\theta)\, e^{-t/\theta} (t \geqq 0), \tag{5.9}$$

so daß sich $N(\Delta T)$ aus der Faltung von $w(t)$ mit der Auflösungsfunktion $P(\Delta T)$ der Meßanordnung ergibt:

$$N(\Delta T) = \int_{-\infty}^{+\infty} w(t') \cdot P(\Delta T - t')\, \mathrm{d}t'. \tag{5.10}$$

Die sogenannte Promptkurve $P(\Delta T)$ kann man beispielsweise mit einem angeregten Kernniveau messen, dessen mittlere Lebensdauer θ sehr klein gegen die Auflösungszeit 2τ der Meßapparatur ist. Aus Gl. (5.10) folgt nach Substitution $x = \Delta T - t'$ durch Differentiation [122]:

$$\frac{\mathrm{d}N(\Delta T)}{\mathrm{d}(\Delta T)} = \frac{1}{\theta} [P(\Delta T) - N(\Delta T)]; \tag{5.11}$$

$$\frac{\mathrm{d}\left(\ln N(\Delta T)\right)}{\mathrm{d}(\Delta T)} = -\frac{1}{\theta}\left[1 - \frac{P(\Delta T)}{N(\Delta T)}\right]. \tag{5.12}$$

Sind die Meßkurven $P(\Delta T)$ und $N(\Delta T)$ auf gleichen Flächeninhalt normiert, wird bei $P(\Delta T) \ll N(\Delta T)$

$$\frac{\mathrm{d}\left(\ln N(\Delta T)\right)}{\mathrm{d}(\Delta T)} \approx -1/\theta. \tag{5.13}$$

Aus dem ungestörten Abfall der Koinzidenzkurve, aufgetragen im logarithmischen Maßstab, kann man sofort die mittlere Lebensdauer θ ablesen, am bequemsten über die Halbwertszeit $T_{1/2}$, die den Abfall auf 50% ausdrückt:

$$T_{1/2} = \theta \cdot \ln 2 = 0{,}693\, \theta. \tag{5.14}$$

Um auf diese Weise noch möglichst kleine mittlere Lebensdauern messen zu können, muß die Zeitauflösung der Meßapparatur sehr gut sein, d. h. die Promptkurve $P(\Delta T)$ muß eine kleine Halbbreite und einen steilen

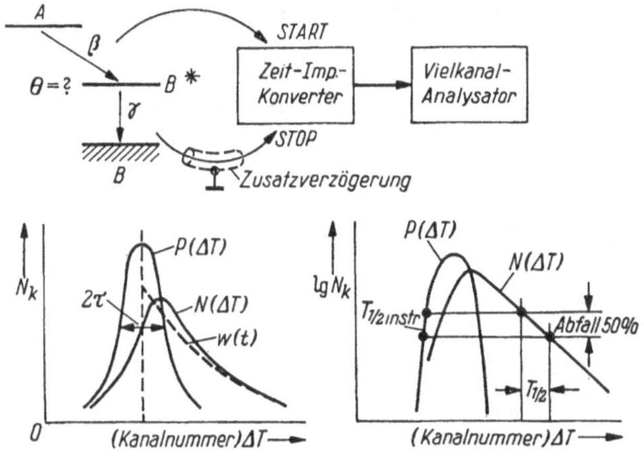

Abb. 107. Prinzip der Lebensdauermessung angeregter Niveaus von Atomkernen im ns-Bereich; Koinzidenzkurven für Promptkoinzidenzen $P(\Delta T)$ und verzögerte Koinzidenzen $N(\Delta T)$ in linearem und logarithmischem Maßstab

Abfall besitzen, der als instrumentelle Halbwertszeit $T_{1/2\text{instr}}$ angegeben wird. Bei kompliziertem Zerfallsschema wird eine Impulshöhenselektion mit Hilfe der „langsamen" Kanäle in Abb. 101 notwendig, damit nur solche Ereignisse registriert werden, bei denen das mit der Geburt des Isomers verknüpfte Partikel den Konverter startet und das abregende Partikel, das beim Zerfall des Isomers emittiert wird, den Stopvorgang auslöst. Eine Übersicht über die Meßtechnik geben [17, 90, 93].

Flugzeitmessungen

Aus der Flugzeit für eine bekannte Meßstrecke l kann man bei bekannter Masse die Teilchenenergie, beispielsweise von Neutronen, oder bei bekannter Energie die Teilchenmasse bestimmen. Ein typisches Beispiel zeigt Abb. 108. An einem Beschleuniger mit einer Pulsungseinrichtung für das ns-Gebiet werden Deuteronenbündel mit einer Länge von etwa 2 ns bei einer Wiederholungsfrequenz von 5 MHz erzeugt, die über die Kernreaktion $d(t, \alpha)\,n$ hochenergetische Neutronen freisetzen [118]. Die Neutronen wechselwirken mit einem Streutarget und werden nach Durchlaufen der Flugstrecke l von einigen Metern Länge mit einem Szintil-

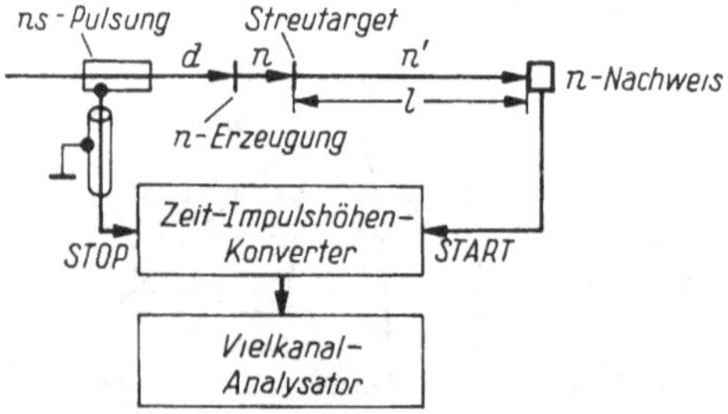

Abb. 108. Neutronen-Flugzeitspektrometrie an einem gepulsten Beschleuniger, prinzipielle Anordnung

lationszähler nachgewiesen; die Neutronenflugzeit t_n wird vielkanalig gemessen:

$$t_n = 72{,}3\, l/\sqrt{E}\ [\text{ns}], \tag{5.15}$$

Neutronenenergie E in MeV, l in m. Da nicht bei jedem Deuteronenpaket ein Neutron registriert wird, empfiehlt es sich, den Zeitimpulshöhenkonverter mit dem Neutronensignal zu starten und mit dem verzögerten (oder nachfolgenden) Pulsungssignal als Zeitbezug zu stoppen.

Flugzeitmessungen haben für neutronenphysikalische Untersuchungen und in der Elementarteilchenphysik eine hervorragende Bedeutung. Mit sehr sorgfältigen Flugzeitmessungen wurde das Postulat von der Konstanz der Lichtgeschwindigkeit c unabhängig von der

Frequenz der elektromagnetischen Strahlung, von der Geschwindigkeit v der Quelle und von der Raumrichtung im Rahmen der Meßgenauigkeit bestätigt. Bei Gültigkeit des Postulats muß in $c' = c + kv$ der Korrekturfaktor $k = 0$ sein. Messungen mit γ-Quanten der Energie von 6 GeV, die von π^0-Mesonen der Geschwindigkeit $v \geq 0{,}99975\ c$ in Vorwärtsrichtung emittiert werden, ergeben nach [119] den Wert $k = (0 \pm 1{,}3) \cdot 10^{-4}$. Die Geschwindigkeit von 7 GeV γ-Quanten stimmt mit der Geschwindigkeit von Quanten des sichtbaren Lichts innerhalb der sehr hohen Meßgenauigkeit überein [120]:

$$(c_\gamma - c_{\text{opt}})/c_{\text{opt}} = (1{,}8 \pm 6) \cdot 10^{-6}.$$

Bei diesen Messungen betrug die Flugzeit mehr als 1 km; die Flugzeit von etwa 4,3 µs wurde mit einer Präzision von wenigen ps vermessen. Im Zusammenhang mit der CPT-Invarianz haben Lebensdauermessungen der Pionen π^+, π^- und der Myonen μ^+, μ^-, die teilweise auch als Flugzeitmessungen erfolgten, im Rahmen der Genauigkeit von größenordnungsmäßig 10^{-3} keine Unterschiede zwischen Teilchen und Antiteilchen ergeben [121].

6. Impulshöhenmessungen

6.1. Meßmethoden

Die Ladung des Ausgangsssignals eines Szintillationszählers oder eines Halbleiterdetektors ist der im Detektormedium umgesetzten Energie des Strahlungspartikels proportional. Wie in den Abschnitten 1 und 2 dargestellt wurde, werden die Ladungsimpulse zu Spannungsimpulsen integriert, entweder passiv durch ein *RC*-Glied am Ausgang des Szintillationszählers oder aktiv durch einen ladungsempfindlichen Vorverstärker bei Halbleiterdetektoren bzw. durch eine Integratorschaltung. Die Impulshöhe ist folglich ein Maß für den Energieverlust des Strahlungspartikels, so daß aus der Impulshöhenverteilung bei Berücksichtigung der Wechselwirkungsprozesse und der Detektoreigenschaften das Energiespektrum der Strahlung ermittelt werden kann (vgl. Abb. 3).

In der Impulshöhenspektrometrie sind zwei wesentliche Meßmethoden zu unterscheiden:

Integrale Impulshöhenmessung: Es werden nur solche Impulse gezählt, deren Impulshöhe die Ansprechschwelle eines sogenannten Integraldiskriminators übersteigt. Durch sukzessive Änderung der Schwelle wird das gesamte Spektrum registriert.

Differentielle Impulshöhenmessung: Hierbei werden alle Impulse berücksichtigt, deren Höhe in einem vorgegebenen Bereich („Kanal") liegt. Man verwendet einen sogenannten Differentialdiskriminator (Einkanalanalysator) und mißt nacheinander die Zählraten in Abhängigkeit von der Kanallage oder benutzt einen Vielkanal-Impulshöhenanalysator, der das gesamte Impulshöhenspektrum gleichzeitig in äquidistante, gleichbreite Kanäle einsortiert.

In Abb. 109 ist ein integrales Impulshöhenspektrum mit einem differentiellen Impulshöhenspektrum verglichen. Das differentielle Spektrum, das einen besseren Überblick über Details der Impulshöhenverteilung gibt, kann man direkt messen oder auch aus der Impulszahl benachbarter Meßpunkte des Integralspektrums berechnen, allerdings mit erheblich schlechterer Genauigkeit. Bei differentieller Messung ist die statistische Schwankung bei N Ereignissen eines Kanals

$$\sigma_d = \sqrt{N}; \quad \sigma_d/N = 1/\sqrt{N}. \tag{6.1}$$

Bei Berechnung aus dem Integralspektrum mit N_u und N_0 als Impulszahl an der unteren und oberen Kanalgrenze wird $N = N_u - N_0$. Da N_u und N_0 nacheinander gemessen werden und statistisch voneinander unabhängig sind, gilt für die statistische Genauigkeit von N

$$\sigma_i = \sqrt{\sigma^2(N_u) + \sigma^2(N_0)} = \sqrt{N_u + N_0} \qquad (6.2)$$

und für den relativen statistischen Fehler

$$\sigma_i/N = \sqrt{N_u + N_0}/N > \sigma_d/N. \qquad (6.3)$$

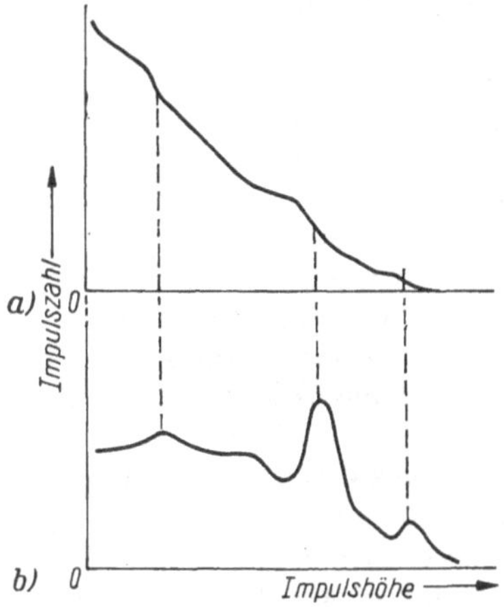

Abb. 109. Integrales (a) und differentielles (b) Impulshöhenspektrum

Messungen integraler Spektren erfordern einen geringen apparativen Aufwand. Im Prinzip reicht ein Integraldiskriminator mit nachfolgendem Impulsformer und Zählgerät aus. Mit einer Apparatur nach Abb. 79 kann man, wenn der Former durch einen Integraldiskriminator ersetzt wird, bei gleichmäßiger Änderung der Diskriminatorschwelle das Integralspektrum unmittelbar registrieren. Solche Messungen haben für gewisse dosimetrische Untersuchungen Bedeutung.

In der Energiespektroskopie kommt es auf hohe Energieauflösung und auf große statistische Genauigkeit der einzelnen Meßpunkte an, so daß hierfür die Spektren differentiell gemessen werden müssen. Aus der Energie-

auflösung der Strahlungsdetektoren (siehe Abschnitt 1) ergibt sich, daß man für Energiewerte der γ-Quanten oder Elektronen bis zu größenordnungsmäßig 1 MeV folgende Kanalzahlen benötigt, wenn ähnlich zu Abb. 99 die Peaks mit etwa 5 Kanälen oberhalb der Halbbreite gemessen werden sollen:
Szintillationszähler: 100 bis 250 Kanäle;
Li-gedriftete Halbleiterdetekoren: 500 bis 8000 Kanäle.

Bei der Messung mit einem Einkanal-Analysator muß also die Kanalbreite entsprechend schmal gewählt werden. Die Abtastung des Gesamtspektrums, etwa nach Abb. 79 mit einem Einkanal-Analysator statt der Formungsstufe, wird daher sehr zeitaufwendig oder gar unmöglich, wenn man bedenkt, daß wegen der mit steigender Energie rasch abnehmenden γ-Ansprechwahrscheinlichkeit der Halbleiterdetektoren Meßzeiten von mehreren Stunden je Kanal benötigt würden, um eine hinreichend gute statistische Genauigkeit zu erzielen. In solchen Fällen ist man zur Messung mit einem Vielkanal-Impulshöhenanalysator gezwungen. Für die Vorteile dieser vielkanaligen Meßmethode, insbesondere hinsichtlich der Stabilität und Zuverlässigkeit, gelten sinngemäß die gleichen Aussagen wie für Zeitmessungen (vergleiche Abschnitt 5.5).

Von der integralen Linearität der Vielkanalanalysatoren wird gefordert, daß die Abweichung der tatsächlichen Kanallage vom korrekten Wert kleiner als eine Kanalbreite ist. Die Fehler der differentiellen Linearität sollen weniger als 1% betragen, damit nicht durch ungleich breite Kanäle falsche Peaks vorgetäuscht werden.

6.2. Integral- und Differentialdiskriminatoren

Für die Realisierung eines *Integraldiskriminators* bestehen verschiedene Möglichkeiten. Sehr häufig benutzt man gesperrte Transistoren, die Teil eines positiv rückgekoppelten Verstärkers sind: SCHMITT-Trigger, monostabiler Multivibrator. Auch Komparatoren sind vorteilhaft einsetzbar. Für Impulslängen um 10 ns sind Tunneldioden-Diskriminatoren recht gut geeignet. Diese Schaltungen, deren Ansprechschwelle bequem einstellbar ist, liefern Signale einheitlicher Höhe, die unmittelbar gezählt werden können. Bei der Verwendung einer in Sperrichtung vorgespannten Diode als Diskriminator ist die Ausgangsimpulshöhe näherungsweise um die Sperrspannung vermindert, so daß anschließend noch eine Impulsformung benötigt wird. Triggerschaltungen und Diodendiskriminatoren sind im Abschnitt 3 beschrieben; weitere Hinweise findet man beispielsweise in [10, 15, 20, 22].

Oftmals wird zwischen Detektor und Vielkanal-Impulshöhenanalysator neben dem eigentlichen Impulsverstärker noch ein sogenannter vorgespannter Verstärker eingeschaltet. Er entspricht einem Diskriminator, dessen Ausgangsimpulshöhe dem Teil des Eingangssignals proportional ist, der die Schwelle überragt. Auf diese Weise lassen sich kleine Signale, z. B. Rauschimpulse, vom Vielkanalanalysator fernhalten. Außerdem kann man den niederenergetischen Anteil des Spektrums unterdrücken und die verfügbaren Kanäle voll für den interessierenden hochenergetischen Teil ausnutzen. Für vorgespannte Verstärker bieten sich beispielsweise Differenzverstärker nach Abb. 42 an. Die praktische Realisierung bereitet allerdings sehr große Schwierigkeiten, wenn es auf Langzeitstabilität der Schwelle ohne störende niederfrequente Störspannungen ankommt, um die mit Halbleiterdetektoren erreichbare Energieauflösung nicht zu verschlechtern.

Ein *Einkanalanalysator* besteht im wesentlichen aus zwei Integraldiskriminatoren für die obere Schwelle V_0 und die untere Schwelle V_u. Die Diskriminatorausgänge sind so zusammengeschaltet, daß nur dann ein Ausgangssignal abgegeben wird, wenn die Eingangsimpulshöhe U_H in den Grenzen $V_u < U_H < V_0$ liegt (Antikoinzidenzschaltung). Abb. 110 zeigt das Prinzipschaltbild; $(V_0 - V_u)$

ist die Kanalbreite. Bei $U_H < V_u$ spricht keiner der beiden Diskriminatoren D_0 und D_u an und bei $V_u < U_H < V_0$ nur der untere. Übersteigt der Eingangsimpuls auch die obere Schwelle, treten in der Schaltung Abb. 110 infolge der endlichen Anstiegs- und Abfallzeit der Eingangssignale unerwünschte Ausgangssignale auf. Durch eine geeignete Speicherung muß man also die Abgabe eines Ausgangssignals so lange verzögern, bis die Entscheidung $U_H > V_0$ oder $U_H < V_0$ gefallen ist. Dieses

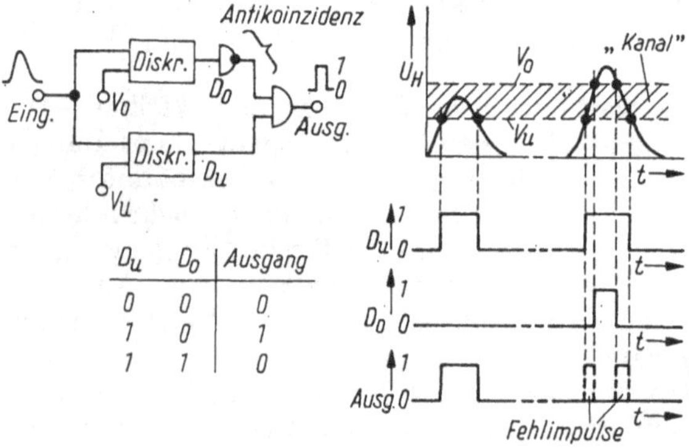

Abb. 110. Prinzip eines Einkanalanalysators

„Gedächtnis" kann man mit verschiedenen Schaltungsvarianten realisieren, wie Abb. 111 zeigt [20, 22].

Im Einkanalanalysator nach Abb. 111a werden monostabile Multivibratoren MV als Diskriminatorelemente verwendet. Die Impulslänge des oberen Multivibrators MV_0 wird auf einen größeren Wert als bei MV_u eingestellt. Der Impuls von MV_u wird um ΔT verzögert. Ist die Anstiegszeit der Eingangssignale kleiner als ΔT, so kann bei $U_H > V_0$ wie gefordert am UND-Gatter kein Ausgangsimpuls entstehen. Nachteilig ist neben der Beschränkung auf Anstiegszeiten $<\Delta T$ noch die relativ lange Erholungszeit monostabiler Multivibratoren, die in der Größenordnung der Impulslänge liegt und die Verarbeitung hoher Impulsdichten behindert.

Bei der Schaltung Abb. 111b, die eine Flip-Flop-Stufe als Gedächtnis besitzt, entfällt die Beschränkung der Impulsanstiegszeit. Die Ausgangsimpulse der SCHMITT-Trigger ST oder der Komparatoren für V_u und V_0 werden differenziert; die Flip-Flop-Stufe soll nur auf die positiven Impulse ansprechen. Im Ruhezustand ist $Q = 0$. Der 0/1-Übergang von ST_u kippt die Flip-Flop-

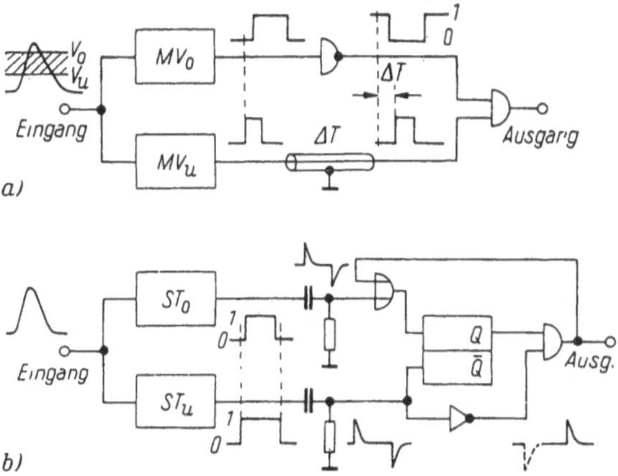

Abb. 111 Blockschaltungen von Einkanalanalysatoren

Stufe in den Zustand $Q = 1$, so daß der vom 1/0-Übergang des ST_u abgeleitete Impuls nach Negation das UND-Gatter passieren kann und ein Ausgangssignal erzeugt, das gleichzeitig die Flip-Flop-Stufe wieder auf $Q = 0$ rücksetzt. Spricht auch der obere Trigger ST_0 an, schaltet dessen 0/1-Übergang das Flipflop schon wieder auf $Q = 0$, bevor ein Ausgangssignal entstehen konnte. Eine etwas abgewandelte Variante, die integrierte TTL-Schaltkreise benutzt, ist in [123] dargestellt.

Kanallage und Kanalbreite sind gewöhnlich getrennt voneinander einstellbar. Meist hat die Kanalbreite einen von der Kanallage unabhängigen Wert; in Sonderfällen verwendet man Einkanalanalysatoren mit konstanter relativer Kanalbreite. Die Referenzspannung, die für die Kanallage verantwortlich ist, kann mit der unteren Schwelle identisch sein. Für praktische Messungen ist es mitunter vorteilhaft, wenn die obere und untere Schwelle symmetrisch zur Referenzspannung angeordnet sind. In diesem Fall stellt man die Referenzspannung zunächst mit großer Kanalbreite auf die Mitte des interessierenden Teils des Spektrums ein und kann dann die Kanalbreite auf einen optimalen Wert verkleinern, ohne den betreffenden Bereich aus dem Kanal zu verlieren. Abb. 112

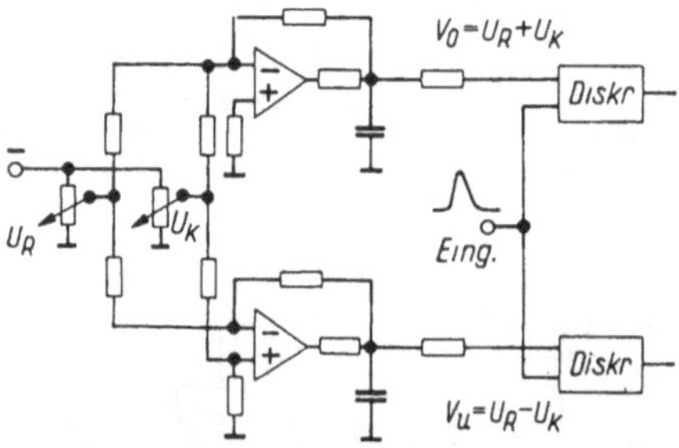

Abb. 112. Eingangsschaltung eines Einkanalanalysators mit symmetrisch zur Kanallage liegenden Kanalgrenzen

zeigt eine einfache Schaltung [22], die symmetrisch zur Referenzspannung U_R (Kanallage) angeordnete Schwellen erlaubt. Der obere Operationsverstärker summiert die Referenzspannung U_R und den Wert U_K; im unteren Operationsverstärker wird die Differenz $U_R - U_K$ gebildet. Zur Verbesserung der Schärfe der Ansprechschwelle und der Stabilität der eingestellten Kanalgrenzen wird den Diskriminatoren häufig ein vorgespannter Verstärker vorgeschaltet.

Vielfachdiskriminator

Die vielkanalige Messung von Impulshöhenspektren erfordert einen Analysator, der die Detektorsignale entsprechend ihrer Höhe in einzelne Kanäle einsortiert und speichert. In Erweiterung des Einkanalanalysators Abb. 110 bietet sich daher zunächst an, zahlreiche geeignet vorgespannte Diskriminatoren zu benutzen, die über Antikoinzidenzschaltungen verknüpft sind und jeweils einen Zähler als Speicher besitzen. Abb. 113 zeigt einen solchen Vielfachdiskriminator. Die Impulse gelangen gleichzeitig auf alle Diskriminatoren, deren An-

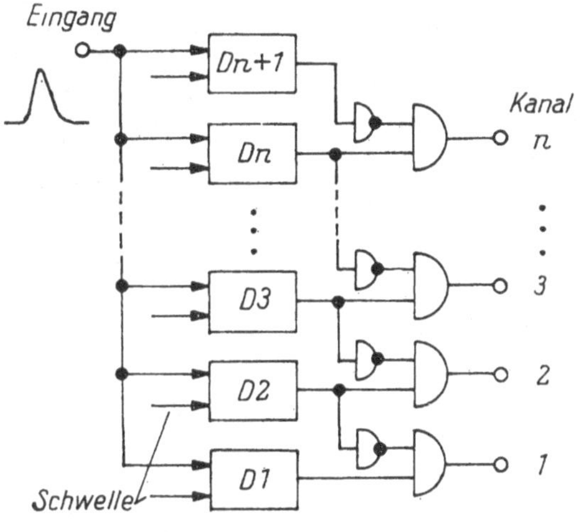

Abb. 113. Vielfachdiskriminator

sprechschwellen von $D1$ bis $Dn + 1$ um jeweils den gleichen Betrag ansteigen (äquidistante Kanäle). Sprechen z. B. alle Diskriminatoren $D1$ bis $D3$ an, dann gibt nur das UND-Gatter am Diskriminator $D3$ ein Ausgangssignal ab, wobei die Schwierigkeiten auf Grund der endlichen Impulsanstiegszeit zunächst einmal vernachlässigt werden. Der Vielfachdiskriminator hat einige sehr schwerwiegende Nachteile:

— hoher Aufwand: je Kanal mindestens 1 Diskriminator, 1 Gatter und 1 Zählschaltung;

- schwierige Einstellung der Diskriminatorschwellen auf gute integrale und differentielle Linearität;
- hohe Anforderungen an die Stabilität der einzelnen voneinander weitgehend unabhängigen Schwellen.

Vorteilhaft ist die sehr große Geschwindigkeit der Impulshöhenanalyse. Insbesondere wegen der schwierigen Justierung der Schwellen und des hohen Aufwands liegt die Kanalzahl nur in der Größenordnung 10. Solche Vielfachdiskriminatoren haben keine nennenswerte Verbreitung gefunden, auch wenn es beispielsweise durch Addition eines verzögerten Standardimpulses, dessen Höhe die Kanalbreite darstellt, in eleganter Weise gelang, die differentielle Linearität zu verbessern und falsche Ausgangssignale wie in Abb. 110 sicher zu unterdrücken [124].

6.3. Analog-Digital-Wandler

Ein Analog-Digital-Wandler (Analog-Digital-Converter ADC) mißt die Höhe der Eingangsimpulse (Analoggröße) und liefert entsprechende binär codierte Ausgangssignale (Digitalgröße). Für die Analog-Digital-Wandlung impulsförmiger Signale sind Integral- und Differentialdiskriminatoren sowie die zuvor besprochenen parallel arbeitenden Vielfachdiskriminatoren geeignet, allerdings ist der Zahlenumfang der Ausgangssignale mehr oder weniger beschränkt, z. B. auf 0 und 1 beim Integraldiskriminator. Im engeren Sinne versteht man unter einem ADC eine Schaltung, die im Prinzip seriell arbeitet und eine Codierung der Eingangsimpulshöhen bis zu etwa 10^4 Kanälen ermöglicht. ADC mit hoher Kanalzahl werden nicht nur für die vielkanalige Messung von Impulshöhen- und Zeitintervallverteilungen in der Kernphysik benutzt, sondern dienen auch in Digitalvoltmetern oder bei der Digitalisierung von Meßwerten in der Prozeßsteuer- und -regelungstechnik zur Messung langsam veränderlicher Gleichspannungen.

In *Analog-Digital-Wandlern* vom *Wilkinson-Typ* [125] wird die Impulshöhe in ein Zeitintervall umgewandelt, dessen Länge mit Impulsen bestimmter Folgefrequenz ausgezählt wird. Das Eingangssignal lädt einen Speicher-

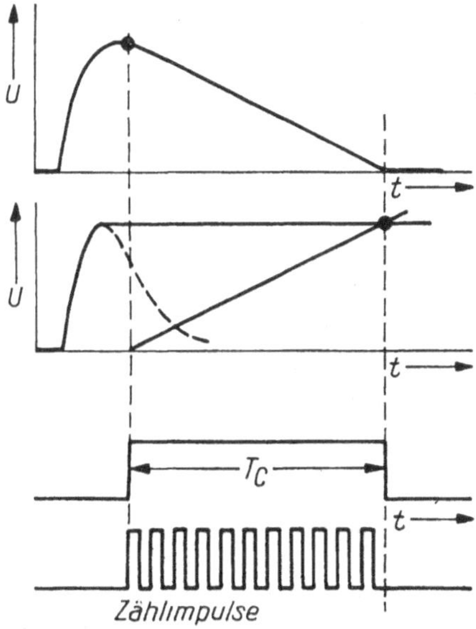

Abb. 114. WILKINSON-Prinzip eines Analog-Digital-Wandlers

kondensator auf (Impulsdehner), der durch einen konstanten Strom zeitlich linear entladen wird (Abb. 114). Die Zeitdauer T_C der Entladung ist folglich der Impulshöhe proportional. Die Zahl der während T_C vom Generator abgegebenen Zählimpulse stellt dann die Kanalnummer dar. In einer anderen Variante wird nach Aufladung des Speicherkondensators auf die Eingangsimpulshöhe eine Rampenspannung gestartet; hier ist T_C das Intervall zwischen Start der Rampe und Gleichheit mit der Spannung des Speicherkondensators. Diese Schaltung setzt voraus, daß sich die Kondensatorspannung während etwa 100 µs um weniger als 10^{-3} ändert.

Das Blockschaltbild eines Analog-Digital-Wandlers mit zeitlich linearer Entladung des Speicherkondensators ist in Abb. 115 wiedergegeben. Das Eingangssignal passiert eine lineare Torschaltung (linear übertragende UND-Schaltung) und lädt den Speicherkondensator auf. Mit

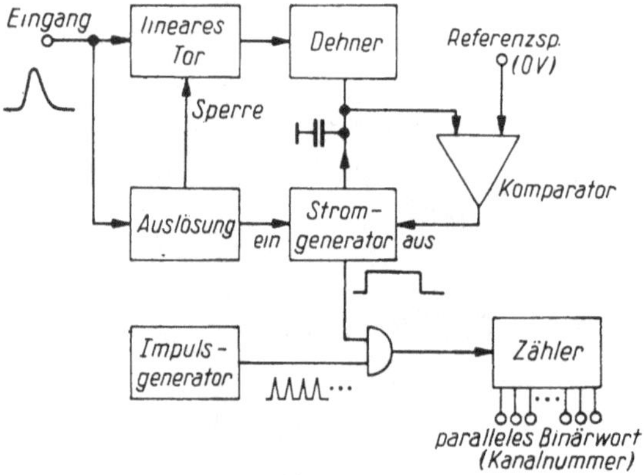

Abb. 115. Analog-Digital-Wandler mit zeitlich linearer Entladung des Speicherkondensators

dem Start der Entladung wird das lineare Eingangstor blockiert, damit während der Konversion eintreffende Eingangsimpulse keine Verfälschungen hervorrufen können. Die während der Entladezeit T_C freigegebenen Generatorimpulse werden in einer Zählschaltung gezählt, so daß am ADC-Ausgang die Kanalnummer in binär verschlüsselter Form vorliegt. In Analog-Digital-Wandlern für hohe Kanalzahlen, z. B. $2^{10} = 1024$ oder $2^{12} = 4096$ Kanäle, werden an die Präzision und an die Langzeitstabilität der einzelnen Blöcke sehr hohe Forderungen gestellt. Das betrifft besonders die Aufladung des Speicherkondensators und den Verlauf seiner Entladung.

Der Impulsgenerator ist meist quarzstabilisiert. Auf die einzelnen Schaltungsvarianten, die für den Entwickler von Interesse sind, kann hier allerdings nicht eingegangen werden, siehe z. B. [20, 22].

Analog-Digital-Wandler nach Abb. 114 haben wegen ihrer bedeutenden Vorzüge weite Verbreitung gefunden:

— Der Schaltungsaufwand ist im wesentlichen von der Kanalzahl unabhängig, wenn man von der höheren Genauigkeit bei großen Kanalzahlen absieht.

— Die einzelnen Kanäle schließen sich lückenlos einander an; eine Justierung der einzelnen Schwellen entfällt.

— Es wird ohne sehr große Schwierigkeiten eine integrale und differentielle Linearität erreicht, die die volle Ausnutzung der Energieauflösung der Halbleiterdetektoren ermöglicht.

Nachteilig ist die große Konversionszeit. Bei einem Generator mit der Impulsfolgefrequenz f wird die maximale Konversionszeit für n bit, d. h. 2^n-Kanäle:

$$T_{max} = 2^n/f + T'; \qquad (6.4)$$

T' ist die konstante Zeit bis zur Auslösung des Entlade stromgenerators und die Zeit zur Ausgabe und Löschung des Zählerinhalts. Bei 4096 Kanälen und 10 MHz Generatorfrequenz beträgt T_{max} mindestens 400 µs. Eine Verkürzung der Konversionszeit ist in verschiedener Weise möglich:

— Erhöhung der Generatorfrequenz, in der Praxis bis über 200 MHz.

— Entladung des Speicherkondensators mit unterschiedlich großen Strömen: zunächst erfolgt die Entladung durch einen großen Strom relativ schnell bis nahezu Null; danach wird der Rest mit kleinerer

Geschwindigkeit entladen. Die Generatorimpulse haben während der ersten Entladephase einen entsprechend höheren Stellenwert.

– Sukzessive Näherungsverfahren mit bit-weiser Verschlüsselung.

Das Prinzipschaltbild einer ADC-*Variante mit schrittweiser (sukzessiver) Näherung* zeigt Abb. 116. Die Meßspannung U_m wird nach Dehnung von einem Komparator mit der rückgeführten Spannung U_r verglichen. U_r wird hierbei mit Hilfe eines Digital-Analog-Wandlers aus dem

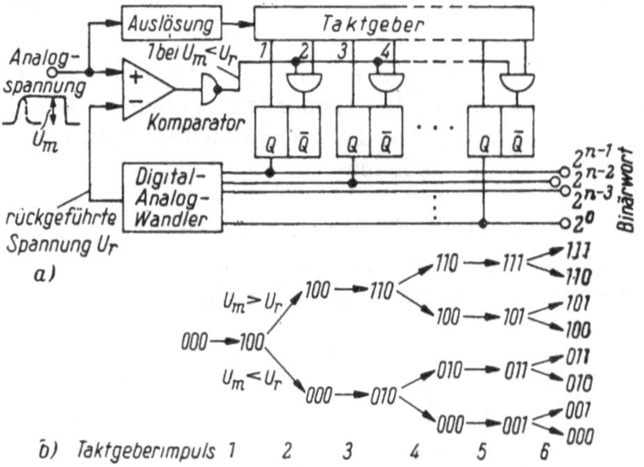

Abb. 116. Analog-Digital-Wandler mit sukzessiver Näherung, a Prinzipschaltbild, b Ablauf der Entscheidungen für die drei höchsten Binärstellen

Digitalwort, das am ADC-Ausgang verfügbar ist, erzeugt. Aufbau und Funktionsweise eines solchen Digital-Analog-Wandlers werden hier nicht näher erläutert. Nach Eintreffen der Meßspannung U_m wird der Taktgeber gestartet, der nacheinander über die Leitungen 1, 2, 3, ... Steuerimpulse auf die Flipflop-Stufen gibt, beginnend beim Flipflop mit der höchsten Stellenwertigkeit, d. h.

2^{n-1}. Über Leitung 1 wird Flipflop $(n - 1)$ auf $Q = 1$ gesetzt. Das resultierende Digitalwort gibt am Ausgang des Digital-Analog-Wandlers $U_r = U_K/2$ mit U_K als maximal zulässige Höhe der Eingangsspannung U_m. Ist $U_m < U_r = U_K/2$, muß die Binärstelle mit der höchsten Wertigkeit die Ziffer 0 aufweisen: über das UND-Gatter und Leitung 2 wird $FF(n - 1)$ auf $Q = 0$ rückgesetzt; bei $U_m > U_r = U_K/2$ bleibt $Q = 1$. Mit den Impulsen auf den Leitungen 3 und 4 wird der gleiche Vorgang für die zweithöchste Bitstelle $(n - 2)$ wiederholt, die einem Spannungsintervall $U_K/4$ entspricht. Insgesamt baut sich also die Kanalnummer als binär verschlüsseltes Digitalwort stellenweise auf, so daß die Konversionszeit nur logarithmisch mit der Kanalzahl ansteigt; für n bit ist

$$T_{\max} = nT + T'; \qquad (6.5)$$

T stellt die Verarbeitungszeit je bit dar. Um Einschwingvorgänge abklingen zu lassen, wird T nicht wesentlich kleiner als 1 µs gewählt. Die Konversionszeit ist bei großen Kanalzahlen geringer als bei ADC nach Abb. 114. Diesem Vorteil der Analog-Digital-Wandler mit sukzessiver Näherung steht allerdings entgegen, daß sich eine ausreichend gute differentielle Linearität nur sehr schwer verwirklichen läßt. Die Spannungsstufen des Digital-Analog-Wandlers in Abb. 116 müssen mit einer Genauigkeit von weit besser als 10^{-3} eingehalten werden.

Durch besondere, mit beträchtlichem Zusatzaufwand verknüpfte Mittelungsmethoden kann man die effektive differentielle Linearität von ADC mit schrittweiser Näherung erheblich verbessern. Solche Schaltungen haben jedoch keine breite Anwendung gefunden. Wenn es auf kurze Konversionszeit ankommt, zieht man Konverter mit hoher Generatorfrequenz oder mit unterschiedlicher Entladungsgeschwindigkeit vor. In [10, 15, 16, 19, 20, 22] sind zahlreiche Varianten von Analog-Digital-Konvertern beschrieben bzw. zitiert.

6.4. Vielkanal-Impulshöhenanalysator

Ein konventioneller Vielkanal-Impulshöhenanalysator besteht aus einem Analog-Digital-Wandler, aus einer Ferritkernmatrix als Speicher, aus einer Bildschirmeinheit zur visuellen Darstellung des Speicherinhalts und aus Anschlußschaltungen für Lochbandstanzer oder Drucker zur Datenausgabe (Abb. 117). Der Speicher besitzt meist 1024 bis 4096 Speicherzellen („Kanäle") mit jeweils 16 bis 24 bit Länge. Das vom Analog-Digital-Wandler ge-

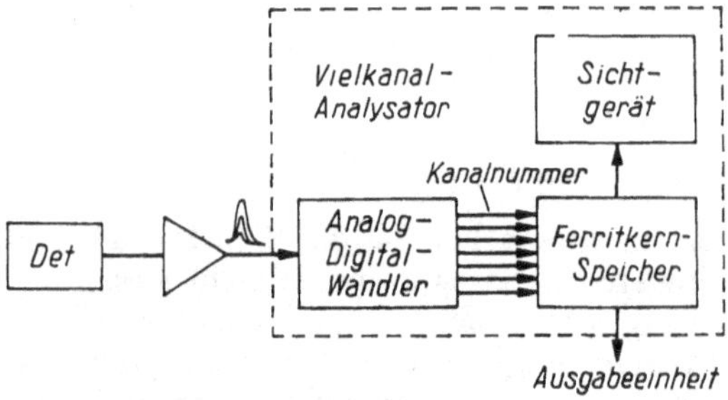

Abb. 117. Vielkanal-Impulshöhenanalysator

lieferte Digitalwort wird vom Adressenzähler des Ferritkernspeichers als Adresse interpretiert. Der Inhalt des betreffenden Kanals wird ausgelesen, um 1 erhöht (inkrementiert) und wieder eingespeichert. Jeder Kanal kann z. B. rund 65000 Ereignisse bei 16 bit Wortlänge und Binärcodierung bzw. $10^6 - 1$ Ereignisse bei 24 bit und BCD-Organisation des Speichers aufnehmen. Über das mitlaufende Bildschirmgerät hat der Experimentator ständig die Möglichkeit, die Akkumulation der Einzelereignisse zu einem Spektrum einzuschätzen.

Handelsübliche Vielkanal-Impulshöhenanalysatoren ermöglichen neben der geschilderten Grundfunktion noch die meisten der im folgenden aufgeführten Sonderfunktionen, die für die praktische Anwendung außerordentlich bedeutungsvoll sind:

- Aufteilung des Speichers beispielsweise in maximal 4 gleichgroße Bereiche mit getrenntem Zugriff. Die Einspeicherung in diese Bereiche kann nacheinander erfolgen oder auch gleichzeitig bei Steuerung durch ein entsprechendes Signal.
- Addition oder Subtraktion von Spektren, die in verschiedenen Speicherbereichen enthalten sind, z. B. zur Subtraktion des separat gemessenen Untergrundspektrums vom Meßspektrum.
- Aufteilung des Adressenzählers für Messungen mit zwei Analog-Digital-Wandlern („zweidimensionale" Spektren).
- Darstellung des Speicherinhalts mit linearem, logarithmischem und mitunter auch quadratischem Ordinatenmaßstab; Auswahl einzelner Speicherbereiche.
- Kennzeichnung einzelner Kanäle (oder Gruppen bei zweidimensionalen Spektren) durch Helltastung, in modernen Sichtgeräten auch mit Zifferndarstellung des betreffenden Kanalinhalts oder der Kanalnummer auf dem Sichtschirm.
- Variable Diskriminatorschwelle und einstellbarer Pegel eines vorgespannten Verstärkers, um kleine Impulse von der Konvertierung und Registrierung auszuschließen und um den Speicher nur mit dem interessierenden Teil des Spektrums zu füllen.
- Messung der empfindlichen Zeit des Vielkanal-Analysators zur Durchführung von Totzeitkorrekturen.
- Anschlußmöglichkeit von Magnetbandspeichern (Magnetbandkassetten) zur Datenein- und -ausgabe.
- Multizählerbetrieb; hierbei werden eintreffende Impulse in den einzelnen Bitstellen einer Speicherzelle wie bei einem Zählgerät gezählt. Bei extern aus-

gelöster Umschaltung auf die nächste Speicherzelle stellt also der Speicher eine Anordnung aus beispielsweise 4096 nacheinander ein- und auszuschaltenden Zählern für je 16 bis 24 bit dar, womit z. B. zeitabhängige Impulsdichten in einfacher Weise gemessen werden können.

— Stabilisierungsschaltungen.

Moderne Vielkanal-Impulshöhenanalysatoren für Messungen der Impulshöhenverteilung hochauflösender Halbleiterdetektoren müssen bis zu etwa 10^4 Kanäle aufweisen. Sehr problematisch werden jedoch Koinzidenzmessungen mit zwei Detektoren, wenn das Impulshöhenspektrum

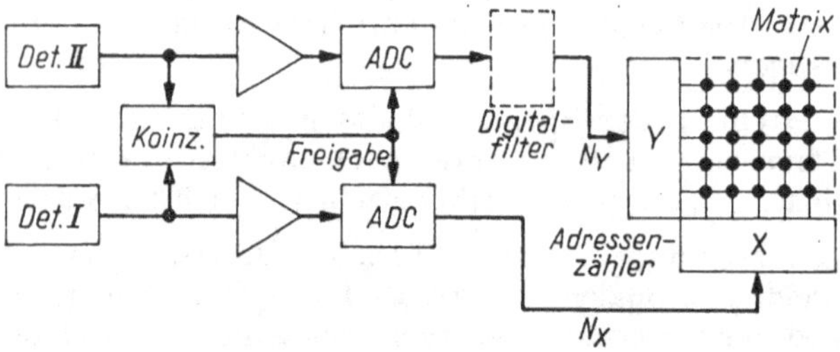

Abb. 118. Messung der Impulshöhenverteilung koinzidenter Ereignisse von zwei Detektoren

der Koinzidenzen beider Detektoren registriert werden muß (Abb. 118). Solch eine Meßaufgabe kann aber auch entstehen, wenn z. B. in der Anordnung nach Abb. 108 die gleichzeitige Messung der Flugzeit des Partikels und der Impulshöhe des Detektors erforderlich ist. Jedem Detektor wird ein Teil des Adressenzählers zugeordnet, so daß der Speicher in Form einer „zweidimensionalen" Matrix mit X Spalten und Y Zeilen aufgeteilt erscheint. Wegen $X \cdot Y = S$ mit S als Zahl der Speicherzellen kann die Kanalzahl X bzw. Y nur bescheidene Werte annehmen, bei $S = 4096$ also beispielsweise $64 \cdot 64$ oder $32 \cdot 128$ Kanäle. Eine Koinzidenzmessung nach Abb. 118 mit jeweils 1024 Kanälen für die beiden Detektoren würde andererseits einen Speicher mit mehr als 10^6 Speicherzellen erfordern, der damit die Kapazität des Arbeitsspeichers des Großrechners BESM-6 um mehr als 1 Größenordnung übersteigen würde. Die Kunst des Experimentators besteht in solchen Fällen darin, den Informationsumfang vor der Speicherung so zu reduzieren, daß nur die wesentlichen Ereignisse in einem Speicher mit 10^3 bis 10^4 Kanälen registriert werden. Hierfür bestehen folgende Möglichkeiten:

— Ausblendung einzelner Bereiche. Man wählt beispielsweise vom Detektor *II* 8 interessierende Bereiche aus und mißt die Koinzidenzspektren des Detektors *I* mit einer Auflösung von 512 Kanälen, wenn 4096 Kanäle verfügbar sind. Durch Wiederholung der Messungen mit 8 anderen „Fenstern" für Detektor *II* kann man das gesamte physikalisch interessante Spektrum registrieren. Die Einstellung der Fenster kann mit parallel geschalteten Einkanalanalysatoren erfolgen; bequemer in der Einstellung bei besserer Reproduzierbarkeit sind jedoch digital arbeitende Fenster zwischen Analog-Digital-Wandler und Speicher.

— Assoziative Speicherung. Hierbei werden nach einem bestimmten Algorithmus die Kanalnummer X und Y des Koinzidenzereignisses (Descriptor) und die Zahl dieser Ereignisse gespeichert. Neben hohem Aufwand besteht der Hauptnachteil dieser Methode darin, daß im wesentlichen nur die Gebiete größter Intensität registriert werden, oftmals aber die Teile des Spektrums mit geringer Peakhöhe interessieren. Die Assoziativspeicherung eignet sich daher nur für Überblicksmessungen, beispielsweise zur Einstellung der Fenster für die Ausblendung einzelner Bereiche.

Vom Standpunkt der elektronischen Digitalrechentechnik stellt ein Vielkanal-Impulshöhenanalysator, abgesehen vom Analog-Digital-Wandler, einen Spezialrechner dar, der im einfachsten Fall das Programm „Inkrement des adressierten Kanals“ ausführt, aber auch die Programme „Addition/Subtraktion“ und „Auswahl einzelner Bereiche“ beherrschen kann. Berücksichtigt man weiterhin, daß der Ferritkernspeicher einen beträchtlichen Teil der Kosten eines Rechners oder eines Vielkanal-Impulshöhenanalysators ausmacht, so erscheint die zunehmende Verwendung von geeigneten Kleinrechnern zur Vielkanalregistrierung von Spektren anstelle konventioneller Impulshöhenanalysatoren als logische Konsequenz der Fortschritte der Rechentechnik. Die Kleinrechner bieten bei vergleichbaren Preisen die Möglichkeit einer flexiblen Programmierung, oftmals in FORTRAN, und der Verwendung leistungsfähiger peripherer Geräte zur Datenausgabe und auch zur Datenspeicherung. Mit einem Magnettrommelspeicher oder einer Magnetplatte läßt sich die Akkumulation von Koinzidenzspektren mit mehr als 10^5 Kanälen organisieren. Außerdem können die Rechner zur Datenauswertung und zur Steuerung und Kontrolle des gesamten Meßprozesses herangezogen werden.

Eine Übersicht über Meßprobleme bei Vielkanal-Impulshöhenanalysatoren und über die Verwendung von Kleinrechnern zur Datenspeicherung wird u. a. in [10, 15, 16, 126] gegeben.

7. Verwendung von direkt gekoppelten Kleinrechnern

7.1. Eigenschaften und Einsatz von Kleinrechnern

Seit Mitte der sechziger Jahre werden Kleinrechner in steigendem Umfang direkt mit dem Meßprozeß gekoppelt. Zunächst wurden die Rechner im wesentlichen mehr als flexibel programmierbare Vielkanalanalysatoren verwendet, die in Erweiterung zu den konventionellen Analysatoren (siehe Abschnitt 6.4) die Möglichkeit bieten, jedes Ereignis vor der Abspeicherung mit experimentabhängigen und leicht zu ändernden Algorithmen zu untersuchen. Seit Anfang der siebziger Jahre sind Elektronikmodule mit standardisierten Anschlußbedingungen (Interface) verfügbar, die den Einsatz von Kleinrechnern zur Kontrolle und Steuerung des gesamten Meßprozesses erlauben. Für eine zusammenhängende Darstellung der einzelnen Entwicklungsetappen siehe z. B. [15, 127].

Unter Kleinrechnern, auch Kleinsteuerrechner, Kompaktrechner, Minicomputer usw. genannt, versteht man Geräte, die durch folgende wesentliche Parameter gekennzeichnet sind:

Arbeitsspeicher

Wortlänge: 12 bis 24 bit, in den meisten Fällen 16 bit;

Realisierung:
- Ferritkernspeicher mit 0,5 bis 5 μs Zykluszeit, oftmals 1,2 bis 1,6 μs;
- Halbleiterspeicher un Festwertspeicher noch selten;

Kapazität: gewöhnlich nach Bedarf aufrüstbar zwischen 4 und 32 K ($1K = 2^{10} = 1024$ Speicherzellen).

Zentrale Verarbeitungseinheit

Befehle für Wort- und Bitverarbeitung (Addition, Subtraktion, logische Operationen, Transport- und Speicherbefehle);

Dauer einer Addition je nach Adressierung 2 oder 3 Speicherzykluszeiten;

Multiplikation, Division und Gleitkommarechnungen oft nur über Programm (mit größenordnungsmäßig 100 μs Rechenzeit);

ein bis zwei Akkumulatorregister und einige Indexregister.

Ein/Ausgabe-Kanäle

Zugriff zum Arbeitsspeicher unter Programmkontrolle (programmierter Kanal) und direkt (autonomer Kanal); Ein- und Ausgabegeschwindigkeit bei direktem Speicherzugriff von der Speicherzykluszeit begrenzt, maximale Transfergeschwindigkeit des programmierten Kanals größenordnungsmäßig 10 Speicherzykluszeiten je Wort;
Programmunterbrechung (Interrupt) durch externe Geräte, möglichst mit mehreren Ebenen unterschiedlichen Vorrangs (Priorität);
standardisierte Anschlußbedingungen für die verschiedenartigen Peripheriegeräte.

Peripheriegeräte

Grundausstattung mit Lochbandleser, Lochbandstanzer und Schreibmaschine;
Erweiterungsmöglichkeit der Rechnerperipherie durch Lochkartentechnik, Zusatzspeicher (Magnetband, Magnettrommel, Magnetplatten), Drucker, Zeichengeräte und Bildschirmeinheiten; Anschlußmöglichkeiten für Prozeßperipherie, z. B. für Analog-Digital-Wandler oder Impulszähler in der kernphysikalischen Meßtechnik.

Programmierung (software)

Betriebssysteme mit Lade-, Korrektur- und Ausgabeprogrammen sowie Übersetzungsprogrammen für Assemblercode und in vielen Fällen auch für FORTRAN;
erweitertes Betriebssystem für die Verwendung externer Großraumspeicher und leistungsfähiger Drucker und Zeichengeräte;
Anwendungsprogramme für die Prozeßperipherie im Echtzeit-Regime und für andere Applikationen.

Das Angebot der zahlreichen Hersteller von Kleinrechnern unterscheidet sich besonders in bezug auf die

Peripheriegeräte und die lieferbare Software [128, 129]. In der experimentellen Forschung, gleichgültig, ob kernphysikalische Grundlagenforschung oder Meßprozesse in Medizin und Chemie, wird man deshalb nach Möglichkeit einen Rechner auswählen, der vielseitig einsetzbar ist und bei gegebenem Anlaß auch entsprechend aufgerüstet werden kann. Wichtige Kriterien, die jedoch nicht von allen Rechnerherstellern erfüllt werden, sind:

- modular aufrüstbarer Arbeitsspeicher;
- breites Spektrum peripherer Geräte;
- Betriebssystem mit bequemer Erweiterungsmöglichkeit, falls externe Speicher oder Meßgeräte, die vom Anwender geschaffen wurden, in die Software einbezogen werden müssen;
- Kompatibilität mit größeren Rechnern im Interesse des Daten- und Programmaustauschs und auch einer eventuellen Betriebsweise als Satellit eines Großrechners.

Moderne Kleinrechner nehmen wenig Platz ein und stellen an den Aufstellungsort keine höheren Ansprüche als die elektronischen Meßgeräte. Sie können sowohl für wissenschaftlich-technische Untersuchungen als auch für die Steuerung und Regelung industrieller Prozesse eingesetzt werden; als Beispiel sei das Kleinrechnersystem KRS 4200 (Kombinat ROBOTRON, DDR) erwähnt [130]. Mitunter werden die Kleinrechner als fester Bestandteil des Meßsystems unmittelbar als Gestelleinschub ausgeführt, z. B. KSR 4100 (Carl Zeiss Jena, DDR) [131]. In größeren Laboratorien werden oftmals ein oder mehrere Kleinrechner zusammen mit den peripheren Geräten in einem „Meßzentrum" installiert (Abb. 119) und von Ingenieuren betreut, so daß der Anwender nicht mit der Wartung des Systems belastet wird.

Die Weiterentwicklung von Kleinrechnern ist u. a. auf die Verwendung sehr hoch integrierter Schaltkreise, auf den Übergang zu integrierten Halbleiterspeichern, zumindest für einen Teil des Arbeitsspeichers, und auf die Verwendung von Mikroprogramm-Speichern und -Verarbeitungsstufen orientiert.

Über den Einsatz von Rechnern für die Erfassung und Verarbeitung von Daten aus kernphysikalischen Experimenten liegen umfangreiche Erfahrungen vor. Der zunächst in der ersten Hälfte der sechziger Jahre beschrittene Weg, mehrere Experimentanordnungen direkt mit einem Großrechner zu koppeln, der im Multiprogrammbetrieb „gleichzeitig" mehrere Kunden bedient, hat sich

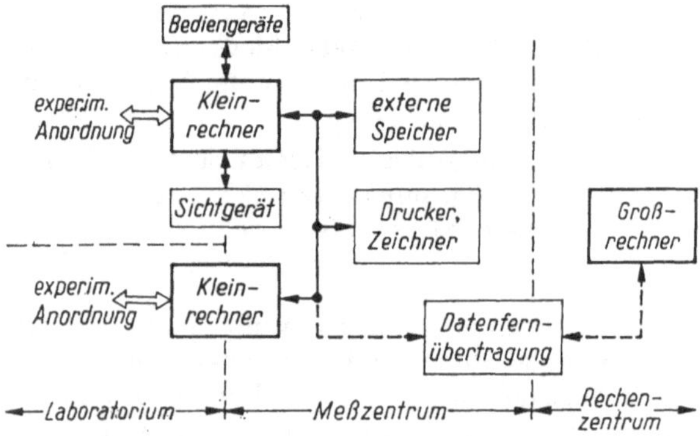

Abb. 119. Meßzentrum

nicht durchgesetzt. Dem Vorteil, die leistungsfähige Peripherie solcher Großrechner unmittelbar nutzen zu können, stand sehr erschwerend gegenüber, daß die Bedienung mehrerer Kunden, teilweise mit hohen Datenmengen, einen großen Organisationsaufwand des Betriebssystems forderte und oftmals erhebliche Störungen der Nutzer untereinander bewirkte. Nach dem Aufkommen preisgünstiger Kleinrechner ging man dazu über, die Meßanordnung durch einen Kleinrechner zu ergänzen, der die Meßdaten erfaßt und für die weitere Verarbeitung in einem größeren Rechner (im Sinne eines hierarchischen Systems) aufbereitet (Abb. 119). Die Kopplung mit diesem größeren Rechner braucht nicht mehr im Echtzeitregime zu erfolgen; für viele Meßaufgaben reicht eine off-line Bearbeitung zur Auswertung des Experiments völlig aus. Der Einschluß eines Kleinrechners in das Experiment erlaubt es auch, in relativ einfacher Weise den Ablauf der Untersuchungen durch den Rechner zu führen und den Experimentator von Routineaufgaben zu entlasten.

Die Verwendung von direkt an das Experiment gekoppelten Kleinrechnern (on-line-Betrieb) läßt sich zusammengefaßt durch folgende charakteristische Möglichkeiten beschreiben, die nicht nur für kernphysikalische Untersuchungen, sondern auch für viele andere Meßaufgaben in Wissenschaft und Technik zutreffen:

- Die Datenspeicherung nach der Analog-Digital-Wandlung kann voll vom Programm organisiert werden, also die bloße Akkumulation der Daten zu Spektren im Arbeitsspeicher, die Digitalfilterung bei mehrparametrigen Messungen (vergleiche Abb. 118) und auch die Speicherung sehr umfangreicher Datenmassive auf Magnettrommeln oder -platten.
- Einfache Programmierung, z. B. in FORTRAN, zur unmittelbaren Auswertung oder zur Datenverdichtung.
- Kontrolle und Steuerung des Experiments durch Abfrage oder Auswertung geeigneter Monitore und Meßstellen mit Ausschrift eines Protokolls; über Zwischenauswertungen kann der Experimentator über den Ablauf der Untersuchungen informiert oder zum Eingriff veranlaßt werden.

Man muß einschätzen, daß die Nutzung der Methoden und Geräte der maschinellen Rechentechnik in der kernphysikalischen Meßtechnik qualitativ neue Wege eröffnete, deren Entwicklungsaufwand die Möglichkeiten der kernphysikalischen Grundlagenforschung bei weitem überstiegen hätte.

7.2. Interface CAMAC

Das Interface als Schnittstelle zwischen der zentralen Verarbeitungseinheit eines Digitalrechners und den angeschlossenen peripheren Geräten stellt die Gesamtheit der logischen, elektrischen und konstruktiven Festlegungen dar, die die Informationsübertragung ermöglichen. Im Interesse der Austauschbarkeit einzelner Einheiten und des ökonomischen Aufbaus umfangreicher Systeme ist eine Standardisierung des Interface unumgänglich. Für den Anschluß elektronischer Meßgeräte an Kleinrechner sind eine ganze Reihe von Interface-Standards entwickelt worden, die allerdings meist nur firmenintern gültig sind oder sich nur für ein eng begrenztes Anwendungsgebiet eingeführt haben [132]. Für kernelektronische Geräte hat zweifellos das System CAMAC überragende Bedeutung erlangt.

Das System CAMAC entstand in einer Zusammenarbeit zahlreicher Kernforschungsinstitute und wurde 1969 als Empfehlung veröffentlicht, zunächst nur für die Verbindung von Gerätemoduln innerhalb eines Rahmens [133]. Später wurde der Standard auf den Datentransport zwischen mehreren Rahmen und auf Analogsignale erweitert [134, 135]. CAMAC, interpretierbar als Computer Application to Measurement and Control, stellt ein Zweiweg-Interface zwischen beliebigen Funktionseinheiten und beliebigen Rechnern dar. Den schematischen Aufbau zeigt Abb. 120. Der „vertikale Datenweg“ als Verbindung von maximal 7 Rahmen eines Gestells ist über eine Systemsteuerung mit dem Rechner verbunden. Innerhalb eines Rahmens (crate) sind die Moduln über den „horizontalen Datenweg“ angeschlossen, wobei die Steuerung dieses Datenwegs und die Verbindung zum vertikalen Datenweg von der Rahmensteuerung Typ A (crate controller type A) organisiert wird. Der Datentausch zwischen einzelnen Moduln läuft über den Rechner als Zentrale. Der Datentransfer im horizontalen

Datenweg unterliegt einem festen Zeitablauf (Abb. 121). Der Verkehr im vertikalen Datenweg erfolgt mit Anmeldung und Bestätigung. Gewöhnlich werden in der Rahmensteuerung keine Daten und Befehle zwischen-

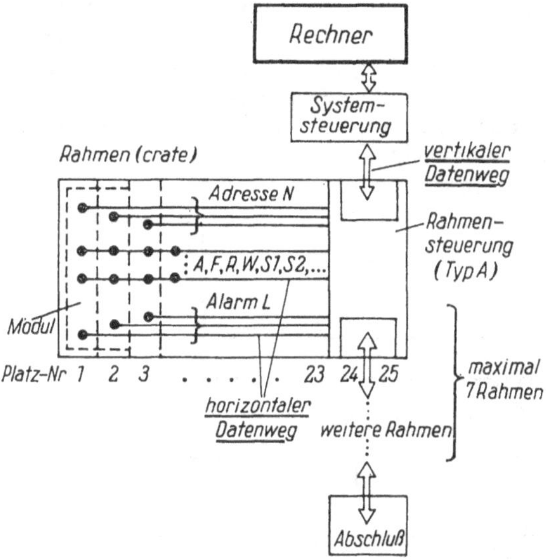

Abb. 120. CAMAC, vertikaler und horizontaler Datenweg

gespeichert, so daß auch relativ scharfe Bedingungen an den Zeitablauf des vertikalen Datenwegs gestellt werden.

Der in Abb. 120 dargestellte Aufbau kann bis zu einem gewissen Grade variiert werden:

— Spezialisierte Rahmensteuerung. Wird nur ein Rahmen benötigt, ist eine spezialisierte Rahmensteuerung zur unmittelbaren Anpassung des horizontalen Datenwegs an die Bedingungen des programmierten Ein/Ausgabe-Kanals des betreffenden Rechners billiger als eine Systemsteuerung und eine Rahmensteuerung Typ A.

— Serieller vertikaler Datenweg. Hierbei werden die Daten und Befehle nicht über 66 Leitungen parallel übertragen, sondern über weniger als 10 Leitungen seriell in Form einzelner Bits oder Bytes. Der Verlust an Übertragungsgeschwindigkeit fällt nicht weiter ins Gewicht, weil die hohe Übertragungsrate des Systems nach Abb. 120 bei der Steuerung und Regelung industrieller Prozesse ohnehin nicht ausgenutzt wird. Der serielle Datenweg benötigt entsprechende System- und Rahmensteuerungen; die Vorschriften wurden Ende 1974 verabschiedet.

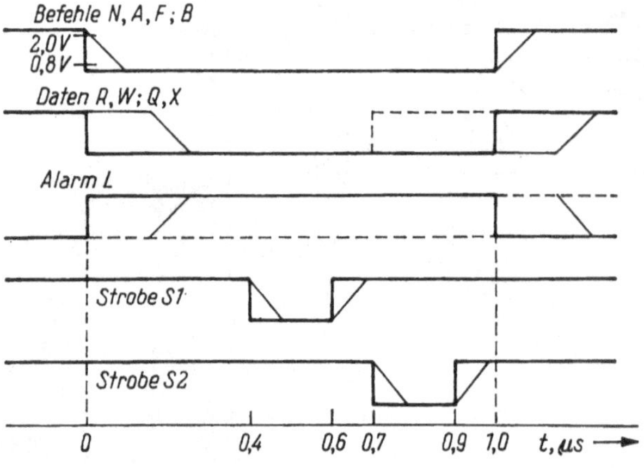

Abb. 121. Zeitlicher Ablauf einer Operation des horizontalen Datenwegs

Wesentlich bei diesen Varianten ist, daß der Standard für den horizontalen Datenweg und für die Anschlußbedingungen der Moduln unverändert beibehalten wird. Die zwingenden Vorschriften für die elektrische und mechanische Ausführung der Moduln erlauben die unproblematische Zusammenschaltung von CAMAC-Elektronik verschiedenster Herstellerfirmen, ein Vorteil, den kein anderes Gerätesystem aufweist. Die Schaffung einer CAMAC-Sprache für die Programmierung der

CAMAC-Moduln unabhängig von der verwendeten Rechnertype ist noch im Stadium der Diskussion [136].

Ein Rahmen des CAMAC-Standarts hat eine Breite von 19 Zoll und kann mit maximal 25 Positionen zu je 17,2 mm Breite belegt werden, die von links nach rechts mit 1 beginnend fortlaufend numeriert werden. Da die Rahmensteuerung die Plätze 24 und 25 einnimmt, lassen sich in einem Rahmen maximal 23 Moduln unterbringen. Die Adressierung erfolgt über Stichleitungen (N) zum betreffenden Platz, d. h. die Moduln besitzen keinen Adressendecoder. Die Moduln sind über 86polige Steckverbinder mit dem horizontalen Datenweg verbunden; der Stecker enthält folgende Signale:

Befehle:

Platznummer N	1 Leitg.	Stichleitung
Subadresse A	4 bit	Auswahl aus 16 möglichen Unteradressen und 32 Standardoperationen
Funktion F	5 bit	

Zeitablauf:

Tastsignal $S1$	1 Leitg.	Datenübernahme
Tastsignal $S2$	1 Leitg.	Datenänderung

Daten:

Schreiben (Ausgabe) W	24 bit
Lesen (Eingabe) R	24 bit

Status:

Belegt B	1 Leitg.	Datenwegoperation läuft
Befehl akzeptiert X	1 Leitg.	Modul ist in der Lage, den Befehl (N, A, F) auszuführen
Echo Q	1 Leitg.	z. B. Antwort auf Statusabfrage

Alarm *L* („look-at-me")	1 Leitg.	Anforderung einer Programmunterbrechung (Stichleitung zur Rahmensteuerung)

Steuersignale:

Löschen *C*	1 Leitg.	Rücksetzen der Register

außerdem:

Stromversorgungs-, Masseleitungen, reservierte Leitungen für spätere Verwendung und einige hier nicht aufgeführte Status- und Steuersignale.

Der zeitliche Ablauf einer Datenweg-Operation ist vorgeschrieben (Abb. 121). Die beiden Tastimpulse *S*1 und *S*2 (strobe) werden bei jedem Datenweg-Zyklus erzeugt, dienen dem Datentransfer und stehen auch für Operationen innerhalb der Moduln zur Verfügung. Die Daten liegen beispielsweise beim Einschreiben (*W*) zusammen mit den Adressen *N*, *A* und dem Funktionscode *F* zu Beginn des Datenzyklus am Modul an und werden mit *S*1 in den Modul übernommen. Das Signal *S*1 wird für Vorgänge verwendet, die den Zustand der Datenleitungen nicht beeinflussen, während man *S*2 zur Auslösung solcher Operationen benutzt, die den Zustand von Datenweg-Signalen ändern, z. B. Löschung von Registern, deren Ausgang mit dem Datenweg verbunden ist. Die Funktionscodes bedeuten z. B. *F*(2) Lesen und nachfolgendes Löschen eines Registers, *F*(8) Prüfen der Anforderung auf Programmunterbrechung oder *F*(25) Ausführen, z. B. Inkrementieren eines vorgewählten Registers. Die Signalpegel des Datenwegs entsprechen den Forderungen der TTL-Schaltkreise.

In den vergangenen Jahren wurde ein breites Sortiment von CAMAC-Moduln entwickelt und produziert: Impulszähler in vielen Varianten, seriell und parallel arbeitende Ein- und Ausgaberegister, Analog-Digital- und Digital-Analog-Wandler, Anpaßmoduln für Schreibmaschinen, Drucker, Zeichner und Sichtgeräte, Steuerstufen für Schrittschaltwerke und anderes mehr. Auch typische Schaltungen der Prozeßsteuertechnik wie Analog-Multiplexer zur Abfrage vieler Meßstellen sind als CAMAC-Moduln verfügbar. Obwohl CAMAC ursprünglich für die Instrumentierung von Experimenten der Hochenergiephysik entwickelt wurde, ist es längst über dieses relativ enge Anwendungsgebiet hinausgewachsen und hat Eingang in viele Gebiete gefunden, z. B. in der Medizin zur Steuerung von Bestrahlungseinrichtungen oder zur Patientenüberwachung, in der Astronomie, in der Ozeanographie, Chemie und in vielen technischen Bereichen [137].

Die Möglichkeit, vom Rechner her die Einstellung der Moduln zu ändern und die Datenübertragung vom Programm her vorzunehmen, erlaubt die weitgehende Automatisierung komplexer Meßprozesse. Es ist zu erwarten, daß in Kürze auch die „klassischen“ kernelektronischen Schaltungen wie Impulsverstärker, Diskriminatoren, Koinzidenzgeräte oder Zeit-Impulshöhen-Wandler als steuerbare CAMAC-Module verfügbar sind, so daß dann die gesamte kernelektronische Meßanordnung vom Rechner kontrolliert und gesteuert werden kann.

Literatur

[1] Pfeifer, H.: Elektronik für den Physiker, 6 Bände, WTB Reihe Physik, Akademie-Verlag Berlin, 1965, 1970; Pfeifer, H., und W. Heink: Schaltungen mit Transistoren, WTB Reihe Physik, Akademie-Verlag Berlin, in Vorber.

[2] Bothe, W., Zeitschr. Physik **59** (1930) 1.

[3] Rossi, B., Nature **125** (1930) 636.

[4] Stetter, G., und J. Schintlmeister, Sitz.-Ber. Akad. Wiss. Wien (IIa) **142** (1933) 427.

[5] Schintlmeister, J.: Die Elektronenröhre als physikalisches Meßgerät, Springer-Verlag Wien, 1942; engl. Übersetzg. 1944; russ. Übersetzg. 1949.

[6] Elmore, W. C., und M. Sands: Electronics—Experimental Techniques, McGraw-Hill New York, 1949; russ. Übersetzg. 1951.

[7] Бонч-Бруевич, А. М.: Применение электронных ламп в экспериментальной физике, Гостехиздат Москва, 1950.

[8] Gillespie, A. B.: Signal, Noise and Resolution in Nuclear Counter Amplifiers, Pergamon Press London, 1953; deutsche Übersetzg. Verlag Technik Berlin, 1958.

[9] Lewis, I. A. D., und F. H. Wells: Millimicrosecond Pulse Techniques, Pergamon Press London, 1959; russ. Übersetzg. (1. Auflage) 1956.

[10] Chase, R. L.: Nuclear Pulse Spectrometry, McGraw-Hill New York, 1961.

[11] Kment, V., und A. Kuhn: Technik des Messens radioaktiver Strahlung, Akad. Verlagsges. Geest & Portig Leipzig, 1960 und 1963; russ. Übersetzg. 1964.

[12] Neuert, H.: Kernphysikalische Meßverfahren zum Nachweis für Teilchen und Quanten, Verlag G. Braun Karlsruhe, 1966.

[13] Маталин, Л. А. (Редакция): Электронные методы ядерной физики, Атомиздат Москва, 1973.

[14] Козодаев, М. С. (Редакция): Экспериментальные методы ядерной физики, том I: Калашникова, В. И., М. С. Козодаев: Детекторы элементарных частиц, том II: Цитович, А. П.: Ядерная электроника, Изд. Наука Москва 1966/1967.

[15] Маталин, Л. А., Ж. Нарай, С. И. Чубаров: Методы регистрации и обработки данных в ядерной физике и технике, Атомиздат Москва, 1968.

[16] Курочкин, С. С.: Многомерные статистические анализаторы, Атомиздат Москва, 1968.

[17] Meiling, W., und F. Stary: Nanosecond Pulse Techniques, Akademie-Verlag Berlin und Gordon and Breach New York, 1969; russ. Übersetzg. 1973.

[18] Акимов, Ю. К., М. Н. Дражев, И. Ф. Колпаков, В. И. Рыкалин: Быстродействующая электроника для регистрации ядерных частиц, Атомиздат Москва, 1970.

[19] Weinzierl, P., und M. Drosg: Lehrbuch der Nuklearelektronik, Springer-Verlag Wien New York, 1970.

[20] Kowalski, E.: Nuclear Electronics, Springer-Verlag Berlin NewYork, 1970; russ. Übersetzg. 1972.

[21] Fenyves, E., und D. Haiman: Die physikalischen Grundlagen der Kernstrahlungsmessungen, Verlag der Ungar. Akad. Wiss. Budapest, 1965.

[22] Stuckenberg, H.-J.: Detektor- und Experimentelektronik, Verlag G. Braun Karlsruhe, 1974.

[23] Акимов, Ю. К., А. И. Калинин и др.: Полупроводниковые детекторы ядерных частиц и их применение, Атомиздат Москва, 1967.

[24] Bertolini, G., und A. Coche (Herausgeber): Semiconductor Detectors, North-Holland Publ. Comp. Amsterdam, 1968.

[25] Kuhn, A.: Halbleiter- und Kristallzähler, Akad. Verlagsges. Geest & Portig Leipzig, 1969.

[26] Goulding, F. S., Nuclear Instr. and Meth. **43** (1966) 1.

[27] Jungclaussen, H., Kernenergie **8** (1965) 514.

[28] Birks, J. B.: Theory and Practice of Scintillation Counting, Pergamon Press Oxford Frankfurt, 1964.

[29] Mayer, J. W., Nuclear Instr. and Meth. **43** (1966) 55, **55** (1967) 383.

[30] Pell, E. M., J. Appl. Phys. **31** (1960) 1675.

[31] Baertsch, R. D., und R. N. Hall, IEEE Transact. Nuclear Sci. NS-**17** (1970) no. 3, 235.

[32] Bertolini, G., F. Cappellani und G. Restelli, Nuclear Instr. and Meth. **112** (1973) 219.

[33] Аркадьева, Е. Н., О. А. Матвеев, Ю. В. Рудь, С. М. Рывкин, ЖТФ **36** (1966) 1146.

[34] Hollander, J. M., Nuclear Instr. and Meth. **43** (1966) 65.

[35] Gatti, E., und V. Svelto, Nuclear Instr. and Meth. **43** (1966) 248.

[36] Post, R. F., und L. J. Schiff, Phys. Rev. **80** (1950) 1113.

[37] Arbel, A. F., Nuclear Instr. and Meth. **32** (1965) 341.

[38] Fairstein, E., und J. Hahn, Nucleonics **23** (1965) no. 7, 56; no. 9, 81; no. 11, 50; **24** (1966) no. 1, 54; no. 3, 68.

[39] Fairstein, E.: Electrometers and Amplifiers, in: Nuclear Instruments and Their Uses, Vol. 1, herausg. A. H. Snell, John Wiley New York, 1962.

[40] Heath, R. L., und L. O. Johnson, Proc. Ispra Nuclear Electronics Symposium May 1969, 141; IEEE Trans. Nucl. Sci. NS-**17** (1970) no. 1, 276.

[41] Nowlin, C. H., und J. L. Blankenship, Rec. Sci. Instr. **36** (1965) 1830.

[42] Орманджиев, С. И., ОИЯИ Дубна 13—6812, 1972.

[43] Schlegel, H. R., und A. Nowak: Impulstechnik, Winter'sche Verlagsbuchhandlung Prien, 1961.
[44] Blankenship, J. L., und C. H. Nowlin, IEEE Trans. Nucl. Sci. NS-**13** (1966) no. 3, 495.
[45] Fairstein, E., Rev. Sci. Instr. **27** (1956) 475.
[46] Semple, E. R., IEEE Trans. Nucl. Sci. NS-**19** (1972) no. 1, 445.
[47] Robinson, L. B., Rev. Sci. Instr. **32** (1961) 1057.
[48] Chase, R. L., und L. R. Poulo, IEEE Trans. Nucl. Sci. NS-**14** (1967) no. 1, 83.
[49] Pabst, D.: Operationsverstärker, Reihe Automatisierungstechnik, Verlag Technik Berlin, 1971.
[50] Bladowski, R. (Herausgeber): Integrierte Analogschaltungen, Telekosmos-Verlag/Franckh'sche Verlagsbuchh. Stuttgart, 1970.
[51] Knopke, K.-E., radio fernsehen elektronik **22** (1973) 354.
[52] Lero, N. P., und P. B. Frantlović, Proc. Ispra Nucl. Electr. Symp. May 1969, 85.
[53] Семенов, Б. Ю., К.-Г. Херманн, ОИЯИ Дубна 13 - 6975, 1973.
[54] Sowjetische integrierte Schaltkreise, V/O Elektronorgtechnika Moskau, 1971.
[55] Patzelt, R., Nuclear Instr. and Meth. **59** (1968) 283.
[56] Андерт, К., Ф. Габриэль, А. И. Калинин, ОИЯИ Дубна 13—7125, 1973.
[57] Дубровский, И. А., Приборы и Техника Эксперимента 1966, нр. 2, 5.
[58] Jackson, H. G., IEEE Trans. Nucl. Sci. NS-**20** (1973) no. 5, 3.
[59] Koepernik, H., Laborbericht 411/1973 des Zentralinst. für Kernforschg. Rossendorf.
[60] Akimov, Yu. K., K. Andert, A. I. Kalinin und H.-G. Ortlepp, Nuclear Instr. and Meth. **104** (1972) 581.
[61] Maier, M. R., und P. Sperr, Nuclear Instr. and Meth. **87** (1970) 13.
[62] Jüngling, H., radio fernsehen elektronik **22** (1973) 435.
[63] Балдин, С. А., Л. М. Иоаннесянц, Приборы и Техника Эксперимента 1972, нр. 1, 7.
[64] Radeka, V., Proc. Internat. Symp. Nuclear Electr. Versailles Sept. 1968, Vol. 1, 46.
[65] Radeka, V., Proc. Ispra Nuclear Electronics Symp. May 1969, 1.

[66] ELAD, E., Proc. Ispra Nuclear Electronics Symp. May 1969, 21.
[67] GOULDING, F. S., J. WALTON und D. F. MALONE, Nuclear Instr. and Meth. **71** (1969) 273.
[68] LANDIS, D. A., F. S. GOULDING, R. H. PEHL und J. T. WALTON, IEEE Trans. Nucl. Sci. NS-**18** (1971) no. 1, 115.
[69] RADEKA, V., IEEE Trans. Nucl. Sci. NS-**17** (1970) no. 3, 433.
[70] KURZ, R., IEEE Trans. Nucl. Sci. NS-**19** (1972) no. 3, 419.
[71] ELAD, E., IEEE Trans. Nucl. Sci. NS-**19** (1972) no. 1, 403.
[72] АНДЕРТ, К., А. Е. БАНИФАТОВ, Ф. ГАБРИЭЛЬ, А. И. КАЛИНИН, ОИЯИ Дубна P13-6944, 1973.
[73] MILLMAN, J., und H. TAUB: Pulse and Digital Circuits, McGraw-Hill New York, 1956; deutsche Übersetzg. Verlag Technik Berlin, 1963.
[74] SODAN, H., und H. ULRICH, Wissenschaft und Fortschritt **23** (1973) 441, 515.
[75] STUCKENBERG, H.-J.: Digitale Logik, Verlag G. Braun Karlsruhe, 1970.
[76] SUGARMAN, R. M., IRE Trans. Nucl. Sci. **7** (1960) no. 1, 23.
[77] BORDT, A., radio fernsehen elektronik **22** (1973) 365.
[78] KÜHN, E., und H. SCHMIED: Integrierte Schaltkreise, Verlag Technik, Berlin, 1972.
[79] ERMISCH, J., radio fernsehen elektronik **22** (1973) 416.
[80] КУЦЕНКО, А. В., Б. А. Полосьянц, В. А. ШИРОЧЕНКОВ, Приборы и Техника Эксперимента 1973, нр. 4, 7.
[81] KNOPKE, K.-E., radio fernsehen elektronik **22** (1973) 585.
[82] KÜNZEL, R., Elektronik-Arbeitsblätter, Elektronik **22** (1973) 373, 413.
[83] MALMSTADT, H. V., und C. G. ENKE: Digital Electronics for Scientists, W. A. Benjamin Inc. New York, 1969.
[84] GRAICHEN, G., radio fernsehen elektronik **22** (1973) 521.
[85] WEDDIGEN, C., und E. L. HAASE, Nuclear Instr. and Meth. **33** (1965) 157.
[86] ALLEVA, I. u. a., Proc. Ispra Nuclear Electronics Symp. May 1969, 193.
[87] MÜLLER, J. W., Nuclear Instr. and Meth. **112** (1973) 47.
[88] АЛЬКАЕВ, М. И., В. В. КУРОЧКИН, А. М. ЩЕРБАЧЕНКО, Приборы и Техника Эксперимента 1973, нр. 4, 106.
[89] ARMGARTH, D., radio fernsehen elektronik **23** (1974) 135.
[90] BELL, R. E.: Coincidence Techniques and the Measurement of Short Mean Lives, in: Alpha-, Beta- and Gamma-Ray

Spectroscopy (Herausg. K. SIEGBAHN), Vol. 2, 905, North-Holland Publ. Comp. Amsterdam, 1966.
[91] DeBENEDETTI, S., und R. W. FINDLEY: The Coincidence Method, in: Handbuch der Physik (Herausg. S. FLÜGGE), Band XLV, 222, Springer-Verlag Berlin, 1958.
[92] РЕХИН, Е. Л., А. А. КУРАШОВ, П. С. ЧЕРНОВ: Измерение интервалов времени в экспериментальной физике, Атомиздат Москва, 1967.
[93] BONITZ, M.: Zeitanalysatoren für den Nanosekundenbereich, in: Lehrbuch der Kernphysik (Herausg. G. HERTZ), Band 1, 2. Auflage, 559, Teubner Verlagsges. Leipzig, 1966.
[94] PÉROLAT, J. P., Nuclear Instr. and Meth. **112** (1973) 179.
[95] GARWIN, R. L., Rev. Sci. Instr. **24** (1953) 618.
[96] BAKER, S. C., Nuclear Instr. and Meth. **12** (1961) 20.
[97] ИВАНОВ, А. А., И. Ф. КОЛПАКОВ, Л. А. ТИМОХИН: Применение туннельных диодов в приборах ядерной физики, Атомиздат Москва, 1967.
[98] KIRSTEN, F. A., IEEE Trans. Nucl. Sci. NS-**20** (1973) no. 5, 22.
[99] BONITZ, M., Nuclear Instr. and Meth. **22** (1963) 238.
[100] PORAT, D. I., IEEE Trans. Nucl. Sci. NS-**20** (1973) no. 5, 36.
[101] RODDA, J. L., J. E. GRIFFIN und M. S. STEWART, Nuclear Instr. and Meth. **23** (1963) 137.
[102] BELL, R. E., R. L. GRAHAM und H. E. PETCH, Canad. J. Phys. **30** (1952) 35.
[103] SIMMS, P. C., Rev. Sci. Instr. **32** (1961) 894.
[104] TOMLINSON, R. B., und R. L. BROWN, IEEE Trans. Nucl. Sci. NS-**11** (1964) no. 2, 28.
[105] SCHWEIMER, W., Nuclear Instr. and Meth. **32** (1965) 190.
[106] THIEBERGER, P., Arkiv Fysik **22** (1962) 127.
[107] КОВТУН, А. К., А. Н. ШКУРО, Приборы и Техника Эксперимента 1973, нр. 1, 7.
[108] GEDCKE, D. A., und W. J. McDONALD, Nuclear Instr. and Meth. **58** (1968) 253.
[109] GEDCKE, D. A., und C. W. WILLIAMS, ORTEC-Note High Resolution Time Spectroscopy, August 1968.
[110] ORMAN, P., Nuclear Instr. and Meth. **21** (1963) 121.
[111] ALBERIGI QUARANTA, A., M. MARTINI und G. OTTOVIANI, IEEE Trans. Nucl. Sci. NS-**16** (1969) no. 2, 35.
[112] SHERMAN, I. S., und R. G. RODDICK, IEEE Trans. Nucl. Sci. NS-**17** (1970) no. 1, 252.

[113] Cho, Z. H., und R. L. Chase, Nuclear Instr. and Meth. **98** (1972) 335.
[114] Manfrass, P. u. a., Bericht ZfK Rossendorf ZfK-255, 1973.
[115] Fouan, J. P., und J. P. Passerieux, Nuclear Instr. and Meth. **62** (1968) 327.
[116] Chase, R. L., Rev. Sci. Instr. **39** (1968) 1318.
[117] Балдин, Б. Ю., ОИЯИ Дубна 13—6954, 1973.
[118] Seeliger, D., und K. Trützschler, Nuclear Instr. and Meth. **66** (1968) 157.
[119] Alväger, T., J. M. Bailey u. a., Arkiv Fysik **31** (1966) 145.
[120] Brown, B. C. u. a., Phys. Rev. Lett. **30** (1973) 773.
[121] Rosenfeld, A. H., N. Barash-Schmidt u. a., URCL-Report 3030, Sept. 1967.
[122] Newton, T. D., Phys. Rev. **78** (1950) 490.
[123] Hadis, R., Nuclear Instr. and Meth. **108** (1973) 533.
[124] Bonitz, M., und J. Berlowitsch, Nuclear Instr. and Meth. **4** (1959) 133.
[125] Wilkinson, D. H., Proc. Cambridge Phil. Soc. **46** (1950) 508.
[126] Soucek, B., Proc. Ispra Nucl. Electr. Symp. May 1969, 149; IEEE Transact. Nucl. Sci. NS-**16** (1969) no. 5, 36.
[127] Pyle, I. C., Proc. 1972 CERN Comput. and Data Process. School, Report CERN 72-21, 107.
[128] Kull, W. F. E., Elektronik **21** (1972) 233, 271, 309.
[129] Münchrath, R., Elektronik **22** (1973) 345.
[130] Robotron-Kundeninformation, Kleinrechnersystem KRS 4200, Dresden 1972.
[131] Mühlhausen, E., G. Sedlacek und H. Zahn, radio fernsehen elektronik **21** (1972) 113.
[132] Kurtze, P., und W. Gottschall, radio fernsehen elektronik **21** (1972) 73.
[133] ESONE Committee, CAMAC — A Modular Instrumentation System for Data Handling, Report EUR 4100, 1969; überarbeitet 1972.
[134] ESONE Committee, CAMAC — Organisation of Multi-Crate Systems, Report EUR 4600, 1972.
[135] ESONE Committee, CAMAC — Specification of Amplitude Analogue Signals, Report EUR 5100, 1972.
[136] ESONE Committee, Proposal for a CAMAC Language, CAMAC Bulletin No. 5, Supplement, Nov. 1972.
[137] ESONE Committee, CAMAC Bulletin, seit 1971 erscheinend.

Sachverzeichnis

Analog-Digital-Wandler (ADC) 222 ff.
Anode 28, 53
—, koaxiale 55
Ansprecheffektivität 41
Anstiegszeit 74, 79
Antikoinzidenz 184, 217
ARC 203
Assoziativspeicherung 231
Auflösungszeit 28, 62, 158, 177
Ausgangswiderstand 68, 81
Auslösezähler 9, 20, 28

Bandabstand 30, 32
Basisschaltung 76, 96
Begrenzung 125 ff.
bipolare Impulse 89, 93, 155
bistabile Triggerstufe, s. Flip-Flop-Stufe

CAMAC 238 ff.
CAMPBELL-Theorem 27
COMPTON-Effekt 15, 51
Chronotron 191, 207
Constant-fraction Triggerung 199

Dachabfall 73, 80
DARLINGTON-Emitterfolger 78
Datenweg 238, 240
dE/dx-Methode 14
Dekoder 166, 171
Detektorimpulsform 21 ff., 42, 57
Differenzierglied 72, 80, 84 ff., 90, 103
Differenzverstärker 78, 94 ff., 100, 104, 217
Diodenbegrenzer 126 ff.
Diodenpumpe 173
Diskriminator 133, 215, 217, 220
Dosimetrie 9, 23, 27, 158
Drain-feedback 122
Durchschwingen 86, 89
Dynode 52

ECL-Gatter 96, 108, 130, 139, 164, 185, 200
Eckfrequenz 72, 101
Eigenleitung 35
Einelektronenimpuls 58, 63
Eingangswiderstand 68, 81, 98
Einkanalanalysator 195, 214, 217 ff.
ELET 203
Emitterfolger 74
Emitterschaltung 66, 76, 128
Energieauflösung 37, 40, 47, 61, 88, 111, 117, 215
Energiespektroskopie 26, 60, 215
Energieverlust 13, 32
—, äquivalenter 39, 116

FANO-Faktor 32, 38
fast-slow-assembly 195
Flankentriggerung 195, 197, 202

Flip-Flop-Stufe 143ff., 163ff., 219
Flugzeitmessungen 211
Fotokatode 52

Gegenkopplung 78ff., 98, 106
GEIGER-MÜLLER-Zähler 28
Ge(Li)-Detektor 36, 47
Germanium 30, 32
Gleichstromgegenkopplung 66, 102
Grenzfrequenz 67, 69, 114

Halbleiterdetektor 9, 22, 30ff., 108ff., 200ff.
Halbwertszeit 210
Hysterese 132, 138

Impulsdehner 125, 147ff., 223
Impulsdichtemesser 173ff.
Impulsform 21ff.
–, Auslösezähler 28
–, Halbleiterdetektor 42ff.
–, Szintillationszähler 57
Impulsformung
– für Halbleiterdetektor 119, 202
– mit Kabeln 150ff.
– für Szintillationszähler 129, 198
– im Verstärker 84ff.
Impulshöhendiskrimination 140, 214
Impulshöhenmessung 213ff.
Impulsverstärker 63ff.
Impulszähler 27, 156ff.
Integraldiskriminator 216ff.
Integrator 99, 175
Integrierglied 71, 79, 92ff., 108
Interface 238
Inverter 99
Ionisationskammer 9, 22, 30
Isomeriemessung 209

Kabel 150ff.
–, angepaßtes 153, 154
–, kurzgeschlossenes 130, 153, 187
–, leerlaufendes 153, 156
Kanal 214, 216, 228
Kaskodestufe 77
Kleinrechner 232ff.
Koinzidenz 177
–, echte 178
–, prompte 177, 210
–, verzögerte 206, 210
–, zufällige 178
Koinzidenzauflösung 177, 180, 191ff., 206
Koinzidenzprinzip 176
Koinzidenzschaltung 177, 180ff.
Kollektorschaltung 74, 76
Komparator 137, 142, 217, 226
Kompensation 102, 203
Konstantstromquelle 96, 100, 104
Kurzzeit-Fotovervielfacher 52, 54, 58, 62

Ladungsrückstellung 122
Ladungssammelzeit 22, 31, 46
LET 202
Lichtgeschwindigkeit 212
Lichtimpuls 51
Linearität 208, 216, 227
Linearverstärker 64
LLT 202

Meßzentrum 236
Mitkopplung 131, 134
monostabile Triggerstufe, s. Univibrator

Neutronen 18, 49
Neutronenflugzeitspektrometrie 20, 212

Nulldurchgang 155, 196ff., 203
Nullpegel 91

Oberflächenbarriere-Detektor 33
on-line-Betrieb 237
Operationsverstärker 65, 92, 97ff., 136

Photonen 14
Photopeak 17
Pile-up 93
pin-Detektor 35, 43, 46
pn-Sperrschichtdetektor 31, 44, 46
POISSON-Verteilung 159
Pol-Nullstellen-Unterdrückung 88, 90, 103
Proportionalzähler 20, 22

Rahmensteuerung 239
Rauschen 38ff., 56, 112ff.
Rauschersatzschaltbild 112
Rauschladung, äquivalente 40, 116, 119
RC-Detektorzeitkonstante 21, 25, 59, 87
Rechnerperipherie 234
Reflexionsfaktor 152
Rückkopplungskapazität 110, 117

Schleifenverstärkung 79, 111
SCHMITT-Trigger 130ff., 217
Schutzdioden 127
Sekundärelektronenvervielfacher (SEV) 48, 52ff.
Signal-Rausch-Verhältnis 64, 88, 111
Si(Li)-Detektor 35, 47
Silizium 30, 32
Spannungsimpuls 25, 44
Spannungsverstärker 76, 79
Spannungsverstärkung 68, 99
Speicher 228, 233
Stabilität 82, 83, 104
Start-Stop-Konverter 189ff.
statistische Schwankung 37, 61, 117, 194, 214
Störstellenhalbleitung 31
Strahlungsdetektoren 22, 28ff.
Stromimpuls 25, 45
Stromverstärker 76, 77
Stromverstärkung 68
sukzessive Näherung (ADC) 226
Szintillationszähler 9, 20, 22, 48ff., 129, 197
Szintillator 22, 49, 50, 61

Teilchenunterscheidung 14, 51
Totzeit 28, 159
Transistorvierpol 67
Triggerschaltung (Multivibrator) 130ff.
—, astabile 144
—, bistabile 143ff.
—, monostabile 139ff.
TTL-Schaltkreise 127, 135, 142, 164, 185, 219
Tunneldiode 131, 138, 184, 189, 217

Überlappung 143, 185ff.
Übersteuerung 93
Univibrator 139ff.
Universalverstärker 65

Verstärker
—, Ersatzschaltbild 66
—, Frequenzbereich 69, 105
—, Impulsformung 84ff.
—, Impulsverhalten 70ff.
—, RC-gekoppelter 66ff.
—, schneller 65, 105ff.
—, spektroskopischer 65, 84, 103

Verstärker, vorgespannter 97, 217
Vielkanal-Impulshöhenanalysator 207, 214, 216, 228ff.
Vorverstärker 64
–, ladungsempfindlicher 35, 108ff.
–, spannungsempfindlicher 109

Wellenwiderstand 151
WILKINSON-ADC 223

Zählgerät 156, 170
Zählschaltungen 163ff.
Zählverluste 158, 161
Zeitauflösung 62, 191ff., 199, 205
Zeitdifferenz 176
Zeit-Digital-Konverter 207
Zeit-Impulshöhen-Konverter 185ff., 193, 207
Zeitintervallverteilung 160, 163, 176
Zeitkonstante, optimale 118
Zeitkorrelation 176, 185
Zeitmarke 194
Zeitmessung
–, einkanalige 205
– im ns-Bereich 52, 60, 105, 209
–, vielkanalige 207
Zeitnahme 180, 191ff.
Zeitschwankungen 62, 194
zweidimensionale Messung 230

Der Autor

- beschreibt einleitend die für die praktische Anwendung wichtigen Eigenschaften von Kernstrahlungsdetektoren

- behandelt Schaltungen zur Verarbeitung und Auswertung der Detektorsignale nach der Impulshöhe (Spektroskopie), nach der Häufigkeit (Zähler) und nach dem Zeitpunkt von Ereignissen (Koinzidenzen) sowie einige Anordnungen zur Digitalisierung und Datenspeicherung

- wendet sich an Elektroniker, an Studenten höherer Semester und an den breiten Kreis von Physikern, Ingenieuren und Medizinern, die mit Fragen der Anwendung radioaktiver Isotope und anderer kernphysikalischer Strahlungsquellen in Berührung kommen

WISSENSCHAFTLICHE TASCHENBÜCHER

FSC
www.fsc.org
MIX
Papier | Fördert
gute Waldnutzung
FSC® C083411

Kolibri 360 GmbH
Ferdinand-Jühlke-Straße 7
99095 Erfurt, Deutschland
produktsicherheit@kolibri360.de